国家重大科学仪器设备开发专项（2011YQ070055）和
国家自然科学基金项目（51309083）资助

水利量测技术论文选集

（第九集）

中国水利学会水利量测技术专业委员会　编

黄河水利出版社
·郑　州·

内 容 提 要

本论文选集涉及新型传感器、堤坝隐患探测技术及仪器、水利水电工程安全监测仪器及系统、水利水电工程施工质量检测、控制技术及仪器、室内试验及原型观测新技术及仪器设备、量水技术及仪器、水文要素观测及系统自动化技术、水质监测新仪器及系统自动化技术、冰测量技术与仪器、土壤墒情测试技术、水信息采集和处理有关技术等内容，既涵盖了港工、河工、土工等传统领域，又涵盖了冰、土壤墒情等新领域，有效拓展了水利量测技术应用领域。本书可供从事水利水电科学技术研究的技术和管理人员、大专院校的师生以及其他行业中从事有关量测技术工作的人员参考。

图书在版编目（CIP）数据

水利量测技术论文选集（第九集）/中国水利学会水利量测技术专业委员会编 . —郑州：黄河水利出版社，2014. 8
ISBN 978 – 7 – 5509 – 0886 – 4

Ⅰ.①水… Ⅱ.①中… Ⅲ.①水利工程测量 – 文集
Ⅳ.①TV221 – 53

中国版本图书馆 CIP 数据核字（2014）第 194348 号

组稿编辑：李洪良　电话：0371 – 66026352　E-mail：hongliang0013@ 163. com

出 版 社：黄河水利出版社
　　　　地址：河南省郑州市顺河路黄委会综合楼 14 层　　　邮政编码：450003
发行单位：黄河水利出版社
　　　　发行部电话：0371 – 66026940、66020550、66028024、66022620（传真）
　　　　E-mail：hhslcbs@ 126. com
承印单位：河南新华印刷集团有限公司
开本：787 mm × 1 092 mm　1/16
印张：16. 25
字数：375 千字　　　　　　　　　　　　　印数：1—1 000
版次：2014 年 8 月第 1 版　　　　　　　　印次：2014 年 8 月第 1 次印刷
定价：48. 00 元

编辑委员会

前　言

　　水利量测技术是水科学发展的基础，支撑着水利工程学科基本理论研究及科技应用，具有专业面广、学科交叉多等特点。水利量测技术相对本学科的发展存在一定的滞后，不能很好地满足现代水科学研究需要。中国水利学会水利量测技术专业委员会一直致力于促进全国水利量测技术的发展，自20世纪80年代，每两年举办一次全国性水利量测技术综合学术研讨会，总结水利量测先进技术、规划水利量测技术发展方向、交流实践经验，有效推进了水利量测技术的发展。

　　目前，传统水利量测技术面临巨大的挑战，表现在：①缺乏精细传感器技术；②含沙量等泥沙参量测量技术落后；③缺乏大范围非接触式高精度全场测量技术；④光学、声学等自主知识产权测试仪器严重缺乏，核心技术均受制于国外；⑤缺乏行业性仪器及数据标准，系统兼容性、可移植性差，等等。因此，一方面，传统水利量测技术需要进一步借助其他学科专业技术，提高自身适用性和通用性；另一方面，还需要不断融合光学、声学、雷达等技术，创新设计新型量测方法和仪器，提高水利测量精度。

　　第十五届全国水利量测技术综合学术研讨会正是在当前水利形势和研究工作深入开展需要的背景下召开的，此次会议论文涉及新型传感器、堤坝隐患探测技术及仪器、水利水电工程安全监测仪器及系统、水利水电工程施工质量检测与控制技术及仪器、室内试验及原型观测新技术及仪器设备、量水技术及仪器、水文要素观测及系统自动化技术、水质监测新仪器及系统自动化技术、冰测量技术与仪器、土壤墒情测试技术、水信息采集和处理有关技术等方面，既涵盖了港工、河工、土工等传统领域，又涵盖了冰、土壤墒情等新领域，有效拓展了水利量测技术应用领域。

　　此次会议论文不仅涉及最新的有关试验研究方面的量测技术，而且提供了大量工程建设和运行管理方面的测量仪器实践经验，以及水利信息化的应用经验，具有很高的学术水平和实用价值。特别欣慰的是此次会议论文还有大量研究生作者，这为我国水利量测技术发展培养了接班人和生力军。

　　冀望全国同侪借助水利量测技术综合学术研讨会这个交流平台，共同努力促进我国水利量测技术的快速发展。

本书编辑委员会

2014 年 6 月

目　录

前　言

试验技术

国家重大科学仪器专项"我国大型河工模型试验智能测控系统开发"研究进展
　……………………………………… 夏云峰　陈　诚　王　驰等(3)
泥沙颗粒图像测试技术研究 …………………… 陈　红　唐立模　陈　扬(17)
变频器开环控制浑水流量在泥沙模型试验中的应用 …… 吴华良　罗朝林　丘谨炜(23)
单片机的直流充放电电容检测应用于波高仪的研究
　……………………………………… 黄海龙　房红兵　王　驰等(28)
金沙江向家坝水电站长河段非恒定流物理模型测控系统
　……………………………………… 丁牲奇　吴　俊　舒岳阶(33)
不同材料泥沙磨损特性的研究 ………… 杨春霞　郑　源　周大庆等(44)
智能 PTV 流场测量方法研究 ………… 陈　诚　夏云峰　黄海龙等(49)
一款改进型超声波地形测量系统的研发与应用 …… 王　磊　陈若舟　邢方亮(53)
浮式刚体运动过程六自由度实时量测系统 …… 金　捷　黄海龙　王　驰等(57)
具有侧向补偿的激光无线高精度测沙仪 …… 王　驰　黄海龙　霍晓燕(64)
三维地形测量方法研究 ………… 陈　诚　夏云峰　黄海龙等(69)
高精度水位仪及无线测试系统 ………… 王　驰　黄海龙　霍晓燕等(73)
旋翼式流速仪传感器优化分析研究 ……… 黄海龙　王　驰　金　捷等(79)
流速测量中转速计量技术综述 ………… 黄海龙　王　驰　周良平(84)
基于 VC + + 的 Vectrino 流速仪数据采集系统设计 ……… 孙　超　李最森(90)
利用超声技术(ADV)测量悬移质泥沙浓度的最新进展 ……… 李　健　金中武(95)
基于 PIV 技术的新型水下流场测量系统 ……… 左炳光　曹　森(101)

原型技术

河流水面成像测速中的时均流场重建方法研究 ……… 张　振　郑胜男　韩磊等(113)
激光测距式无线水位遥测系统的设计与应用 ……… 武　锋　陈新建(123)
多波束测深系统在某跨海大桥桥墩局部冲刷监测中的应用
　……………………………………… 魏荣灏　史永忠　李最森等(128)
地面三维激光扫描技术及其在水利工程中的应用 ……… 徐云乾　袁明道(134)
大通水文站利用 ADCP 测沙的探索 ……… 胡　纲　王　华(140)
长江泥沙观测新技术与应用实例 ……… 韦立新　蒋建平　于　浩等(148)
三门峡库区典型断面深层淤积泥沙物理特性分析 …… 常晓辉　郑军　高连生等(154)

基于 GIS 的黑龙江省降雨量三种空间插值方法研究 … 龚文峰 张 静 梁晰雯（160）

基于 MSP430 智能遥测终端大容量数据存储的实现……………… 覃朝东 江显群（168）

水库冰面变形微观观测研究 …………………… 贾青 李志军 杨 宇等（173）

基于无线传感器网络的水质监测系统研究 ………… 张 慧 黄跃文 郭 亮（178）

水位自动采集设备选型及处理方法的分析研究 ………… 史东华 陈 卫（184）

通用比降面积法流量测验系统软件设计与实现 ………… 周 波 张国学 李 雨（188）

GPS - RTK 技术在山洪灾害调查中的应用………… 邓长涛 范光伟 林 威（193）

农灌机电井地下水监测仪的分析与设计 ………… 齐 鹏 戴长雷 彭 程等（199）

大深度基础混凝土防渗墙施工质量检测技术应用研究

………………………… 邓中俊 姚成林 贾永梅等（205）

核磁共振法在山区找水 ………………… 贾永梅 姚成林 邓中俊等（213）

冻土墒情野外试验分析与设计 ………………… 祝岩石 伍根志 商允虎等（221）

低扬程轴流泵站效率测试分析与运行建议措施 …… 黄 立 江显群 刘 涛等（227）

灌浆流量检测精度研究 ………………… 郭 亮 黄跃文 张 慧等（231）

基于 CFD 的氧化沟推流器优化 ………… 姜 镐 郑 源 宋晨光等（235）

湖泊水库中水华藻类的去除方法概述 ………… 李聂贵 徐国龙 郭丽丽等（243）

试 验 技 术

国家重大科学仪器专项"我国大型河工模型试验智能测控系统开发"研究进展[*]

夏云峰 陈 诚 王 驰 黄海龙 金 捷 周良平

(南京水利科学研究院,水文水资源及水利工程科学国家重点实验室,南京 210029)

摘 要 随着经济社会快速发展,水利水运工程建设进程加快,对工程科学研究水平提出更高要求,河工模型试验一直是开展水利水运工程研究的重要方法,而测控技术是河工模型试验研究的关键,模型试验研究的科学水平在很大程度上取决于测控系统的精度。近年来,随着新技术的不断发展,河工模型试验测控技术得到了快速提升。本文简述了国家重大科学仪器开发专项"我国大型河工模型试验智能测控系统开发"的项目背景、国内外研究现状、主要研究内容及在关键量测仪器无线化、非接触测量及控制系统等方面取得的研究成果。

关键词 仪器专项;河工模型;测控系统;无线化;非接触

Advances in the national key scientific instrument and equipment development project "the development of intelligent measurement and control system for large-scale river model test in china"

Xia yunfeng   Chen cheng   Wang chi   Huang hailong,
Jin jie   Zhou liangping

(State Key Laboratory of Hydrology-Water Resources
and Hydraulic Engineering,

Nanjing Hydraulic Research Institute, Nanjing 210029, China)

Abstracts With the rapid development of economy and society, the process of hydraulic engineering construction was speeded up and results in a more serious requirement on the level of scientific research on engineering. The river model test is an important method for research on hydraulic engineering. The measurement and control technology is the key to river model test. The scientific level

* **基金项目:** 国家重大科学仪器设备开发专项(2011YQ070055)、交通运输部重大科技专项(201132874640)、国家自然科学基金资助项目(51309159)、中央级公益性科研院所基本科研业务费专项资金(Y214002、Y212009)。

of river model test depends on the accuracy of measurement and control system. In recent years, with the development of the new technology, the technology of measurement and control in river model test and control has been rapidly improved. The project background, research status at home and abroad, main research contents and advances in the wireless, non-contact measurement of the key measuring instruments and control systems are described in this paper.

Key words　Instrument project, river model, measurement and control system, wireless, non-contact

1　引言

国家中长期科学和技术发展规划纲要(2006—2020)在重点领域及其优先主题中明确提出,要加强水资源优化配置与综合开发利用,重点研究长江、黄河等重大江河综合治理及南水北调等跨流域重大水利工程治理开发的关键技术。2011 年中央一号文件也明确提出,"十二五"期间继续实施大江大河治理,并基本完成重点中小河流重要河段的治理,并指出要强化水利科技支撑,加强基础研究和技术研发,力争在水利重点领域、关键环节和核心技术上实现新突破。

河工模型试验一直是开展水利水运工程研究的重要研究方法。近年来,我国在长江、黄河、珠江、汉江、赣江、湘江等河流的河床演变、河道及航道整治、跨河建筑物等有关问题的研究中均开展了大量的河工模型试验。在葛洲坝、三峡、小浪底等大型水利水电工程的建设中,为了配合规划、设计、施工及管理工作,也开展了大型的河工模型试验研究。特别是由于黄河问题的复杂性,诸多问题的研究更有赖于河工模型试验的手段。如何科学、高效地开发利用河流海岸资源,抵御自然灾害,协调开发利用与资源及环境保护之间的关系成为水利科学研究中的热点和难点问题。

为了解决我国河流治理、水运工程、防洪抗旱等工程决策中的关键技术问题,需要开展大量的河工模型试验。而模型试验研究水平的提高在很大程度上依赖于测控技术的创新和突破。

本文介绍了国家重大科学仪器开发专项"我国大型河工模型试验智能测控系统开发"的项目背景、项目主要研究内容、国内外研究现状及项目在关键量测仪器无线化、非接触测量及控制系统方面取得的研究成果。

2　项目背景

为贯彻落实《国家中长期科学和技术发展规划纲要(2006—2020 年)》和《国家"十二五"科学和技术发展规划》,提高我国科学仪器设备的自主创新能力和自我装备水平,支撑科技创新,服务经济和社会发展,中央财政设立了国家重大科学仪器设备开发专项。

2011 年由南京水利科学研究院牵头,联合长江科学院、河海大学、南京瑞迪建设科技有限公司共同承担的国家重大科学仪器设备开发专项"我国大型河工模型试验智能测控系统开发"作为首批试点项目获准立项。

本项目的总体目标是:开发出具有自主知识产权并适用于中国国情的成套水动力及泥沙关键参数量测仪器和量测技术,实现大型河工模型试验智能测控系统关键技术的突破,显著提升大型河工模型试验研究水平,为水利工程、防洪抗旱、环境保护、水资源高效利用、河流海岸开发与治理等领域重大科学问题研究提供先进的技术支撑和科学依据。通过产学研结合,建立产业化示范基地,形成批量生产能力,并将产品推广应用于我国水利、交通、能源、海洋、工矿企业、军工、高校等领域,使大型河工模型试验量测仪器及智能测控系统市场占有率大于60%。初步形成相关仪器应用技术规范,为业务部门及相关研究机构提供成熟稳定的高端产品。

3 项目主要研究内容

项目的研究内容主要由关键量测仪器、控制系统、试验分析系统三部分组成,其中关键量测仪器主要包括流速仪、PTV 流场测量系统、水位仪、波高仪、压力总力仪、六分量仪、地形仪、测沙仪等,控制系统主要包括潮汐控制系统、波浪控制系统、加沙控制系统,试验分析系统主要包括数据后处理、可视化控制及动态仿真显示(见图1)。

4 国内外研究现状

4.1 关键量测仪器

4.1.1 流速仪

旋浆式流速仪主要有电阻式、电感式、光电式三种,国内开展此项研究较早的是南京水利科学研究院,目前模型试验中采用较多的是南京水利科学研究院自行研制的光电式旋浆流速仪[1]。但该仪器对水流有一定干扰,对于低于旋浆起动流速的小流速无法测量,流速流向同步测量技术还不成熟,模型试验中流速测点较多,布线较复杂。

热线热膜流速仪能够测得瞬时流速,对水流干扰较小,使用方便,但对水质有较高的要求,必须清洁无杂质,否则由于杂质沉淀在金属丝表面,会改变热耗散率,将造成测量误差[2]。因此,热线热膜流速仪通常应用于空气动力学试验,在模型试验含沙水流中应用较少。

电磁流速仪是根据法拉第电磁感应定律制成的,将水流作为导体来测量水流速度的流速仪(日本 VM – 801HA、荷兰 P – EMS 等)。电磁流速仪传感器较小,对水流扰动小,可用来测瞬变流速和流向,可测量水质差别较大情况下的流速,但易受附近电磁场的干扰,目前用于模型试验还比较少。

声学多普勒流速仪 ADV 是基于超声波的多普勒效应来测量流速的,可测量三维流速,动态响应快,测量精度高,但由于其结构复杂,价格昂贵,使用条件苛刻,大部分用于水槽试验研究,较少应用于物理模型试验。

4.1.2 流场测量系统

在河工模型试验中,采用粒子图像测量技术 PIV 测量表面流场可以获取河流泥沙工程中的流速分布信息,从而可以对河流水动力结构进行研究,为工程方案提供科学依据[3-4]。河工模型试验中的 PIV 技术与水槽试验中的常规 PIV 技术的区别主要在于:①测量区域比常规 PIV 大得多,通常摄像头架设的位置离测量区域较远,为了满足图像处理的要求,所采用的示踪粒子粒径较大;②照明系统通常采用普通光源(甚至可以是自然光)照明,而常规 PIV 需要专门的激光片光源进行照明。

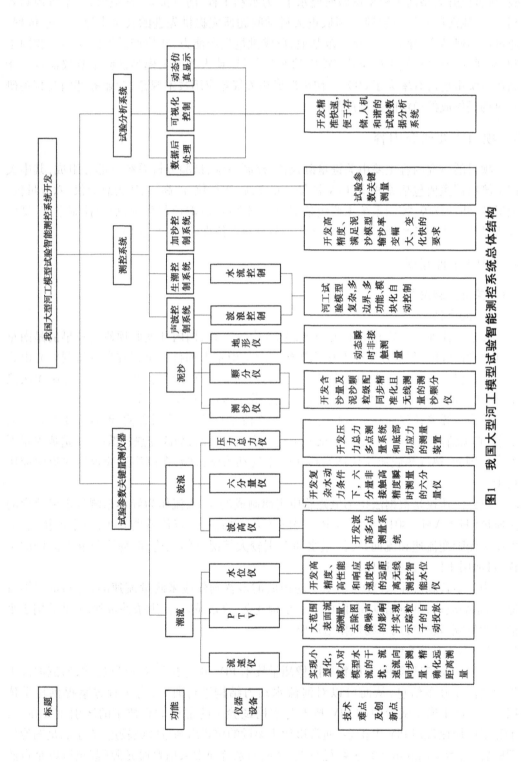

图1　我国大型河工模型试验智能测控系统总体结构

国内科研人员根据粒子图像测速的基本原理,已成功开发出应用于大型河工模型表面流场测量的粒子示踪测速系统:清华大学研制的 DPTV 系统、河海大学研制的物理模型表面流场粒子测速系统、中国科学院力学研究所研制的 DPIV 系统、北京尚水信息技术股份有限公司开发的 VDMS 流场实时测量系统、南京水利科学研究院研制的 LSPTV 流场测量系统、珠江水利科学研究院开发的流场测量系统等。

河工模型表面流场测量技术的研究已经取得了较多的成果,并得到广泛的应用。但仍存在一些问题,需要进一步深入研究:①采用视频线有线传输,布线复杂,传输的数据量大;②安装及标定过程复杂;③在大范围复杂水流条件下,进一步提高流场提取及处理性能;④示踪粒子目前大都采用人工投放,对水体干扰较大。

4.1.3 水位仪

水位是物理模型试验中必不可少的水力要素。目前,应用于模型试验的水位测量仪器主要有:水位测针、跟踪式水位仪、数字编码探测式水位仪、振动式水位仪、光栅式水位仪、超声波水位仪等。

水位测针是一种古老的水位测量工具,由于测针稳定可靠且精度较高,所以沿用至今,但测量费时较多,不易同时测量多点水位。跟踪式水位仪、数字编码探测式水位仪、振动式水位仪及光栅式水位仪都是采用步进电机跟踪水位进行测量的水位仪,只是采用的传感器不同。由于功能强、精度高,这些跟踪式的水位仪在模型试验中得到了较为广泛的应用。其缺点是机械传动部分易于磨损而产生误差,此外由于受步进电机驱动速度的限制而使水位跟踪速度受到影响。超声波水位仪应用超声波反射原理测量水位,跟踪速度快,并可实现多点水位同步测量,但测量精度易受环境温度等影响。

4.1.4 地形仪

由于河工模型地形数据的重要性和采集精度,以及采集效率的高标准要求,传统的测针或钢尺测量法,以及采用经纬仪和水准仪的地形测量方法已经不能满足需要。近年来,随着激光技术、超声波技术、光学技术等先进技术的发展,逐渐发展了光电反射式地形仪、电阻式冲淤界面判别仪、跟踪地形仪、超声地形仪、激光扫描仪等。河工模型地形测量技术正在从人工、接触式、单点测量向自动、非接触式、多点测量方向发展[5-7]。

光电反射式地形仪、电阻式冲淤界面判别仪及自动跟踪地形仪使河工模型地形测量从传统的测针法、钢尺测量法及经纬仪和水准仪等人工测量方法发展到自动测量,但由于需要探头接触测量面,所以都属于接触式的单点测量方法,对地形有一定的干扰,测量效率比较低。超声地形仪采用超声波技术,实现了地形的无接触测量,但测量精度有待进一步提高,特别是在有斜坡等的复杂地形,以及含沙量较大时,测量误差较大。

目前,地形测量系统主要可分为接触式和非接触式两类。接触式主要有武汉大学研制的阻抗式地形测量系统、黄河水利科学研究院研制的浑水地形测控系统。非接触式主要有北京尚水信息技术股份有限公司、天津水利科学研究院开发的超声波地形测量系统等。

4.1.5 测沙仪

含沙量测量方法中,传统的直接测量法利用天平直接测量沙和水的质量,测量结果精确。但缺点是需要预先取水样,不能实现在线实时测量和自动化测量,无法满足现代水利工程泥沙模型实验的要求。间接测量法指借助于现代传感器技术,将水体含沙量转换为相关的电信号量,通过对这些电信号的测量来间接测量含沙量。间接测量法主要包括振动测量法、超声测量法、光电浊度测量法和 γ 射线测量法[8-10]。其中,基于振动测量法和 γ 射线测量法的测沙仪外形体积较大,主要用于天然水域的含沙量测量,无法用于室内泥沙模型试验含沙量的测量。超声测量法和光电浊度测量法主要利用超声波或光波在浑水中传输时会被吸收和散射,进而传感器检测到超声波或光波强度变化来测得含沙量。目前研制、应用最广的也是这两类测沙仪。但还存在一些缺点和不足:①当含沙量较低时,电路噪声和环境噪声对其影响较大,测量结果精度较低;②测量结果与悬浮颗粒的粒径大小、颗粒密度有关,需预先测量率定标准曲线。

4.1.6　波高仪

波高和水位在水利工程模型试验中是必不可少的水力要素,二者在测量要求上有所不同,水位对测量的精度要求较高,而波高需要能敏捷可靠地反映瞬时的波浪幅度变化(波浪要素有波高、周期和波长)。测量波高的仪器和传感器应具有频响快、灵敏度高、体积小、防水性能好等特点。目前,测量波高的仪器较多,通常有电阻式波高仪、电容式波高仪等。南京水利科学研究院研制的计算机波高测量系统采用先进的电容式波高传感器、高集成运算放大器和计算机硬、软件技术研制而成,现已广泛应用于水工、河工和港工物理模型试验中。

4.1.7　压力仪

在水利工程的物理模型试验中,需要测量脉动水压力和波压力,该类仪器和传感器应具有频响快、灵敏度高、体积小、防水性能好等特点。目前,测量类型较多,如应变片式、电感式、霍尔效应式和压电式等,但应用最广泛的有应变片式压力传感器和压电式压力传感器。

压电式压力传感器的灵敏度系数比应变片式压力传感器灵敏度系数要大 50 ~ 100 倍。欧、美等发达国家的压力传感器比较先进,丹麦水工研究所生产的 Druck - PDCR 压力仪具有误差小、采样频率高、尺寸小、稳定性好等优点,适合进行风暴潮、波浪综合作用试验时结构物上波浪压力的测量,而且可以准确测量破波冲击波压力。现瑞士和美国的一些电子公司将压电式压力传感器的惠斯登测量电桥、电压放大器(差动放大器)和温度补偿电路集成在一起,做成超大规模的集成电路芯片,大大提高了测量精度和可靠性。

4.1.8　六分量仪

六自由度仪亦称六分量仪,主要应用于海洋与近岸工程物理模型试验中,对系泊浮式结构在港工水池中模拟天然风、浪、流动力作用下,刚体模型运动量数据的量测与分析。国内外六自由度仪主要有以下类型:①机械接触式;②光电跟踪式;③陀螺加速度仪;④非接触低频磁转换。

机械接触式的优点是造价较低,适用于长度较大(5 ~ 7 m)和自重较重(数百千克)的大件浮体;缺点是仪器自重偏大(约为 10 kg),触臂长度无法在较宽范围内调整,使用中仪器随浮体同步运动时产生的抵触反作用力影响运动量的真实性,仪器与浮体组成的同一载体共同接受外动力作用力时附加的机械惯性较大。光电跟踪式的特点是整机质量较轻,采样速度较快,硬件材料和元器件相对经济;避免了机械式六自由度仪自重对浮体运动的影响。陀螺加速度仪的试验数据后期处理工作量很大,并且多次积分与合成计算将附带出过程连续累计误差,在浮体上三个轴向分别装配一个一维加速度仪进行量测也存在着浮心质点容积被放大的问题,若选用一个整体型三维加速度仪,造价很高。南京科学研究院2011年起试研发一款采用低频磁转换量测原理的六自由度仪。以空间虚拟运动跟踪定位系统,通过非接触发射—捕捉—接收—再发射的快速传输,将处理后的DSP数字信号输入仪器。

4.2　控制系统

4.2.1　潮汐控制系统

潮汐控制方式主要有尾门控制、双向泵控制、潮水箱控制等[11]。

尾门控制系统由尾门、水位仪、水位控制接口和计算机组成。水位自动控制时,计算机控制系统按率定的调节规律控制驱动放大器和开关电路的导通闭合时间,即控制尾门的位移量,尾门开闭度经位移传感器分别通往中央控制室和尾门控制台的位置显示器,尾水位的变化由控制点水位仪采集反馈到计算机内,与给定水位值比较,再进行计算调节,形成一个闭环自动控制系统。

双向泵控制系统由计算机控制1台或多台双向泵的进出流量,从而达到模拟潮汐的目的,双向泵式潮汐仪主要适用于潮差较小和水流条件较复杂情况。

潮水箱式系统的原理是由空气压缩机在潮汐箱内形成压缩气体,通过伺服电机控制气压调节阀,使箱内水体被压出或吸入,从而控制模型中水面的变化,形成需要的潮汐水流。潮水箱式潮汐仪模拟精度高,稳定性好,但结构较复杂。

4.2.2　波浪控制系统

对波浪的模拟分为规则波的模拟和不规则波的模拟,而不规则波也可分长峰不规则波和短峰不规则波,短峰不规则波是最能反映真实状况的,模拟波浪是通过造波机实现的。国内外造波机的造波方式主要有摇板式、冲箱式、活塞式、转筒式和气动式等,其基本原理都是通过造波部件的机械运动对水体施加振动产生波浪,其需求的机械运动是符合时域波浪信号的往复光滑变速运动,对驱动的要求是功率大、伺服响应要快,位置和速度跟踪精度要高。

在室内波浪物理模型试验中,在水槽或水池内利用造波机进行波浪模拟,从而进行波浪物理模型试验,是港口工程设计的主要依据。造波控制系统从功能上可分为:

(1)对波浪进行数值模拟,根据要求算出规则波或不规则波对应冲箱运动位置的时间序列。

(2)对算出的运动位置(小线段)按一定的算法插补出每个插补周期对应的冲箱位置,并采用带速度前馈的PID控制算法使电机带着冲箱完成插补间的运动。

(3)用波高仪采集造出的波,规则波可检验其波高周期是否符合要求,不符合再进行补偿再造波;对于不规则波,则要对采集的时间序列进行处理,得到其功率谱,并与目标谱比较,如果未达到要求,再用迭代法算出新的造波机运动时间序列,直到满意。

4.2.3　加沙控制系统

目前,加沙控制主要是在河工模型中添加底沙和悬沙。而加沙方式可分为人工加沙和自动控制两类。人工加沙是在加沙循环管上开设一定数量大小不同的孔口,通过人工调节各孔口开度和组合来控制模型的进口加沙量。

自动加沙系统必须根据泥沙物理模型试验,满足输沙率变幅大和变化快的要求,潮汐水流输沙率在一个周期内处于变化之中,加沙量要求随潮汐水流适时变化。根据模型控制范围,计算出输沙率的变幅及试验过程的加沙量,从而选用适当的加沙设备,以满足输沙率变幅大的要求。

自动加沙控制系统主要由加沙系统和控制系统组成。加沙系统包括搅拌池、浑水搅拌设备、上水泵、稳水池、输沙管道、供水泵;自动控制系统由人机界面、控制器以及变频器等组成。

5　项目研究成果

5.1　无线流速仪

无线流速仪(见图2)系统基于低功耗无线传感网络,可以实现将流速测杆采集到的数据通过无线射频信号发送到无线网关,并且能接受基站发送的控制命令,然后做出相应的响应。将信号采集、处理及传输集成模块化,实现多路远程无线流速测量,无线流速测量能实现同时采集200根流速杆,最远距离为400 m,采集速度及精度不低于有线流速仪数据采集系统,同时充分考虑了无线终端的移动性和低功耗要求。流速测量范围:1～200 cm/s,测量精度1%。

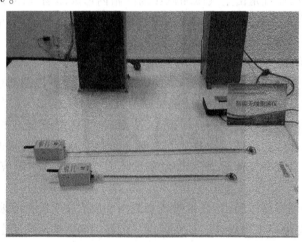

图2　无线流速仪

5.2　ADV 三维流速仪

声学多普勒流速仪 ADV(见图3)是基于超声波的多普勒效应来测量流速的,可测量三维流速,动态响应快,测量精度高,目前大都是从国外进口,价格昂贵,维护成本高。

本项目已完成前期的开发及实验测试,换能器支架主要用来固定超声探头,并自由调节超声探头角度,中心探头位置固定,其他探头可以空间360°调整,在空间位置上等距、等角度均匀分布。信号产生电路和信号放大功率输出电路将脉冲信号传送至换能器,然后通过切换将换能器接收到的反射波通过放大运算电路,再通过 AD 转换为数字信号传递给 DSP,利用 DSP 核对数据信号进行 FIR 滤波和 FFT 变换,然后利用 ARM 核做简单数据运算,计算水的流速。已经完成 5 MHz 测速仪一维发射电路与接收电路,信号采集及处理效果良好,测试环境搭建完成,测试结果满足要求,三维测速测试支架设计及加工就绪,目前正开展三维流速的研发和测试。

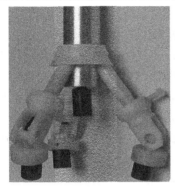

图3 ADV 三维流速仪

5.3 分布式 PTV 流场测量系统

研究分布式流场测量方案,进一步提高流场测量性能,分布式 PTV 流场测量系统(见图4)主要由智能摄像机、无线传输设备及计算机组成。采用智能摄像机,拟将流场图像采集及处理算法嵌入前端摄像机,实时计算并输出流场数据。与传统流场图像处理系统将图像传输至电脑进行处理的方法相比,可大大减少传输的数据量,大幅度增加同步采集的摄像头数量,真正实现大范围瞬时同步测量。采用无线传输,减少布线,显著降低系统安装及部署难度。

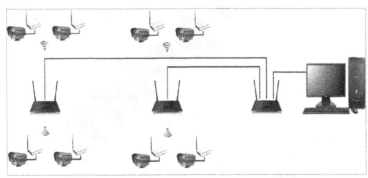

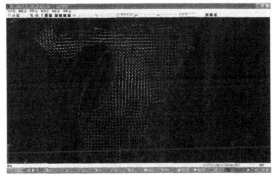

图4 分布式 PTV 流场测量系统

5.4　无线水位仪

无线水位仪(见图5)收发器配合模型水位仪使用,将数字信号发送至收发器,收发器将其转换为符合协议的无线射频信号,然后通过无线射频信号将数据传输出去,从而实现数据的无线传输;或者将收到的控制信号转化为控制设备的信号,从而实现无线控制作用。水位仪无线收发器既能发挥射频信号无方向性、不受障碍物影响以及遥控距离远的优势,又能双向传输,具有一定的控制作用,可以长距离的对控制数据和测量数据进行收发,同时又具有极低的功耗,不需要布线,同时具有比较低的成本。采用南京水科院自主研制开发的机械式 2020 型无源绝对量编码器,码盘由全封闭镀金平面板与铂金 Pt90 触丝组成,二进制(24 – 2023)11 位循环码(格雷码余码)对应十进制 0 ~ 20 cm(2 000 × 0.1 mm = 200 mm),分辨率 0.1 mm,3 根/触丝/道,误码率≤106。

图 5　无线水位仪

5.5　非接触式地形仪

非接触式地形仪(见图6)将激光技术与超声波技术结合,充分发挥激光的高精度定位和超声波在水下传播距离较远的优点,通过对超声波传感器、发射接收电路、时间增益放大器、回波数字信号处理等进行进一步深入研究,显著提升水下地形测量的测量精度,并实现水上及水下地形的同步测量。基于计算机自动控制技术研究平面二维高精度扫描控制装置的大范围快速扫描技术,实现地形仪在平面二维方向的快速高精度定位。

图 6　非接触式地形仪

5.6 测沙仪

测沙仪选用标准的红外二极管收发装置(发射器波长940 nm)一定程度上减小了测沙仪的体积,提高了测沙范围。基本完成测沙仪样机(见图7)研制,将测沙仪向小型化、无线化、智能化发展,实现含沙量在线实时测量。

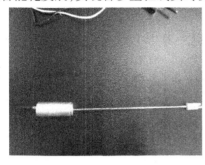

图7 测沙仪研制样机

5.7 波高仪

波高仪(见图8)使用能将电容信号转换成电压信号的集成电路芯片 CAV424,其具有信号采集处理和差分电压输出的功能,能将变化电容转换为相应的差分电压输出,具有高检测灵敏度。输出的电压信号可以直接与后续的 A/D 转换模块或者其他信号处理芯片相连,实现从模拟信号向数字信号的转换。同时它还集成了内置温度传感器,可以比较容易地实现电路的温度补偿。

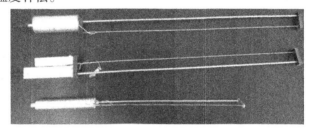

图8 波高仪

5.8 非接触式六分量仪

新型非接触式六自由度实时量测系统采用硬件与软件结合的机电一体化设计,使用可扩展的 ARM 硬件系统,结合电磁技术、DSP 数字信号处理等技术(见图9)。另外,研制

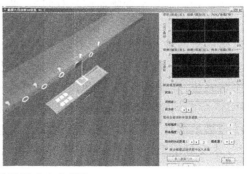

图9 非接触式六分量仪

出相关上位机应用软件以满足用户对试验测试数据实时采集与分析的要求,可实现浮式刚体运动试验数据 3D 动态演示,满足用户对水池波浪 – 水流作用下刚式浮体受力运动试验过程演示的要求,并研制出系统辅助设备——3SRL 空间悬挂三维可逆遥控定位系统。

5.9　智能控制系统

智能控制系统(见图 10)主要包括泵房控制系统、尾门控制系统、潮水箱控制系统及双向泵控制系统等。

图 10　智能控制系统

智能泵房控制系统通过串口服务器以太网总线接口,由工业控制计算机发送命令至嵌入式一体化触摸屏来控制相应的真空泵与电磁阀、电动闸阀和混流泵的启动和停止,还具有水库水量检测功能。智能尾门控制系统由触摸屏、PLC、水位仪、尾门位置编码器和尾门电机驱动系统构成,通过 PLC 采集尾门水位值和尾门位置,然后与设定值进行比较后,进行 PID 计算,从而控制尾门电机驱动系统。智能尾门模块可以存储多个潮位过程线,并且采用交流伺服驱动。智能潮水箱控制系统由鼓风机、压力传感器、水位仪、两台起泄流作用的电动阀门、触摸屏和 PLC 组成。水位自动调节时,水位的变化由水位仪采集之后传送给 PLC,再与给定的水位值进行比较,然后由 PLC 控制风机的变频器,PLC 通过变频器调节鼓风机的进气量,水位过高时减小鼓风机的进气量,水位过低时增大鼓风机的进气量,从而实现潮位过程的自动控制。同时,当水量不平衡时,由 PLC 控制电动阀门,以保证潮位在可调的范围内。双向泵控制系统由电磁流量计、双向泵、触摸屏和 PLC 组成,PLC 自动控制,当出现电磁流量计实测的流量与试验给定的流量有偏差时,经 PLC 计算、调节,送出控制信号至变频器控制双向泵,调节变化后的流量经电磁流量计再次反馈到 PLC,再经调节控制,形成一个闭环自动控制系统,直至达到误差范围之内。

5.10　试验分析系统

试验分析系统(见图 11)建立基于地理信息系统的综合数据库;完成河工模型试验数据管理平台系统,实现模型试验数据的综合查询和局部虚拟展示;建立河工模型试验研究综合数据库;完成河工模型试验综合管理平台系统;建立基于网络化、数字化、多媒体的模型试验综合展示平台。基本完成数据仓库设计与数据录入、部分子模块环境设计(河床演变模块、水文分析模块)、水文测量分析、数据管理等系统开发。

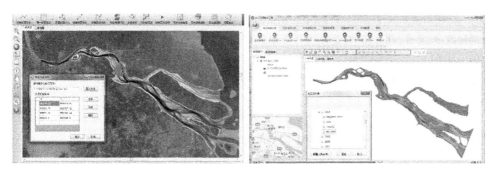

图11　试验分析系统

6　结语

对于大型河工模型试验,由于尺度较大,研究参数多,存在仪器数量多、布线复杂等问题和测量时对水流无干扰的要求,无线化和非接触是对量测仪器的关键要求。本项目在无线流速仪、ADV 三维流速仪、水位仪、分布式 PTV 流场系统、非接触式地形仪、六分量仪等关键量测仪器方面已有所突破,在控制系统及试验分析系统方面也取得初步成果。在已有研究基础上,提出有待进一步深入研究的方向:

(1)关键测量仪器,需重点突破传感技术及无线传输技术,提高测量稳定性、可靠性及测量精度。

(2)适用于大型或超大型河工模型试验的测控系统还很不完善,为了能够稳定地控制模型试验进度、提高测控精度,需进一步深入研究控制算法。

(3)建议对原有测量仪器进行接口改良和改造,完成量测仪器无线接口、控制设备及量测仪器的接口标准化工作,建立基于分布式解决方案的智能化、模块化、标准化测控平台。

(4)建议完善河工模型试验数据管理平台系统,实现模型试验数据的综合查询和虚拟展示;建立河工模型试验研究综合数据库;建立基于网络化、数字化、多媒体的模型试验综合展示平台。

参 考 文 献

[1] 蔡守允,李恩宝.应用于水利工程物理模型试验的旋浆流速仪[J].计量,2008(2):11-13.

[2] 盛森芝,徐月亭.热线热膜流速计[M].北京:中国科学技术出版社,2003.

[3] 唐洪武.复杂水流模拟问题及图像测速技术的研究[D].南京:河海大学,1996.

[4] 王兴奎,东明,王桂仙,等.图像处理技术在河工模型试验流场量测中的应用[J].泥沙研究,1996, (4):1-26.

[5] 王雅丽,李旺兴.ABF2-2 地形仪[J].港口科技动态,2006(3):16-19.

[6] 林海立,曲兆松,王兴奎.河工模型超声地形仪的数字信号处理[J].水力发电,2004,30(11):78-80.

[7] 王锐.河流动床模型激光三维扫描数据应用研究[D].河海大学,2007.

[8] 吴永进,韦立新,郭吉堂,等.γ-射线测沙仪测量浮淤泥容重的新进展[J].泥沙研究,2009(6):60-64.

[9] 金广锋.超声波测沙仪样机的研制[D].郑州大学,2004.

[10] 邵秘华,张素香,马嘉蕊.略论浊度标准单位和测量仪器的研究与进展[J].海洋技术,1997,16
　　(04):50-61.

[11] 蔡守允,刘兆衡,张晓红,等.水利工程模型试验量测技术[M].北京:海洋出版社,2008.

【作者简介】 夏云峰(1965—),男,安徽芜湖人,教授级高级工程师,博士,主要从事河口海岸泥沙研究。E－mail：yfxia@126.com。

泥沙颗粒图像测试技术研究*

陈 红 唐立模 陈 扬

（河海大学水利水电学院，南京 210098）

摘 要 总结对比了泥沙颗粒粒径测量方法，其中筛分法、沉降法、电阻法、显微镜法等传统泥沙颗粒粒度测量方法操作复杂、自动化程度低、费时费力、处理速度慢，短时间内难以实现颗粒粒径的批量测量，与激光粒度仪一样都只能得到单一粒径信息，无形状特征数据，阻碍了对泥沙颗粒特征的认识和泥沙运动规律的深入研究。基于图像处理技术，结合 VB 编程语言，开发了泥沙颗粒图像分析系统，展示了泥沙颗粒形态特征，经像素统计，获取了泥沙颗粒粒径。

关键词 粒径；阈值分割；等效变换

Study on image measurement technique of sediment particle size

Chen Hong Tang Limo Chen Yang

（Lower Yangtze River Bureau of Hydrological and Water Resources Survey, Nanjing 210098）

Abstract The paper summarized and compared the measurement methods of the sediment particle size. The traditional methods, such as sieving, sedimentation, electrical resistance, microscope measurement, were complicated, low automation, slow processing, meanwhile, it was difficult to process a lot of sediment. Those methods and laser particle analyzer can only get a particle size, which could not get morphology data based on image processing technique, combined with VB, authors developed image analysis system, which showed the morphology characteristic of sediment particle, and obtained particle size with the pixel statistics.

Key words particle size; threshold segmentation; equivalent transformation

1 引言

泥沙颗粒粒径、形状、圆度和级配等基本性质关系到泥沙的冲刷、输移和淤积，是研究泥沙问题的基础，对揭示复杂的泥沙运动规律具有重要的理论意义和实用价值。在河流

---

* **基金项目**：水利部黄河泥沙重点实验室开放基金（2014003），国家自然基金项目（51309083），重大科学仪器设备开发专项（2011YQ070055）。

泥沙、环境泥沙、土壤学和材料力学等学科研究中,泥沙颗粒分析是一种基本的研究方法和必备的研究技术,主要表现在以下几个方面。

1.1　泥沙运动规律研究

一直以来,人们对泥沙基本运动规律的研究主要集中在泥沙的沉降规律、起动规律和水流挟沙规律等方面。泥沙沉速和起动流速都是关于颗粒粒径的函数,而水流挟沙规律的研究主要集中在底沙和悬沙,底沙运动与颗粒起动规律相关,悬沙运动与颗粒沉降规律相关。一般泥沙运动规律研究中,通过颗粒分析确定泥沙颗粒粒径,并基于粒径信息进行规律总结和理论分析。

1.2　水文测验

泥沙颗粒级配既影响河道的阻力特性,又影响悬沙与床沙的交换强度和交换量,从而影响河床的冲淤变化、断面形态调整。泥沙颗粒级配是研究水利工程及河床演变中泥沙问题的基本资料。河工模型动床研究中,不但要求模型沙起动流速与原型沙起动流速相似,而且要求模型沙级配曲线与原型沙级配曲线平行。

对于多沙河流如黄河,泥沙颗粒分析也是一项重要的基础性研究工作,是水文测验中重要的测量项目,我国从新中国成立初开始河流泥沙颗粒分析,随着技术的发展,已由最初的人工分析,到20世纪80年代的机械分析,到现在的自动化分析,测量精度不断提高,促进了对泥沙问题的研究。

1.3　环境泥沙研究

泥沙颗粒的化学成分、矿物组成不同,与污染物在水体中相遇,将发生吸附等现象,进而影响泥沙的絮凝状态、沉降速度、水流的挟沙能力和输移规律,借助泥沙颗粒分析,为研究泥沙颗粒形态对污染物吸附、絮凝等的影响机理提供技术支持。

因此,上述表明在各类涉及泥沙问题的研究中都需要开展泥沙颗粒分析。

2　泥沙颗粒分析法

常用的泥沙颗粒分析方法有筛分法、沉降法、电阻法、显微镜法和激光粒度仪法,各方法原理、优缺点对比如表1所示。虽然各方法在现代技术的推动下,有了较大发展,但受原理限制,仍存在一定不足,表现在以下几个方面。

2.1　测量结果物理意义不同

(1)筛分法获取的是颗粒粒径范围,不能获取各颗粒实际粒径。

(2)沉降法获取的是包含粒径和形状综合信息的粒径数据,较大粒径情况下,颗粒形状对沉速有较大影响,此时获取的粒径数据已难以准确代表泥沙颗粒粒径。

(3)电阻法同沉降法一样,电阻效果受颗粒形状影响,对于不规则形状泥沙颗粒,测量误差大。

(4)显微镜法可获取泥沙颗粒投影截面的等效粒径和形状信息,但处理速度慢。

(5)激光粒度仪法能得到泥沙颗粒的具体大小,但无形状信息。

2.2　测量范围限制

水利部于2010年发布了河流泥沙颗粒分析规程(SL 42—2010)指导泥沙颗粒分析,规程中要求根据泥沙颗粒粒径范围选择相应分析方法。对于分析宽级配泥沙,需要采用

表1 各泥沙颗粒分析方法对比

方法	筛分法	沉降法	电阻法	显微镜法	激光粒度仪法
原理	使颗粒通过不同尺寸筛孔进行颗粒分类和粒度测量,分为TYLES、ASTM、ISO等筛系	基于不同粒径颗粒在液体中沉降速度不同进行粒度测量,不同粒径颗粒沉降速度不同,大颗粒沉降速度较快,小颗粒沉降速度较慢,颗粒沉淀时间与粒径大小平方成反比	颗粒通过微孔时,排除孔中导电液体,导致孔两端电阻变化,根据电阻变化计算得到相应粒径,测量结果称为等效电阻粒径	利用光学显微镜放大成像直接进行颗粒粒度测量	基于激光衍射原理、米氏理论和弗朗霍夫理论,小颗粒对激光散射角大,大颗粒散射角小,测量散射角以计算颗粒粒径
粒径测量范围	0.03 ~ 100 mm	0.005 ~ 2.0 mm	0.3 ~ 1 000 μm	0.8 ~ 150 μm	0.3 ~ 2 000 μm
处理速度	慢	慢	快	慢	快
测量对象	级配代表粒径	级配代表粒径	级配代表粒径	粒径、级配形状特征	级配代表粒径
优点	设备简单,操作方便	结果具有明显物理意义	可测颗粒总数。速度快,准确性好	单颗粒特征测量准确	精度高、操作简便、重复性好
缺点	费时费力、重复性差;对于不规则形状颗粒测量误差大	操作复杂,非球型颗粒测量误差大,易受环境和人为因素干扰、动态测量范围小等缺点	对于粒度分布较宽的颗粒,测量误差大,颗粒较大时产生沉降,导致测量误差,测量范围较窄	不便于群沙分析,粒度分布数据代表性差	难以测量大于2 000 μm,粗颗粒仪器造价高

沉降法和筛分法配合完成,受测量原理影响,测量结果合成时存在接头误差;另外,由于水土保持和水库建设,使河流中的泥沙粒径发生了较大变化,如小浪底水库建成后,库区断面泥沙粒径严重细化,0.004 mm以下泥沙高达80%,在布朗运动影响下,沉降法已无法精确测量泥沙颗粒粒径。

激光粒度仪测量时,泥沙颗粒粒径必须限制在2 mm内,否则将对仪器产生损伤。

2.3 各颗粒分析方法测量结果差异

激光粒度仪和筛分法测量结果如图1所示,级配曲线形状和中值粒径均不同,影响到实验的准确性。导致级配曲线差异的主要原因是小颗粒泥沙测量精度和泥沙颗粒形状。对于筛分法,泥沙颗粒短边顺利通过筛孔,长边无法通过时,如果泥沙颗粒从短边方向进入筛孔,将使测量结果偏小,产生测量误差。对于激光粒度仪,同样受到颗粒形状影响,球形颗粒比不规则形状颗粒测量精度高。

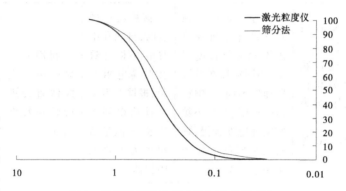

图1　激光粒度仪和筛分法级配曲线对比

　　传统泥沙颗粒粒度测量方法操作复杂、自动化程度低、费时费力、处理速度慢,短时间内难以实现颗粒粒径的批量测量,和激光粒度仪一样都只能得到单一粒径信息,无形状特征数据,阻碍了对泥沙颗粒特征的认识和泥沙运动规律的深入研究。

3　泥沙颗粒图像分析法

3.1　测量原理

　　通过摄像机获取颗粒图像(见图2),结合阈值分割等技术(见图3),提取颗粒截面形态,经像素统计,即可计算出泥沙颗粒粒径。

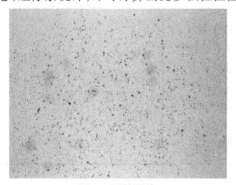

图2　原始图像　　　　　　　　图3　泥沙颗粒图像分割后的效果图

　　泥沙颗粒图像阈值变换公式如下:

$$f(x,y) = \begin{cases} A, f(x,y) > T \\ B, f(x,y) \leqslant T \end{cases} \qquad (1)$$

式中:T 为阈值;$f(x,y)$ 为图像像素点阵中坐标 (x,y) 点的灰度值;A、B 为阈值变换后的灰度值,当 A 为 255,B 为 0 时的阈值变换称为二值化。

3.2　等效变换

　　图像分析法采集的图像是泥沙颗粒截面投影,其形态各异,粒径计算时需要将截面投影等效为相关标准图形,再计算等效粒径。泥沙颗粒图像等效方法是将颗粒图像等效为圆形,圆形直径即为粒径。

圆形等效法原理如图4所示,将泥沙颗粒图像等效为具有相同像素数的圆,其等效粒径为:

$$D = 2\alpha \sqrt{n/\pi} \qquad (2)$$

式中:n 为泥沙颗粒像素数;α 为单位像素代表的实际尺寸。

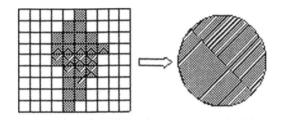

图4 等效圆原理图

3.3 测试系统

泥沙颗粒图像分析系统包含图像采集、图像处理和粒径计算三个功能模块(如图5)。采集模块是利用数字摄像头将泥沙颗粒图像录入到计算机中;图像处理模块是通过对图像进行滤波、平滑和边缘增强处理后,利用阈值变换分割泥沙颗粒图像和背景图像,提取出泥沙颗粒图像;粒径计算分为等效变换、颗粒粒径和群沙级配分析等功能,颗粒粒径计算时采用连通域法,统计各个泥沙颗粒像素数,经等效变换和计算得到泥沙颗粒粒径,图6为泥沙颗粒粒径处理及计算界面图。为了增强系统的通用性和与其他软件的交互性,图像数据采用"bmp"格式保存,粒径数据可存储为"ASCII 码"或 Excel 文件。

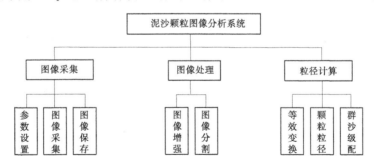

图5 系统功能模块图

4 总结

泥沙颗粒的粒度和形状是描述泥沙基本特征的主要参数,也是影响泥沙运动的重要参量,高质量的泥沙颗粒分析可为研究河口整治、河道淤积、河床演变提供可靠数据。传统的泥沙粒度分析方法如筛分法、沉降法、电阻法与现代激光粒度仪法在测量原理、等效粒径方面存在较大差异,影响到实验结果的统一。

将数字图像处理技术应用于泥沙颗粒分析,建立了数字图像泥沙颗粒分析系统,采用图像分割技术,应用 VB 编程语言,开发了相应处理系统,从中提取泥沙颗粒边缘信息及

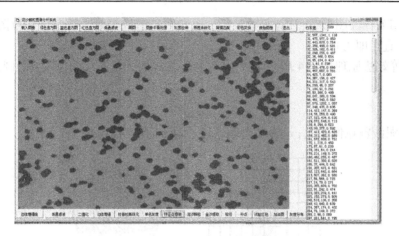

图6　泥沙颗粒粒径处理及计算界面图

其他相关信息,从而得到如粒径、累积频率等参数,可以更详细地了解泥沙颗粒的特征,实现了快速全面地泥沙颗粒分析。

参 考 文 献

[1] 中国水利学会泥沙专业委员会. 泥沙手册[M]. 北京:中国环境科学出版社, 1989.

[2] 钱宁,万兆惠.泥沙运动力学[M]. 北京:科学出版社, 2003.

[3] 中华人民共和国水利部. SL 42—2010 河流泥沙颗粒分析规程[S]. 北京:中国水利水电出版社, 2010.

[4] 吉俊峰,赵淑饶.图像分析技术泥沙粒度粒形测试中的应用前景[J]. 中国水利学会 2006 学术年会,P49-53.

[5] Kwan, A. K. H., Mora, C. F., Chan, H. C.. Particle shape analysis of coarse aggregate using digital image processing[J]. Cement and Concrete Research, 1999, 29(9): 1403-1410.

[6] 李丹勋, 徐世涛, 禹明忠, 王兴奎. 应用数字图象技术研究卵石的几何形态[J]. 泥沙研究,2000 (12):6-9.

【作者简介】　陈红(1981—),男,重庆云阳人,实验师,从事现代流体测试技术研究。E - mail:chh_hhu@ hhu. edu. cn。

变频器开环控制浑水流量在泥沙模型试验中的应用

吴华良　罗朝林　丘谨炜

（珠江水利科学研究院，广州　510611）

摘　要　本文通过分析与总结国内加沙试验所采用的仪器和控制方法的优缺点，阐述了一些仪器和方法应用的局限性。基于"当水泵进出水端的水头差保持恒定时，变频器运行频率和水泵出水流量成线性关系"的事实，设计了一种变频器开环控制的加沙试验方法。该方法省却了测量精度不高的含沙量测量仪，小流量时测量不够准确的流量计，节约了试验成本，减小了产生故障的环节，提高了泥沙试验的可行性、可靠性和稳定性。

关键词　泥沙模型试验；开环控制；变频器；测沙仪

The application of using inverters for turbid flow control in sediment modal experiment

Wu Hualiang　Luo Chaolin　Qiu Jinwei

（The Pear River Hydraulic Research Institute，Guang Zhou　510611）

Abstract　The paper summarizes the characteristic of several kinds of instruments used in sediment experiment measurement and control in the country. Based on the fact that the running frequency of the inverts are proportional to the magnitude of the flow from the pumps controlled by it when the water head is constant between the input and output port of the pump, an experiment method of usinginverters to control the turbid flow in open loop without using sediment measurement instruments and turbid flow meters is designed. This experiment method raises the stability and reliability of the sediment modal experiment.

Key words　Sediment Modal Experiment；Open Loop Control；Inverters；Sediment Meter

1　引言

泥沙模型试验有以下几种类型：

（1）浑水含沙量未知的加沙模型试验，控制的给定值是沙量，实测值是浑水流量和含沙量，实时沙量＝实测含沙量×实测流量。因此，能准确测量含沙量的测沙仪至关重要。该泥沙测控方法的优点是，可任意配置试验浑水，无需给定浑水流量大小；但需同时测量含沙量和流量两个物理量。该方法适合于只要求施加的沙量正确,而水量不作要求的泥沙模型试验。

(2)浑水含沙量已知的加沙模型试验,浑水已按要求的含沙量进行配置,无需作含沙量测量,仅作浑水流量测量。控制的给定值是浑水流量。其优点是省却了含沙量测量,对施加于模型的水量能通过流量控制达到;缺点是必须严格按给定的含沙量配置浑水。

上述加沙试验的种类均须采用精确的含沙量仪对泥沙模型试验的沙量进行监测。目前能被用来测量泥沙模型试验的含沙量仪有以下几种类型:

(1)振动式悬移质测沙仪。其原理是当浑水满管通过一个振动的金属管腔时,金属管腔的谐振频率会随着浑水含沙量及其泥沙颗粒的大小的不同而变化,当泥沙颗粒的大小级别保持不变时,通过测量金属管腔的谐振频率,就能得出浑水的泥沙含量。该方法的优点是原理简单,容易实现,但金属管腔体积庞大,测量的谐振频率受环境温度的影响,管腔的谐振频率和泥沙含量的关系不呈线性关系,含沙量的最终结果需要查表获得,不利于计算机测控,且仪器工作期间噪声很大。

(2)光电式测沙颗分仪。其原理是光线通过浑水等介质时,光的强度衰减,其衰减量随浑水的泥沙含量的不同及光线经过的距离的长短而不同,浑水的含沙量越高,光的衰减量就越大,接收到的光的强度就越弱,反之就越强。根据接收到的光的强度,得出泥沙含量的大小。

该仪器的优点是体积小,便于安装携带,缺点是测量精度不高,只适合含沙量较低和泥沙颗粒较小的浑水的测量;含沙量和光强度之间的线性关系差,影响测量精度的提高和测量范围的扩展。

(3)其他含沙量测量仪器。γ测沙仪,其测量原理和光电式测沙颗分仪相同,但价格昂贵,需使用放射性元素镅,不适合在泥沙模型试验中使用。激光颗分仪,其原理是当平行光遇到泥沙颗粒时发生散射,其散射角和泥沙颗粒的大小的关系为,泥沙颗粒越大,散射角越小,反之越大。因此,测量散射光的分布,就可得到泥沙颗粒大小的分布。激光颗分仪测量准确,测量范围宽,重复性好,但价格昂贵,操作使用复杂,不适合泥沙模型试验。

2　变频器开环加沙控制方案设计

加沙过程控制的难度主要在于国内外还没有一种测量精度较高、测量数据可靠的在模型试验上使用的含沙量测量仪器。采用流量控制的方法看起来可以达到较高的加沙控制精度,但是模型试验的加沙过程往往是一个小流量的浑水流量过程,流量计很难在这么小的流量范围进行精确测量。鉴于此,我们开发了一个采用变频器开环控制浑水流量的泥沙测控系统,用于泥沙物理模型试验。其原理如图1所示。

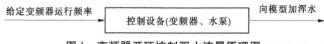

给定变频器运行频率　→　控制设备(变频器、水泵)　→　向模型加浑水

图1　变频器开环控制浑水流量原理图

和传统的加沙控制系统相比,新系统有以下优点:

(1)新系统省却了测量不够可靠、价格比较昂贵的含沙量测量仪及对小流量测量不甚稳定的流量计,使整个测量系统结构简化,从而减少了故障发生的环节和几率。

（2）提高了泥沙测控的可靠性。变频器控制技术是近来发展起来的一种新技术,其原理是:施加于水泵电机的交流电压的频率与电机的运行速度成正比,电压的频率越大,电机的运行速度越快。变频器的功能就是将 50 Hz 的输入电压根据需要变成在 0 ~ 50 Hz 范围内的某个频率的电压,输出给水泵的电机,使电机按该频率确定的速度运行。因此,在水泵电机的进出水端之间的水头差保持不变时,水泵的出水量就跟水泵电机的运行速度呈线性关系,也即和变频器的运行频率呈线性关系。正因为该线性关系,使变频器开环控制水泵浑水流量成为可能,也使该方法的泥沙测控比传统方法稳定可靠。该线性关系可用伯努利方程说明:

$$p_1 + \frac{1}{2}\rho u_1^2 + \rho g z_1 = p_2 + \frac{1}{2}\rho u_2^2 + \rho g z_2$$

式中:p 为流体压强,N/m^2;u 为流体速度,m/s;z 为计算点相对于参考点的高度;m;ρ 为流体密度,kg/m^3;下标 1 表示水泵进水口;2 表示水泵出水口。

在隔墙两侧水泵轴线取进水和出水计算点如图 2 所示,则 $z_1 = z_2 = 0$（计算点为势能参考点）,$p_1 = \rho g h_1$,$p_2 = \rho g h_2$,于是:

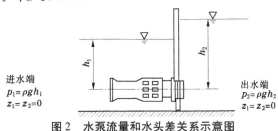

进水端
$p_1 = \rho g h_1$
$z_1 = z_2 = 0$

出水端
$p_2 = \rho g h_2$
$z_1 = z_2 = 0$

图 2　水泵流量和水头差关系示意图

$$\rho g h_1 + \frac{1}{2}\rho u_1^2 = \rho g h_2 + \frac{1}{2}\rho u_2^2$$

即

$$\frac{1}{2}\rho u_1^2 = \rho g(h_2 - h_1) + \frac{1}{2}\rho u_2^2$$

水泵叶片带动水流旋转产生的动能,一部分用于克服水泵进出口之间的水头差 $h_2 - h_1$,一部分产生流量（u_2 乘以管道面积）。因此,只要 $h_2 - h_1$ 保持不变,水泵流量（u_2 乘以管道面积）就和 u_1,也即和变频器的运行频率呈一一对应的线性关系。

根据这一原理,变频器按给定频率过程曲线运行,并保持水泵进出水端之间的水头差不变,同时浑水的含沙量也保持恒定,产生流量过程,也即产生所要求的加沙过程,从而完成试验任务。

（3）仅采用开环控制,稳定可靠。采用开环控制浑水流量而能保证整个试验过程的泥沙控制精度,是利用了变频器输出频率和水泵的出水流量,在水泵的进出水端的水头差保持恒定时,呈线性关系的特点达到的。变频器开环控制仅输出频率值,就得到所要求的流量值,输出值和测量值之间不存在误差（利用变频器高精度控制水泵电机转速的特点）,因而不需要进行误差纠正,不会出现闭环控制那样在外界的干扰或控制参数过大、或误差过大的情况下产生振荡、迫使试验中断的情况。泥沙模型试验是一个长时间序列的连续不断的试验,最长时间可达到 15 昼夜。在试验期间任何一个环节发生故障,尤其是控制系统故障,都会迫使试验中断,使整个试验前功尽弃,浪费了人力和物力及宝贵的时间。因此,变频器开环加沙测控系统满足了长时间序列的泥沙模型试验对测控系统稳定性和可靠性的苛刻要求。其硬件结构示意图如图 3 所示。

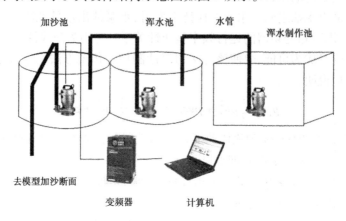

加沙池　　　　浑水池　　水管　　　浑水制作池

去模型加沙断面

变频器　　　　计算机

图 3　开环控制加沙量系统结构示意图

采用该方法进行加沙试验,整个试验过程(连续几天几夜)需有人在加沙池旁监控水泵进出水之间的水头差,以保证其恒定,同时预先配置含沙量恒定的试验用浑水,以保证源源不断的浑水供给。

为了克服上述不足,设置三个水池,即浑水制作池、浑水池和加沙池。在加沙池和浑水池之间开一个连通槽,采用水泵从浑水池向加沙池抽水,使加沙池的浑水通过连通槽向浑水池回流,这样就能使加沙池的水位保持恒定。加沙池的浑水通过由变频器控制的水泵按给定的流量向模型的加沙断面施加浑水,由于试验模型水流的关系,浑水被冲到加沙断面附近的地方,形成泥沙分布,达到模型试验的目的。浑水制作池用来预先按水和沙的比例制作试验用浑水,当该池浑水全部抽到浑水池后,接着制作新的浑水。

3　变频器开环加沙控制流程

(1)模型验证。通过数模或其他方法从水位验证站原型观察水位过程推算控制门水位过程,将它作为控制门的给定水位过程进行模型试验。当水位验证站的水位和流速验证点的流速,及上游的洪水流量过程都和原型观察数据相符时,即可进行加沙试验。

(2)浑水流量过程曲线确定。一般来说,上游河流的流量一天一变。浑水流量过程由下列两个因素决定:①原型洪水流量大小,即 5 年或 10 年一遇的洪水,或者是原型实测的洪水流量过程;②洪水携带的含沙量的大小。按照流量和含沙量的要求确定浑水流量过程曲线,同时配置试验用浑水。

(3)和浑水流量对应的变频器运行频率过程曲线的推导。通过率定得出流量和频率的线性关系,从浑水流量过程曲线计算出变频器运行频率过程曲线。试验时,变频器按频率过程曲线运行,产生符合要求的浑水流量过程。

4 方案应用

本加沙测控系统已成功应用于港珠澳大桥泥沙模型试验、十字门航道泥沙模型试验、深茂铁路泥沙模型试验、桂山岛泥沙模型试验等。

5 总结

变频器开环加沙控制方法,充分利用了变频器能够精确控制水泵电机速度的先进技术,使得变频器的运行频率和水泵的出水流量,在水泵进出水端水头差保持不变的情况下,呈线性关系,从而省却了测量不够可靠的含沙量测量仪及小流量测量不够准确的流量计,在减少了系统构成的部件、减少故障产生的环节和几率的同时,提高了泥沙测量的准确性和泥沙控制的可靠性。采用开环控制的方法也是利用了变频器能精确控制电机速度的优点,使控制的稳定性和可靠性大幅度提高,满足了泥沙试验尤其是长时间序列的泥沙试验的高可靠性要求。同时通过试验找到了一种在泥沙模型试验期间自动保持加沙池水位恒定的方法,提高了加沙试验的自动化水平。

参 考 文 献

[1] 吴华良,林俊,吴娟. 潮汐模型监控软件研制[C]//中国水利学会水利量测技术专业委员会. 水利量测技术论文选集. 第四集. 郑州:黄河水利出版社,2005.
[2] 王智进,宋海松,刘文. 振动式悬移质测沙仪[J]. 人民黄河,2004,4.
[3] 蔡守允,马启南,戴杰,等. 新型光电式智能测沙颗分仪[J]. 传感器与微系统,2007,26(28).

【作者简介】 吴华良(1956—),男,浙江磐安人,高级工程师,主要从事水利水电自动化科学研究。E－mail:wuhualiang995@21cn.com。

单片机的直流充放电电容检测应用于波高仪的研究[*]

黄海龙[1]　房红兵[2]　王　驰[1]　周良平[1]

(1. 南京水利科学研究院,南京　210024;

2. 南京理工大学,南京　210000)

摘　要　提出了一种基于 CF 单片机的直流充放电电容检测方法。CF 单片机为既包含数字又包含模拟的混合集成处理芯片,利用该特性,在一次电路将电容信号转换为电压信号后,利用 CF 单片机模拟输入端的比较器将电压信号变成脉宽调制信号,然后单片机再对脉宽调制信号进行采集,得到信号宽度,从而得到待测电容大小。该方法具有测量范围大、测量电路体积小的优点。

关键词　电容检测;CF 单片机;脉冲宽度

A novel capacitance detection circuit design based on chip CF8051F410

Huang Hailong　Fang Hongbing　Wang Chi　Zhou Liangping

(1. Nanjing Hydraulic Research Institute,Nanjing　210024;

2. Nangjing University of Science and Technology,Nanjing　210000)

Abstract　A novel capacitance processing circuit based the chip CF8051F021 is introduced. The chip CF8051F021 is a hybrid intelligent processor, it includes both analog circuits such as amplifier and comparator and digital circuits such as analog to digital converter. The output signal of the detection capacitor is amplified by the amplifier of the CF8051F021, then the signal is transferred to pulse width signal by comparator of the CF8051F021. The pulse width is detected by chip CF8051F021 itself too. The presented process circuit has the small volume and wide detection range.

Key words　capacitance detection; CF chip; pulse width

1　引言

实时波浪高度测量是海洋、河流野外监测、模型实验等场合的一种必要手段,目前已

* **基金项目:**国家重大科学仪器设备开发专项(2011YQ070055)。

发展了多种方法来完成波浪高度的测量,如超声波法、电阻法、水压法、电容法等[1]。超声波波高仪利用超声波测距的原理来进行波高的测量,是目前精度最高、体积最小的超声波波高仪,但价格昂贵[2],不适合大批量使用。电阻线式波高仪易受水中杂质的影响,同时当彼此放置太近时存在串扰问题。水压法通过测量压强并利用线性波理论来进行波高测量,同样也存在易受杂质污染干扰而影响测量精度的问题。

电容波高仪通过导线、薄绝缘层和水组成的电容来测量浪高,是目前波高测量的首选。但目前国产波高仪普遍采用集总数据采集方式,现场布线烦琐。为简化现场试验的布线复杂度,我们提出了波高仪模块化、无线化的设计思路。这就对电容波高仪的前端处理电路提出了新的要求,希望其体积小、功耗低。基于此,本文在充分利用 CF8051 单片机特性的基础上[3],提出并实施了一种小型化的电容检测方法。

2　检测电路的工作机理分析

2.1　常用电容检测方法

水力学试验中波高仪检测电路的核心是电容的检测问题。常用电容检测方法有直流充放电电容检测电路、交流电桥电容测量电路、直接电容/频率(C/F)变换电路和电荷转移法电路等。

直流充放电检测电路是在被测电容上加一个方波信号。在高电平期间,向被测电容充电;在低电平期间,被测电容通过一个电阻放电。通过测量放电时间或放电电流可测得电容值[4]。

交流电容测量法是把被测电容作为电桥单元中的桥臂。在高频交流激励源的作用下,将电容信号转化为交流电压信号,然后通过模拟乘法器和低通滤波器转换成与电容值成正比的电压信号。

C/F 变换法是利用 RC 电路的充放电原理,通过集成运放,完成电容 Cx 到频率 F 的转变。典型的 C/F 变换法是利用定时器 555 接成多谐振荡器来实现 C/F 变换,该方法电路结构简单,但是振荡频率较低,精度不高。

基于电荷转移原理的电容测量电路,主要由电容充放电电路和电荷检测计组成。这种测量电路具有优异的抗散杂电容能力、良好的零点和长期工作稳定性,测量准确度高,稳定性好,并且几乎不受并联漏电阻的影响。但电荷转移法控制电路复杂,不满足对电路板面积有特殊要求的情况。

在对电路面积有特殊要求的情况下,直流充放电法是一种常规选择。

2.2　Silicon 单片机的特点

与其他类型的单片机相比,Silicon 公司单片机的最大特点如下[3]:

(1)模拟和数字混合型单片机,含有多个 ADC 通道和 DAC 通道;

(2)片内含可编程放大器,可编程控制输入信号的大小;

(3)含比较器单元,通过设定比较阈值,输入信号大小与设定阈值进行比较,输出高电平或低电平信号。其整个内部结构如图 1 所示;

(4)含有内部振荡器,不需要外接振荡器就可工作。

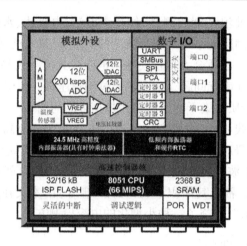

图1　CF8051F410 的内部功能结构示意图

3　检测电路设计与实施

根据充放电法测电容的原理,充分利用上述 CF8051F410 单片机的内部特点,在 CPU 外配置一个二极管和一个电阻,即可构建一个电容测试电路,如图2 所示。

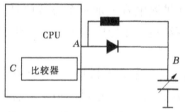

图2　基于 CF 单片机实现的电容充放电检测法

图2 所示的充放电法的整个电路工作流程如下:单片机的一个 IO 输出脚配置成定时器输出,输出一个方波信号。在高电平期间,二极管导通,被测电容充电到高电平。在低电平期间,二极管截止,被测电容通过串联电阻放电,放电到阈值电平的时间与电容所存的电荷量有关,即与被测电容大小有关。该输出电平进入单片机内设的比较器比较后,输出信号时间是一个脉宽调制信号,脉宽大小与被测电容大小成正比。

在高电平期间,二极管导通,被测电容被迅速充电至高电平。在低电平期间,二极管截止,被测电容通过电阻放电。B 点电压随时间按如下规律变化:

$$U_B = 3\mathrm{e}^{-\frac{t}{RC_x}} \tag{1}$$

B 点的波形图如图3B 所示。假设设置的阈值电压为 U_{th} ,则 B 点电压变化到 U_{th} 的时间为:

$$T = RC_x\ln\frac{U_{th}}{3} \tag{2}$$

显见,时间值与被测电压成正比关系。实际使用中,当 U_B 小于设定阈值时,单片机内比较器输出高电平,否则其输出低电平,其波形图如图3C 所示。

单片机内的比较器是通过 ADC0 可编程窗口检测器实现的。ADC0 窗口检测器不停

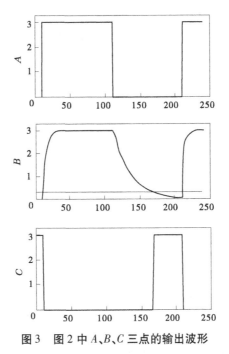

图3 图2中A、B、C三点的输出波形

地将 ADC0 输出与用户编程的极限值进行比较,并在检测到越限条件时通知系统控制器。这种方法在节省代码空间和 CPU 带宽的同时也提供了快速响应时间。窗口检测器中断标志(ADC0CN 中的 AD0WINT 位)也可被用于查询方式。参考电压对应的高低字节被装在 ADC0 下限(大于)和 ADC0 上限(小于)寄存器(ADC0GTH、ADC0GTL、ADC0LTH 和 ADC0LTL)中。窗口检测器标志既可以在测量数据位于用户编程的极限值以内时有效,也可以在测量数据位于用户编程的极限值以外时有效,这取决于 ADC0GTx 和 ADC0LTx 寄存器的编程值。

4 实验测试

在实验室对自制电容波高仪进行了实验测试,得到数据如表1和图4所示。实验结果表明本文方法的可行性,在小型化仪器中具有一定的参考应用价值。

表1 计数脉冲与入水高度的关系

入水高度(cm)	2.54	5.26	8.03	11.20	13.50
脉冲数	890	936	990	1 020	1 105
入水高度(cm)	15.90	18.65	21.16	23.75	26.90
脉冲数	1 145	1 182	1 200	1 235	1 327

5 结论

充分利用 CF8051 单片机的特点,本文提出并实施了一种基于充放电原理的电容检

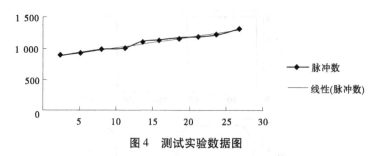

图4 测试实验数据图

测电路,分析了其工作机理和工作过程,给出了各关键点的工作波形。目前该电路已在实际应用中进行了验证,取得较好的效果。本文对电路面积有特殊要求且电容值相对较大的应用场合有一定的参考价值。

参 考 文 献

[1] L. C. Van Rijn, B. T. Grasmeijer and B. G. Ruessink. Measurement errors of instruments for velocity [J]. wave height, sand concentration and bed levels in field conditions, Nov. 2000.

[2] Koyuncu. Measurements of ventricular distances by using ultrasonic techniques[J]. Elekt. Electron, 1987(13):31-34.

[3] 潘琢金,译. C8051F410 混合信号 ISP FLASH 微控制器[M].新华龙电子有限公司,2005.

[4] R. Chapman and F. M. Monaldo. A novel wave height sensor[J]. Journal of Atmospheric and Ocean Technology. Vol. 12, 1993:190-196.

【作者简介】 黄海龙(1976—),男,湖北武汉人,高级工程师,主要从事水利水运工程物理模型试验研究。E – mail:hlhuang@ nhri. cn。

金沙江向家坝水电站长河段非恒定流物理
模型测控系统

丁牲奇[1]   吴 俊[1]   舒岳阶[1,2]

(1. 重庆交通大学 西南水运工程科学研究所,重庆   400016;
2. 重庆西科水运工程咨询中心,重庆   400016)

摘 要 针对金沙江向家坝水电站长河段非恒定流模型具有模型河道长、多进口非恒定流量、测量断面多,测量精度要求高等特点,开发了专用的长河段非恒定流模型测控系统。本试验流量水位采用 SX - 06 型多通道流量 - 水位自动控制系统进行控制,通过给定多个水位变化间值,模拟出长河段模型水位缓变过程,优化对尾门的控制,试验表明流量误差小于 ±2% ,水位误差小于 ±0.5 mm。沿程断面水位采用自研的 UBL - 02 型超声水位/波浪采集分析仪进行测量,水下超声波发射频率高达 2 MHz,利用优化的回波检测技术,实现对回波信号的精确检测,通过对试验结果的分析,其测量精度可达 0.1 mm。测点流速采用自研的 DLS 16 - 2 型动态流速测量仪进行测量,水电阻式旋桨传感器安装在 ZG - 02 型水位自动跟踪测架上,传感器可自动跟踪水面升降,实现对指定深度流速的跟踪测量。

关键词 长河段 非恒定流 自动控制 超声 流速 自动跟踪

Measurement and control system for long unsteady flow model of Xiangjiaba Hydropower Station in Jinsha River

Ding Shen qi[1]   Wu Jun[1]   Shu Yue jie[1,2]

(1. Southwestern Research Institute of Waterway Engineering, Chongqing Jiaotong University, Chongqing   400016;2. Consulting Centre of Chongqing Xike Waterway Engineering,Chongqing   400016)

Abstract The unsteady flow model of Xiangjiaba Hydropower Station in Jinsha River are characterized by long river segment, large flux, a lot of measuring cross-sections, much higher measurement precision, etc. In view of the above measurement requirements, the specified measurement and control system for long unsteady flow model is developed. The SX - 06 multi-channel flow and water level automatic control system is used to control the water level, through the given multiple intermediate values of level changes, the slow change process of water level in long model is simulated, and then optimize the control of tail gates. The experimental results show that the flow error within ±2%, water level error is less than ±0.5 mm. And self-developed UBL – 02 ultrasonic water level and wave acquisition analyzer is used to measure water level of 40 sections along the model. The analyzer underwater ultrasonic frequency up to 2 MHz, with the optimized echo signal detection technology, accurate echo signal is detected. The experimental results show that, the measurement precision can reach to 0.1 mm. The flow velocity is measured by installing DLS 16 – 2 flow dynamic test instrument to ZG – 02 automatic tracking measuring frame, this way can realize the tracking of a specified depth velocity.

Key words Long river segment; Unsteady flow; Automatic control; Ultrasound; Flow velocity; Auto tracking

1 引言

向家坝水电站是金沙江梯级开发规划中的最末一级电站,工程坝址位于四川省宜宾县和云南省水富县交界处的金沙江干流下游,下距水富县 1.5 km,距宜宾市 33 km。该工程是以发电为主,以改善航运、防洪、灌溉与拦沙为辅的特大型水利枢纽。枢纽工程主要建筑物包括混凝土重力坝、泄洪建筑物、左岸坝后式厂房、右岸地下厂房、垂直升船机和两岸灌溉取水口等。

根据向家坝水电站建设期的总体安排,电站已于 2012 年 10 月 10 日下闸蓄水,10 月 16 日水位蓄至 354 m 左右,第 1 台和第 2 台机组于 11 月相继投产。2013 年 6 月 20 日电站开始第二期蓄水,坝前水位由 354 m 抬升至 370 m,9 月 12 日坝前水位达到正常蓄水位 380 m,顺利完成蓄水计划。到 2014 年 10 月 18 日最后一台机组投产后,电站开始转入正常运行。

为弄清电站初期运行及正常运行期不同阶段电站枢纽下泄非恒定流在坝下长河段的传播特性及其对航运的影响,在保证下游航运安全的基础上有效发挥电站的综合利用效益,缓解电站发电运行与通航之间的矛盾,提出改善措施,西南水运工程科学研究所承担了向家坝水电站坝下非恒定流问题研究工作。针对向家坝水电站非恒定流在下游长河段的传播特性及其对航运影响进行深入研究,从而提出合理的、可操作的调度运行方式,以确保航运安全,为电站调度运行提供参考依据。

2 试验测量要求与测控系统构成

开展非恒定流试验研究的重要前提之一是采用高精度的自动化控制和测试手段,以准确形成电站日调节、切机及泄洪工况引起的非恒定流水流条件,并能自动实时采集、处理分析非恒定流变化过程中的各种水力要素。

金沙江向家坝长河段非恒定流模型如图 1 所示。

试验的测量要求为:①对模型进口流量过程进行实时控制;②对模型出口尾水水位过程进行实时控制;③对长河段模型沿程 40 个断面的流速进行实时测量、采集与存储;④对

图1　金沙江向家坝长河段非恒定流模型

长河段模型沿程40个断面的水位进行实时测量、采集与存储。

为了满足试验要求,整个测控系统构成如图2所示。

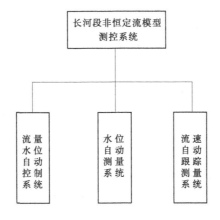

图2　测控系统构成

3　流量水位自动控制

本试验流量水位控制采用西南水运工程科学研究所自研的 SX – 06 型多通道流量 – 水位自动控制系统进行控制。

3.1　自动控制系统需求分析

水工物理模型中主要包含流量、水位两类相对独立又相互影响的子控制模块[1,2]。在实际物理模型试验中,并非单纯的只包含单个的流量、水位控制系统,会有多流量、多水位控制子系统并存的情况。当水工物理模型的进水流量很大,单个流量计无法满足时,需将整体流量分配给多个进水管道,每个管道的流量控制就对应一个流量控制模块。同时,当水工物理模型存在多个进水点时,也需要多个流量控制模块。本实验中,金沙江进口通过向家坝枢纽左、右岸电厂及泄洪建筑泄流,为了模拟不同泄流建筑物的泄流过程,在模型枢纽部分共安装3条供水管道,分别由3套电动阀和电磁流量计组成的控制系统进行流量过程控制。在主要支流岷江和横江进口也分别设置独立供水系统,其中岷江流量仍采用电动阀和电磁流量计进行自动控制,横江则采用量水堰进行流量控制,故整个系统共需要4个流量控制模块。

当水工物理模型对应多个泄流点时,每个泄流点都需要进行水位控制,本实验中模型出口观测水尺设在李庄(豆芽码头),其水位过程采用电动尾门、超声水位跟踪仪与计算机组成尾门自动控制系统进行可视化模拟控制。

3.2　自动控制基本原理

流量控制模块的控制原理是流量计检测当前实际流量,经过 A/D 转换将流量信号转成数字信号,反馈给流量控制器,在流量控制器中与预设流量进行比较,得到两者的偏差后,通过 PID 运算,再经 D/A 转换后,控制系统电动调节阀的开度,从而改变当前实际流量的大小,使实际流量趋近于实验所需流量,以满足精度要求。流量控制系统如图 3 所示。

水位过程控制是通过调节尾门开度来实现的。下游水位通过下游翻板式尾门调节。在下游指定水位控制点设置高精度水位传感器,计算机通过采集卡实时采集水位信息,根据水位给定值与水位仪反馈采集的水位值进行比较,按率定的调节规律控制各门电路和驱动放大器,导通相应的继电器,再由电机控制尾门开度,直至调节到给定水位值的偏差范围之内。水位控制原理与流量控制原理类似。

但在实际应用中发现,水位控制的难度远远大于流量控制的难度。水位的变化是由于流量变化而引起的,水位的变化滞后于流量的变化。在给定流量 – 水位关系的前提下,如果一次性将水位目标值给出,忽略水位的渐变特性,就会出现俗称的"拉沙"现象。流量增大,水位值增加。如果在给定流量值瞬间,同时给定水位目标值,由于流量增大后水位值不会突然增加,故尾门会不断抬升,等到增大的水流到达监测位值时,水位突然抬升,尾门又不断下降,从而造成尾门的盲目控制。为了避免尾门的盲目上下启动,必须给水位一个适应时间,同时避免一次性给定水位目标值,而是应该给定一些中间值,模拟水位的缓变过程[3,4]。

水位渐变过程模拟控制如图4所示,在控制系统的控制作用下,流量值从 t_1 时刻的流量1经过 Δt_1 时间跃迁变化至 t_2 时刻的流量2。由于下游水位变化滞后于流量变化,尽管上游流量已经发生变化,但在 t_3 时刻之前,下游水位未受影响。鉴于水位变化的缓变机理,在达到水位理想值之前,将水位2、水位3作为变化的中间值,模拟出了水位的缓变情况,优化对尾门的控制。

3.3　控制系统整体结构

在系统中,流量信号获取主要通过 A/D 采集流量计的 4 ~ 20 mA 模拟信号,流量控制主要通过 D/A 输出 4 ~ 20 mA 模拟信号控制伺服阀门,水位信号获取主要通过 A/D 采集水位传感器的 4 ~ 20 mA 模拟信号,水位控制主要通过 DO 输出数字触发信号控制尾门的开闭。整个系统硬件结构如图 5 所示。控制软件采用模块化工控组态图形软件进行编写。软件界面如图 6 所示。

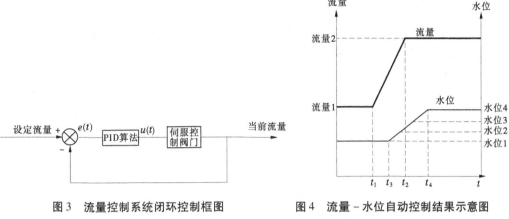

图3　流量控制系统闭环控制框图　　　　　图4　流量－水位自动控制结果示意图

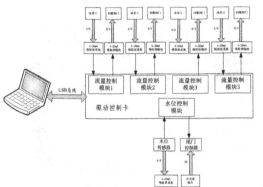

图5　系统硬件结构图

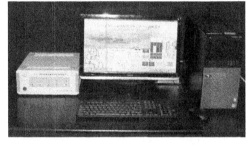

图6　自动控制系统

3.4　实验结果

试验过程中,给定流量、水位与控制流量水位的跟踪效果如图7所示。

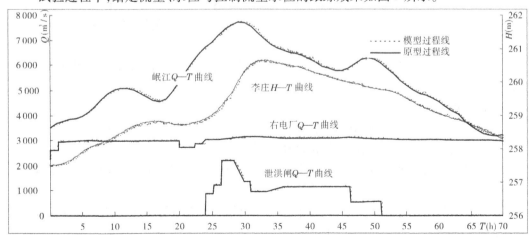

图7　流量水位自动跟踪效果

由图7可见,模型流量和水位过程的模拟跟踪与给定值吻合较好,流量误差在±2%以内,水位误差多小于±0.5mm。表明本自动控制系统达到了较好的控制效果。

4　沿程水位测量

本试验中 40 个沿程断面水位采用西南水运工程科学研究所自研的 UBL－02 型超声水位/波浪采集分析仪进行测量。

4.1　测量原理

超声水位/波浪测量原理如图 8 所示,采用超声波回声测量原理研制,将超声波收发一体式传感器(见图 9)置于水下一定深度,超声波竖直向上发射超声波,超声波在水面位置发生反射,反射的超声波被超声波探头接收,通过数据分析可得到水面距超声波探头的距离。

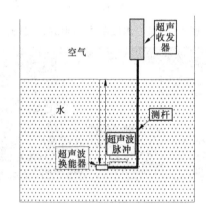

图 8　测量原理

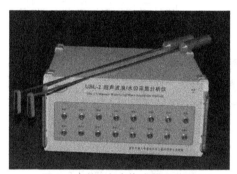

图 9　水位/波浪传感器实物图

根据多年实践,在测量方式、载波形式、测量电路、温度动态补偿、数据传输制式等多方面优化提高,使超声测量技术在测量精度、测量速度、稳定性等方面有了根本性突破。

水下超声波发射频率高达 2 MHz,在保证超声波束射特性的同时,保证渡越时间求取的准确性,并利用优化的回波检测技术,实现对回波信号的精确检测,真正达到 0.1 mm 的测量精度。

多通道超声水位(波浪)仪特别适用于模型试验非恒定流水位、波浪的测量,以及溃坝试验等。

4.2　主要特点

(1)最大可扩展至 16 通道同时测量。

(2)无需率定,每支传感器均具备自动温度补偿功能。

(3)水位数据处理:最高水位、最低水位、水位时间过程线、水位比降,通过 Excel 保存。

(4)波浪数据处理:波峰、波谷、频率、1/10 大波、1/3 大波等参数,通过 Excel 保存。

(5)Windows XP 系统下图形化界面显示。

(6)可用于波浪测量与分析。

(7)可用于非恒定流、溃坝等研究中的动态水位测量。

4.3 主要性能指标

(1)量程:500 mm。

(2)测量分辨率 0.01 mm。

(3)测量精度:±0.1 mm。

(4)采样速度:40 次/秒。

(5)测量盲区:<2 cm。

4.4 仪器系统

测杆直径 5 mm,采用全不锈钢材料制作,阻水小,强度高。超声波换能器采用高分子特种材料进行封装,保证超声波在水中具有较高的耦合效率,大大提高测量精度。每只超声波探头部分封装了用于声速校核的温度传感器,能够对水位/波浪测量结果进行动态实时补偿,保证长期使用也无需标定。传感器采用全数字信号输出,最大传输距离可达 2 km[5]。

测量仪可提供 16 通道传感器信号接入,测量仪信号采用 USB2.0 模式与主机进行通讯传输,只需将一根 USB 线缆连接测量仪与笔记本电脑,即可进行现场测量。

水位测量软件包含模型比尺输入、采集时间设定、实时水位过程线显示与保存、沿模型实时水位比降显示与保存、小时最高水位、小时最低水位、小时最大变幅等测量分析功能。波浪测量分析软件包含模型比尺输入、采集时间设定、波浪分析时间设定、实时波面线显示与保存、实时波浪分析数据(总波数、最大峰峰值、最大周期、1/10 大波、1/10 周期、1/3 大波、1/3 周期)显示与保存等测量分析功能。超声波水位传感器现场测量图如图 10 所示。

4.5 实验结果

本实验过程中,共有四十个水位测点,为此共用三台 16 通道水位测量仪,其现场图如图 11 所示。

图 10 水位/波浪传感器安装现场图

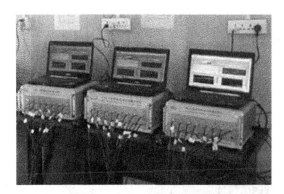

图 11 水位/波浪测量仪现场图

各个断面测量所得水位过程与水文站实测水位过程比较图如图 12 所示。

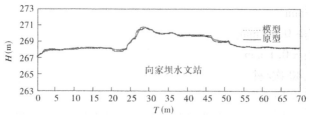

（a）向家坝水文站断面非恒定流水位过程比较图

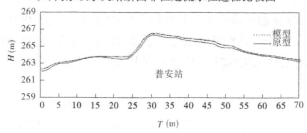

（b）普安断面非恒定流水位过程比较图

图 12　各个断面测量所得水位过程与水文站实测水位过程比较

可以看出,模型观测结果与原型基本一致,仅在近坝断面流量变化较大时水位低谷或峰值存在一定偏差,而在距坝较远河段,如大雪滩、宜宾水位站等断面的水位过程吻合良好。

5　沿程流速跟踪测量

为了评价非恒定流对船舶通航的影响,流速测量需在水位涨落情况下,始终测量水面以下 2 cm 的表面流速,为此,本试验中将西南水运工程科学研究所自研的 DLS 16 - 2 型流速动态测试仪(见图 13、图 14、图 15),流速传感器安装在 ZG - 02 型水位自动跟踪测架上进行测量,自动跟踪测架跟踪水面线,从而实现对指定深度流速的跟踪测量。

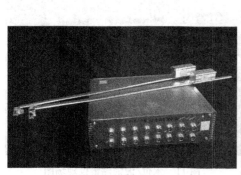

图 13　DLS 16 - 2 型流速动态测试仪　　　　**图 14　流速测量软件界面**

图 15　流速传感器现场安装图

5.1　测量原理

DLS 16 – 2 型流速动态测试仪是应用虚拟仪器技术研制的新型流速仪,可实时动态测量 16 ~ 32 路旋桨传感器的流速。仪器采用计算旋桨旋转的周期测量流速,旋桨旋转一周即可获得流速周期,因而可以设定较快的采样速度,应用于非恒定流测量,即动态测量流速。流速仪旋桨传感器由叶轮、叶轮架、方向尾叶和水阻较小的扁形测杆组成。叶轮采用同水相同的比重材料,设计成轻薄一片形状、使具有较小的启动流速;由于自重仅 0.1 g,克服高转速惯性,可以测量较高流速,测量范围宽,为减小水的阻力测杆采用扁形结构,传感器性能稳定。传感器采用水阻变化原理测量旋桨转速,所以永不会磨损。仪器采用进口高集成度单芯片数据采集技术,即将模拟量数据采集、转换所必须的大量电子元件集成于一块芯片技术,大大减小采集卡的体积,提高采集卡性能。因而仪器可以做得非常精致小巧,其整体性能、稳定性也比传统机明显提高。

ZG – 02 型流速自动跟踪测架主要由中心控制电路、步进电机驱动器、步进电机、测架和水面跟踪探针几部分构成。其自动跟踪水面原理如图 16 所示。

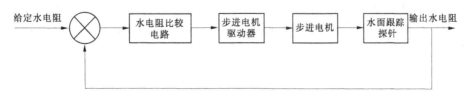

图 16　自动跟踪水面原理

5.2　功能特点

(1)可视化操作,实时显示流速传感器波形、流速曲线、瞬时流速、时均流速。

(2)采样速度快可应用于恒定流流速测量也可应用于非恒定流流速测量。

(3)仪器采用 USB 接口 + 笔记本电脑结构,应用 Win XP 操作系统,可充分利用 Win

XP 系统资源。

(4)实时以 Excel 文档保存流速、流向、测点坐标等数据,便于数据处理。

(5)传感器性能稳定,一致性、线性好。

(6)外形美观、精致小巧、使用携带方便。

5.3　功能特点

(1)叶轮外形尺寸 $\phi 0.9 \times 1 \text{ cm}$。

(2)标准 K、C 值 $K = 0.016$ $C = 0.012$。

(3)启动流速 $< 2 \text{ cm}$。

(4)流速测量范围 $0.01 \sim 5 \text{ m/s}$。

(5)有效测量水深 1.4 cm。

(6)16/32 通道同时测量。

(7)恒定流测量:流速采样时间 $1 \sim 5 \text{ s}$。

(8)平均流速时间 $10 \sim 30 \text{ s}$ 任意设定。

(9)非恒定流测量:瞬时流速采样时间 $1 \sim 5 \text{ s}$,测量时间任意设定。

(10)数据保存格式:①按时序连续采样保存,用于非恒定流测量;②以表格形式保存 8 通道坐标、流速、流向,适用于恒定流测量。

5.4　试验结果

水电阻式旋桨流速仪的标定结果如图 17(a)所示。

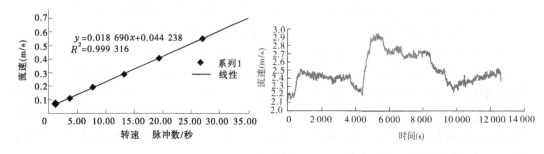

(a)1#传感器标定结果　　　　　　(b)1#传感器流速测量过程曲线

图 17　流速传感器测量结果

由图可见,水流流速与旋桨转速之间具有较好的线性度,能够满足试验要求。

图 17(b)为流速测量过程曲线,通过将流速测量跟踪曲线与水位过程曲线相对比,其吻合程度较好,证明流速测量结果的正确性。

6　结论

针对金沙江向家坝长河段非恒定流模型试验的要求,开发了集成流量水位控制、水位测量、流速跟踪测量三大部分的非恒定流测控系统。

SX－06 型多通道流量—水位自动控制系统包含 4 个流量控制与 1 个尾门控制模块,并通过给定多个水位变化间值,模拟出长河段模型水位缓变过程,优化对尾门的控制,通过对试验结果的分析,可知流量误差在 ±2% 以内,水位误差小于 ±0.5 mm。40 个沿程断面水位采用自研的 UBL－02 型超声水位/波浪采集分析仪进行测量,水下超声波发射频率高达 2 MHz,利用优化的回波检测技术,实现对回波信号的精确检测,通过对试验结果的分析,其测量精度可达 0.1 mm。流速测量通过将 DLS 16－2 型流速动态测试仪安装在 ZG－02 型流速自动跟踪测架上进行测量,从而实现对指定深度流速的跟踪测量。

　　该非恒定流测控系统测量精度与自动化程度均较高,能够满足长河段非恒定流模型测量要求。

参 考 文 献

[1] 王丽娜,费凌.基于 LabVIEW 和 DLL 的 USB2850 采集卡 DAQ 系统设计[J].工业控制计算机,2010,23(2):6-7.

[2] 魏勇,孙士平.基于 LabVIEW 与 USB 的虚拟仪器接口设计[J].现代电子技术,2009,8:164-169.

[3] 刘利,马劲松,李黎,等.河工模型尾水位控制策略的选取与应用[J].河南科学,2003,21(6):742-745.

[4] 蔡辉,马洪蛟,孙典红,苏杭丽等.水工模型水位的自动控制优化算法[J].河海大学学报(自然科学版),2002 30(5):95-97.

[5] 刘明明,吕家才,傅宗甫.水位、流速自动控制及采集系统原理与应用[J].河海大学学报,2000,28(2):88-91.

【作者简介】　丁牲奇(1946—),男,上海人,研究员,主要从事水利量测相关技术研究。E－mail:195575462@ qq. com。

不同材料泥沙磨损特性的研究

杨春霞[1]　郑　源[2]　周大庆[3]　张玉全[1]　刘惠文[1]

(1. 河海大学水利水电学院，南京　210098；
2. 水资源高效利用与工程安全国家工程研究中心，南京　210098；
3. 河海大学能源与电气学院，南京　210098)

摘　要　将 1Cr17Mn6Ni5N、06Cr19Ni10 和 06Cr17Ni12Mo2 三种不锈钢在旋转圆盘装置上进行磨损试验，借助电子天平、扫描电镜(SEM)等方法分析了试件的磨损情况，观测了试件磨损后的形貌。并对旋转圆盘上不同直径位置的试件试验结果进行分析。结果表明：1Cr17Mn6Ni5N、06Cr19Ni10 和 06Cr17Ni12Mo2 三种材料经过磨损后，表面都形成三个磨蚀区域，其中，06Cr17Ni12Mo2 的耐磨性是三种材料中最好的。材料的磨损程度和线速度密切相关，其他条件相同时，线速度越大，材料磨损程度越严重。

关键词　不锈钢；旋转圆盘；磨损；线速度

Research on performance of three materials' sand abrasion

Yang Chunxia[1]　Zheng Yuan[2]　Zhou Daqing[3]　Zhang Yuquan[1]　Liu Huiwen[1]

(1. College of Water Conservancy and Hydropower Engineering Hohai University Nanjing　210098；
2. National Engineering Research Center of Water Resources Efficient Utilization and Engineering Safety Hohai University Nanjing　210098；
3. College of Energy and Electrical Engineering Hohai University Nanjing　210098)

Abstract　The wear resistance of 1Cr17Mn6Ni5N, 06Cr19Ni10 and 06Cr17Ni12Mo2 were evaluated by rotary disc and rotary wearing test equipment. The wear conditions of three materials were analyzed by electronic balance, scanning electron microscope and so on. Specimens' morphology was observed after abrasion. The results of three specimens' wear conditions on different diameters. The results show that: after abrasion, the surface of three materials, 1Cr17Mn6Ni5N, 06Cr19Ni10 and 06Cr17Ni12Mo2 formed three erosion regions. 06Cr17Ni12Mo2 shows the best performance against abrasion among these three materials. The abrasion condition is closely related to line speed. While the line speed is higher, the abrasion condition of the material is worse under the same condition.

Key words　Stainless steel; rotary disc and rotary wearing test equipment; wear; line speed

1　引言

研究与开发性能良好的抗磨材料(包括母材与防护材料)，用来减轻水力机械泥沙磨损,是目前采用较多且行之有效的防护措施,也是目前国内外关注的一个重点[1,2]。在河流中运行的水力机械不可避免地出现泥沙磨损问题。黄河是我国含沙量最多的河流,其含沙量之高在世界上也属罕见,由于早期大多数大中型水电站和泵站建在黄河上,其水力机械磨损严重,故我国泥沙磨损问题研究是从黄河开始的。随后,由于葛洲坝水电站投产后不久即出现较严重的磨损以及三峡工程的动工兴建,有关长江上的水力机械泥沙磨损问题的讨论受到有关方面的重视。近年来,随着水电机组的发展,小含沙量造成的磨损问题也已引起人们的关注。在可行性研究或初设阶段,需要对这类工程所在河流的泥沙状况以及泥沙对真机可能造成的危害进行研究[3-5]。

　　本文采用三种不同材料,即 1Cr17Mn6Ni5N、06Cr19Ni10 和 06Cr17Ni12Mo2 三种成分不同的不锈钢,利用旋转圆盘试验装置研究上述三种材料磨损性能及规律。

2　试验材料及方法

2.1　试验材料及试件加工

　　试验用的材料为 1Cr17Mn6Ni5N、06Cr19Ni10 和 06Cr17Ni12Mo2 三种成分不同的不锈钢,试件加工成直径 28 mm,厚 6 mm 的圆柱。试验中采用的泥沙为 120 目筛网筛过的河沙。

2.2　试验方法

2.2.1　圆盘磨蚀试验

　　三种材料的泥沙磨损试验都在旋转圆盘磨蚀试验台上进行。旋转圆盘磨损空蚀试验平台系统如图 1 所示。

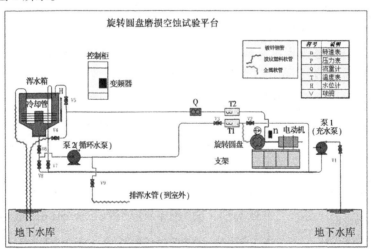

图 1　旋转圆盘磨损空蚀试验平台

　　圆盘外直径 360 mm,在直径 316 mm 和直径为 225 mm 的圆周上分别均匀分布 3 个试样,如图 2 所示。试件嵌入到圆盘中,测试面与圆盘面持平。含沙水流与试样平面呈 0°角。12 h 后停机,取下试件,对试件进行磨损称重和形貌观测。

2.2.2　磨损称重和形貌观测

　　取样的含沙浑水采用精度为 0.000 1 g 的电子天平进行称重,记录试样质量,重复上

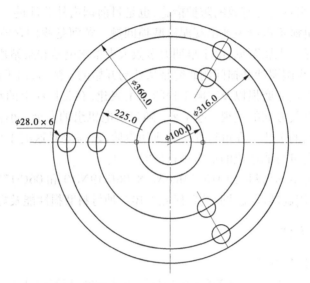

图 2　旋转圆盘及试件所在直径示意图

述步骤,累计记录 6 组数据。磨损试样进行清洗、烘干后,采用精度为 0.000 1 g 的电子天平进行称重,并用 SEM 观察试件的破坏形貌。

3　试验结果及分析

3.1　磨损失重结果分析

　　表 1 给出了三种材料不同直径位置上的磨损失重情况。从表 1 中可以看出,试件所在直径位置越大,材料的磨损程度越严重。这主要是因为,直径越大,试件的所在位置的线速度越大,材料的磨损程度就越严重。三种材料中,1Cr17Mn6Ni5N 的磨损失重率最小,这主要是因为 1Cr17Mn6Ni5N 的硬度较高,耐磨性较好。

表 1　三种材料不同半径磨损失重结果

磨损前后重量	材料和所在直径					
	1Cr17Mn6Ni5N		06Cr19Ni10		06Cr17Ni12Mo2	
	316 mm	225 mm	316 mm	225 mm	316 mm	225 mm
磨损前(g)	29.995 9	29.807 6	30.001 1	30.339 2	30.140 1	30.099 6
磨损后(g)	27.397 7	29.005 4	26.749 4	29.084 9	26.945 2	29.262 3
磨损失重(g)	2.598 2	0.802 2	3.251 7	1.254 3	3.194 9	0.837 3
磨损失重率(%)	8.66	2.69	10.84	4.13	10.60	2.78

　　图 3 给出了 1Cr17Mn6Ni5N、06Cr19Ni10 和 06Cr17Ni12Mo2 三种材料经过磨损后,时间表面的磨损情况,从图可以看出,三种材料表面都形成三个磨蚀区域。

3.2　材料磨损形貌分析

　　三种不同材料的泥沙磨损试验结果如图 4 所示。分析试验结果可知,三种材料在泥

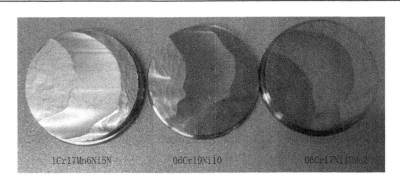

图3　三种材料表面磨损情况

沙磨损试验工况下,通过 SEM 观测到形貌存在显著的差别。

从图中可以看出,在低倍观察下,材料表面存在细小的孔隙。进一步放大,孔隙明显。三种材料中,1Cr17Mn6Ni5N 的孔隙率最小,表明它的耐磨性能最好。6Cr19Ni10 的孔隙率最大,它的耐磨性能最差。06Cr17Ni12Mo2 的孔隙率比 1Cr17Mn6Ni5N 的稍差,总体耐磨损性能相差不大。

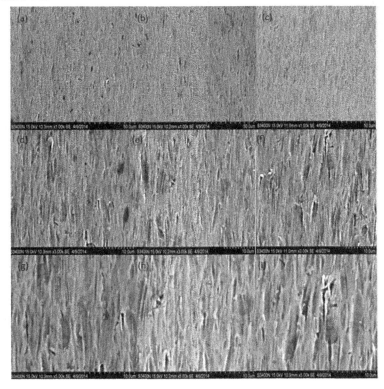

1Cr17Mn6Ni5N（a）1 000 倍、(d)3 000 倍、(g)5 000 倍;06Cr19Ni10(b)1 000 倍、
(e)3 000 倍、(h)5 000 倍;06Cr17Ni12Mo2(c)1 000 倍、(f)3 000 倍、(i)5 000 倍

图4　三种材料高倍和低倍时形貌图

图5 给出了 1Cr17Mn6Ni5N 不锈钢磨损的三个区域高倍数下的形貌。由图可见,试件两侧的磨损形貌相差不大,比较接近。试件中间位置的形貌和两侧位置的形貌差别较大。

图 5　直径 316 mm 形貌,3 000 倍,1Cr17Mn6Ni5N 不锈钢磨损的三个区域

4　小结

本文采用三种不同材料,1Cr17Mn6Ni5N、06Cr19Ni10 和 06Cr17Ni12Mo2 三种成分不同的不锈钢,在旋转圆盘试验台上研究它们的磨蚀性能。结果表明:

(1)三种材料中,1Cr17Mn6Ni5N 的磨损失重率最小,这主要是因为 1Cr17Mn6Ni5N 的硬度较高,耐磨性能较好。

(2)试件所在直径位置越大,材料的磨损程度越严重。这主要是因为,直径越大,试件的所在位置的线速度越大,材料的磨损程度就越严重。

(3)三种材料中,1Cr17Mn6Ni5N 的孔隙率最小,表明它的耐磨性能最好。6Cr19Ni10 的孔隙率最大,它的耐磨性能最差。

参 考 文 献

[1] J-P Sungauer,严秉丁,等.三种材料的抗磨特性对比试验及结果讨论[J].水电站机电技术,1998 (3):59-62.

[2] 张小彬.CrNIMO 不锈钢表面激光熔覆与合金化抗空蚀涂层研究[D].沈阳:东北大学,2008.

[3] 刘娟,余江成,潘罗平,等.HVAF 喷涂 WC-12Co 涂层的空蚀、磨损及磨蚀性能研究[J].水力发电学报,2012,31(3):230-233.

[4] 徐姚,张政,程学文,等.旋转圆盘上液固两相流冲刷磨损数值模拟研究[J].北京化工大学学报,2002,29(3):12-15.

[5] 王倩,吴玉萍,李改叶,等.超音速火焰喷涂 Cr3C2/NiCr 涂层抗加沙空蚀性分析[J].焊接学报,2013,34(2):35-39.

【作者简介】　杨春霞(1988—),江苏东台人,博士研究生,从事流体机械研究工作。E-mail:yangchunxia@hhu.edu.cn。

智能 PTV 流场测量方法研究[*]

陈　诚　夏云峰　黄海龙　王　驰　金　捷　周良平

（南京水利科学研究院　水文水资源及水利工程科学国家重点实验室,南京　210029）

摘　要　在河工模型试验中,PTV 流场测量方法得到了广泛的应用。介绍了一种基于工业智能相机的新型 PTV 测量方法,该方法将图像处理算法嵌入摄像机前端,由智能相机完成图像采集及处理,提取出各帧图像中粒子坐标数据,通过无线传输至计算机系统进行 PTV 计算,可显著提高大范围流场测量性能。

关键词　河工模型;流场测量;PTV;智能

Research on intelligent PTV measurement method for flow field

Chen Cheng　Xia Yunfeng　Huang Hailong　Wang Chi
Jin Jie　Zhou Liangping

（State Key Laboratory of Hydrology-Water Resources and Hydraulic Engineering
Nanjing Hydraulic Research Institute,Nanjing　210029）

Abstracts　In river model tests, the PTV measurement methods for flow field have been applied widely. A new PTV measurement method based on industrial intelligent camera is introduced in this paper. The image processing algorithm is embedded in an intelligent camera. The particle coordinate data of each image can be extracted by image acquisition and processing, then used to PTV calculation through wireless transmission to the computer system. The performance of a wide range of flow measurement can be significantly improved by the new method.

Key words　river model; flow measurement; PTV; intelligent

1　引言

　　水流结构是水力学及河流动力学研究的核心内容,模型试验是开展水流研究的重要手段,而流场测量技术是获取水流结构数据的基础,开展模型试验流场测量技术的研究对

────────────────
[*]基金项目:国家重大科学仪器设备开发专项（2011YQ070055）、交通运输部重大科技专项（201132874640）、国家自然科学基金资助项目（51309159）、中央级公益性科研院所基本科研业务费专项资金（Y214002、Y212009）。

提高水流泥沙研究的水平十分必要,可为水利工程建设、防洪、航运、水生态治理与修复、水污染防治与水环境改善等提供先进的技术支撑。

目前,在水流模型试验研究中,广泛应用的是粒子图像跟踪测速技术(PTV, Particle Tracking Velocimetry),主要用于河工及港工模型大范围瞬时表面流场的测量[1-3]。流场测量系统多采用普通模拟摄像头,需要通过视频线与图像采集卡进行多通道图像采集,当测量范围较大时,通常需要布置数十个甚至上百个摄像头,布线非常复杂烦琐。此外,计算机需对多个摄像头的图像进行循环处理,计算出每个摄像头拍摄区域的流场,然后进行全场拼接,才能得到全流场。当摄像头数量较多时,图像处理时间会比较长,就很难保证瞬时流场的测量。布线复杂、图像处理时间长等难题已经制约了水流研究水平的提高,急需得到解决。

目前采用的有线测量方式布线较复杂,增加了安装难度。另外,由于每台计算机图像采集卡支持的通道数有限,当摄像头数量太多时,需要多台计算机,操作不方便;而且由于线太多,经常会出现信号干扰,影响成像质量。

综上所述,模型试验流场测量技术是水流研究的关键技术,为了克服目前 PTV 流场测速技术存在的难题,急需研发一种能够实现无线测量、满足瞬时性要求的粒子图像测速的装置或系统,进一步提高流场测量技术的水平。

2 智能摄像机介绍

基于 PC 的视觉系统的典型结构一般由光源、CCD 或 CMOS 摄像机、图像采集卡、图像处理软件及 PC 机组成,尺寸大,结构复杂,成本较高。近年来,智能摄像机得到快速发展,正在逐步替代基于 PC 的视觉系统,在工业自动化、智能交通等领域得到广泛的应用。智能摄像机是一种高度集成化的微小型机器视觉系统,它将图像的采集、处理与通信功能集成于一体,从而实现了具有多功能、模块化、高可靠性、易于实现等特点的机器视觉解决方案[5,6]。

智能相机一般由图像采集单元、图像处理单元、图像处理软件、网络通信装置等构成。由于应用了最新的 DSP、FPGA 及大容量存储技术,其智能化程度不断提高,可满足多种机器视觉的应用需求。

智能相机主要具有以下特点:①结构紧凑、集成度高、性能稳定、故障率低,运算能力等同于 PC;②工作过程可完全脱离 PC 机,与其他设备连接方便;③能直接在显示器或监视器上输出 SVGA 或 SXGA 的视频图像;④提供基本的图像处理库,能进行源代码的二次开发;⑤增益可调,可控电子快门,全局曝光,快门时间可软件设置;⑥可对曝光时间及曝光时刻进行精确外同步控制;⑦支持外触发和外部闪光灯接口;⑧自带多路数字 I/O、以太网、RS232 等接口。

3 系统组成

智能 PTV 流场测量系统包括示踪粒子、一组智能相机、一组 POE 交换机、无线路由器和流场计算系统,如图 1 所示。示踪粒子 2 均匀分布在河工模型 1 的水流中,智能相机 3 安装在河工模型 1 的水流表面上方,智能相机 3 与 POE(Power Over Ethernet,以太网供电)交换机 4 连接,POE 交换机 4 与无线路由器 5 相连接,无线路由器 5 与无线网卡 7 联通,流场计算系统 8 与无线网卡 7 连接,智能相机 3 内部设有图像处理模块,图像处理模块包括图像采集模块、阈值分割模块、区域标记模块、斑点提取模块、粒子坐标模块。流场计算系统 8 包括电脑和计算分析软件,计算分析软件包括粒子匹配模块、坐标转换模块、流速提取模块、流场拼接模块及流场显示模块。每个 POE 交换机 4 分别与若干个智能相机 3 通过网线连接,每个智能相机可由 POE 交换机直接供电而无须另加电源线,无线路由器 5 分别与每个 POE 交换机 4 相连接,大大减小了布线的复杂度。

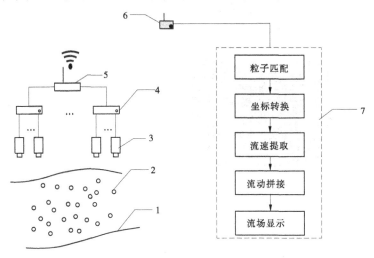

1—河工模型;2—示踪粒子;3—智能相机;
4—POE 交换机;5—无线路由器;6—无线网卡;7—流场计算系统

图 1　智能 PTV 流场测量系统组成

4　系统测试

系统采用康耐视(COGNEX)In-Sight 1100 智能相机,如图 2 所示。该智能相机体积小、智能化、使用方便。体积仅为 30 mm×30 mm×60 mm,分辨率为 640×480,配置了图像采集、阈值分割、区域标记、斑点提取等丰富实用的图像处理工具库,并支持 POE 供电。

如图 3 所示,将智能相机垂直架设于试验容器上,智能相机通过网线连接至 POE 交换机,再与无线路由器相连,然后通过无线传输至笔记本电脑。粒子图像可实时显示,粒子坐标可实时提取,经测试,粒子坐标提取时间在 0.2 s 左右,粒子提取正确率约在 95% 以上。当配置数十个甚至上百个智能相机时,由于可以实现分布式同步图像采集及图像处理,相比于传统的基于图像采集卡的 PTV 流场测量系统,测量速度可得到数倍的提升,流场测量瞬时性可得到显著提高。

图 2　智能相机

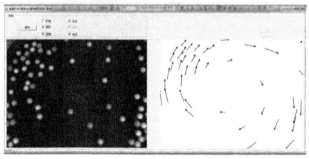

图 3　系统测试

5　结语

(1)基于工业智能相机的新型 PTV 测量方法,将图像处理算法嵌入摄像机前端,由智能相机完成图像采集及处理,提取出各帧图像中粒子坐标数据,通过无线传输至计算机系统进行 PTV 计算,可显著提高大范围流场测量性能。

(2)智能相机相比传统的 CCD 及 CMOS 相机,价格较贵,但随着电子技术飞速发展,智能相机应用于河工模型流场测量具有广阔前景。

参 考 文 献

[1] 唐洪武.复杂水流模拟问题及图像测速技术的研究[D].南京:河海大学,1996.

[2] 王兴奎,东明,王桂仙,等.图像处理技术在河工模型试验流场量测中的应用[J].泥沙研究,1996,(4):1-26.

[3] 田晓东,陈嘉范,李云生,等.DPIV 技术及其应用于潮汐流动表面流速的测量[J].清华大学学报(自然科学版),1998,38(1):103-106.

[4] 唐洪武,陈诚,陈红,等.实体模型表面流场、河势测量中图像技术应用研究进展[J].河海大学学报(自然科学版),2007,35(5):567-571.

[5] 冯驰,梁宏峰,项学智.基于 VCSBC4018 智能相机的油罐口识别[J].应用科技,2009,36(5):23-26.

[6] 魏巍,李志慧,赵永华,等.吉林大学学报(工学版)[J].应用科技,2013,43(4):866-870.

【作者简介】　陈诚(1982—),男,贵州贵阳人,高级工程师,博士,主要从事水利量测技术及河流海岸泥沙研究。E - mail:cchen@nhri.cn。

一款改进型超声波地形测量系统的研发与应用

王 磊　　陈若舟　　邢方亮

（水利部珠江水利委员会珠江水利科学研究院,广州　510611）

摘　要　本文介绍了一款改进型超声波地形测量系统的研发思路、原理及应用。该地形测量系统采用缩减声辐射半径、减小测量盲区、声速标定等多种手段,有效提高了测量精度;同时采用双探头结构,增加了测量的灵活性。应用于实际物理模型试验表明,垂向测量误差 < 1 mm。

关键词　超声波地形测量;声辐射半径;测量盲区;声速标定;双探头结构

The development and application of an improved ultrasonic topographic surveying system

Wang Lei　　Chen Ruozhou　　Xing Fangliang

（The Pear River Hydraulic Research Institute, Guang Zhou　510611）

Abstract　This paper introduces the design, principle and application of an improved ultrasonic topographic surveying system. The topography measurement system takes the method of reducing acoustic radiation radius, decreases the blind area of measuring, calibration and other means, to effectively improve the measuring accuracy; at the same time, the double probe structure increases the measurement flexibility. Applied to the actual physical model test show that, the vertical measurement error: < 1 mm.

Key words　ultrasonic topographic surveying;sound radiation radius;the measuring range calibrationa;double probe structure

1　引言

水工模型试验是研究河流动力学参数的重要手段,水工模型的地形测量是试验重要参考依据之一,随着模型比尺的增大,地形测量的精度要求必然相应提高。由于超声波测量具有短距离、分辨率高、速度快和不受介质透光性影响等特点,成为地形测量的首选。超声测距技术在水工模型地形测量中已有很多研究和应用。通过分析对比目前的技术资料,现有超声地形仪存在下述问题:对地形起伏度大的小型水工模型,难以达到精确的测量效果;测量盲区较大,不适应小型水工模型测量;未提供声速标定功能,对环境适应能力较差;无法兼顾水上水下地形的同时测量。

综上所述,本项目中的超声波地形仪针对现有产品存在的四个问题进行了改进与创新,实现了小型水工模型的高精度、全方位地形测量。

2　仪器整体结构

参考目前地形仪的结构,并根据以上讨论,模型用超声地形仪的外形结构设计如图1所示。

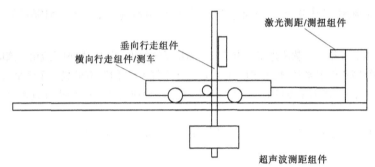

图1　高精度超声地形仪外形结构图

如图1所示,测量系包含超声波测距组件、横向行走组件、激光测距/测扭组件、垂向行走组件和测车等。其中超声波测距组件包括超声探头、探头保护筒、触水感应探头等,整个组件通过垂向行走组件固定在测车上。垂向行走组件可在垂直水面的方向运动,其垂向上的精确定位通过对高精度步进电机的控制实现。测车轮采用履带传动方式,可自主在测桥上水平运动且避免打滑,同时借助横向测距/测扭组件,可实现在水平方向上的精确定位。由于测桥长达10多米,不可避免地会产生扭度,即测桥不再水平,而是产生一个向下的弧度,这样测量原点就不在同一个水平面内,产生测量误差,借助安装于垂向测杆上的横向测距/测扭接收端,可以调节测杆进行零点标点以消除这一误差。

3　系统改进措施的实现

针对上面提出的四个问题,系统通过以下措施进行改进。

3.1　减小声辐射半径对大起伏地形测量的影响

超声测距的基本原理为:超声波经介质传播和被测物反射后重新被传感器接收,通过测量传播过程的时间 t,即可求得传感器与被测物之间的距离 l。式中,c 为声速。

$$l = ct/2 \tag{1}$$

实际情况中反射波为面反射,由于反射面中各反射点与传感器的距离不同,即 l 非单一性,造成传感器接收到的回波信号实际上是多点反射的混响信号,如图2所示。

图2(a)中,为期望得到的被测距离。若 AB 的间距较小且其间的地形起伏近似为线性,通过测量混响信号的前、后沿时间 t_A 与 t_B,可近似求出传感器与线性变化的被测区域的正对距离。由于考虑了激励信号的宽度,因此精度更高。

为达到上述讨论的前提条件,应选择波束角小的传感器,使图2(a)中 AB 间距减小,从而使其区域内地形的起伏程度近似成线性变化。超声传感器的 $-3\mathrm{dB}$ 波束角由下式确定:

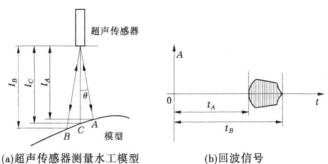

(a)超声传感器测量水工模型　　　(b)回波信号

图2　水工模型地形的超声测量及其回波信号

$$\sin\theta = 1.22\frac{\lambda}{D} \tag{2}$$

式中:λ 为波长;D 为传感器直径。

由于 D 越大,AB 水平间距也越大,因此必须靠减小 λ(提高频率)来降低波束的辐射面半径。

上述处理算法需要检测 t_A 和 t_B 两个时刻,对含有干扰信号的实际处理过程来说具有一定难度,下面给出一个解决方案,如图3所示:

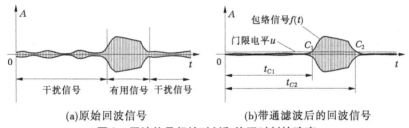

(a)原始回波信号　　　　(b)带通滤波后的回波信号

图3　回波信号起始时刻和终了时刻的确定

超声传感器输出的回波信号中其他频率的干扰信号幅度较小,经过带通滤波后可基本将其滤除。如图3(a),原始回波信号中含有一定干扰成分,因此 t_A 和 t_B 无法确定。如图3(b)显示,经过带通滤波器后,虽然干扰信号幅度已经明显降低,但这两个时间点仍不易确定,对此可采用如下方法。

设原始回波信号为 $x(t)$,经带通滤波后成为信号 $x'(t)$。对 $x'(t)$ 进行希尔伯特-黄变换(Hilbert-Huang Transform),可得到 $x'(t)$ 的正交信号 $y'(t)$:

$$y'(t) = H[x'(t)] = \frac{1}{\pi}\int_0^\infty \frac{x'(\tau)}{t-\tau}d\tau \tag{3}$$

由此可以得到 $x'(t)$ 的包络信号 $f(t)$:

$$f(t) = \sqrt{x'^2(t) + y'^2(t)} \tag{4}$$

而后,设置一个动态门限电平 u,其幅度为可使直线 $A = u(t)$ 与 $f(t)$ 有两个交点 C_1 和 C_2 的最小值。若带通滤波器的性能足够好,则时间 t_{C1} 和 t_{C2} 与理想的 t_A 和 t_B 很接近,从而实现了回波信号起点和终点的识别。

上述方法对同频干扰比较敏感,故应采取有效的屏蔽措施来避免。此外,带通滤波器会引入额外的延时,而延时与信号频率有关,因此对于固定频率的超声信号来说延时为一个常量,在信号处理过程中通过修正予以解决。

3.2　减小测量盲区

测量盲区是由传感器的机械惯性造成的,为了减小盲区,必须尽快消除传感器中的余振,为此系统采用软件措施消除。

当正常激励信号结束后,传感器进入余振状态,此时再对其施加若干周期的反向激励(相位差180°),可促使余振状态提早结束(见图4)。

图4　通过施加反向激励减小余振

3.3　声速标定

因影响声速的因素较多,仅仅进行惯用的温度补偿是不够的。传感器与反射板之间距离为1 m,声波的往返行程为2 m,测量声波传播的时间,即可标定出当前的真实声速。由于系统兼顾了水上地形测量和水下地形测量,因此系统声速标定模块包含水上声速标定和水下声速标定两部分。

3.4　兼顾水上水下测量

超声测距的精度与传感器的工作频率有关,有关资料表明,超声测距的理论分辨率为工作波长的1/2。因此,若测量精度要求为优于1 mm,则波长不能超过2 mm,故测量水上地形时,传感器的工作频率应不低于170 kHz;测量水下地形时,工作频率至少为750 kHz。因此,系统采用双探头模式,进行水下测量时,探头工作中心频率为800 kHz,水上测量时,探头工作中心频率为200 kHz。两者既可以同时工作,也可以分开,由人工切换实现。

4　结语

本文设计的超声波地形测量系统已成功应用于我院潮汐河段桥墩局部冲刷研究、珠江河口磨刀门咸潮物理模型试验、磨刀门水道河口延伸控制研究等物理模型试验,取得了理想的试验结果。

参 考 文 献

[1] 唐洪武,李谨,周浩祥. 光电反射式地形仪的研制及应用[J]. 河海大学学报,1995,23(1):80-84.

[2] 王振先,金欢阳. 实验室用超声波地形仪[J]. 海洋工程,2001,19(1):94-98.

[3] 林海立,曲兆松,王兴奎. 河工模型超声地形仪的数字信号处理[J]. 水力发电,2004,30(11):79-80.

[4] 姚晓明,李旺兴,肖方祥. 实用性冲淤界面判别仪[J]. 泥沙研究,1996(2):109-112.

【作者简介】　王磊(1982—),男,江苏徐州人,工程师,硕士,从事智能仪器研究。E – mail:wl4117@126.com。

浮式刚体运动过程六自由度实时量测系统[*]

金 捷 黄海龙 王 驰 霍晓燕

（南京水利科学研究院，南京 210029）

摘 要 本文介绍了一款用于浮式刚体运动过程六自由度实时测量系统的原理、仪器架构、硬件软件设计及应用测试。系统采用虚拟现实 VR 技术，低频磁信号（非接触式）在空间内通过双向交互式发射—捕捉—接收—再发射的频传—转换原理，将 DSP 数字信号输入至接口处理。DSP 可滤除伪信号（声波、激光等）。周边非本源信号的传输不对系统传感器产生阻塞或额外影响，发射源对 1~4 个接收传感器在空间或水下伴随浮式刚体运动过程实时跟踪定位，获取位于受体浮心处的传感器六自由度运动过程数据，建立被测刚体在空间运动姿态跟踪基准，符合国家重大仪器设备开发专项（编号 2011YQ070055）的要求。

关键词 六自由度；浮式刚体运动量；双介层探测

The real-time measurement system of floating rigid body movement's six dofs

Jin Jie Huang Hailong Wang Chi Huo Xiaoyan

（Nanjing Hydraulic Research Institute Nanjing 210029）

Abstract This article introduced the principle, structure, hardware, software, application testing of the real time measurement system of floating rigid body movement's six DOFs. Adopting virtual and reality VR technology, digital signal was transmitted to the interface by the low frequency magnetic signals, which make use of the principle of frequency transmission and conversion, that is two-way interactive-emission-capture-receiving-reemission in the space. Blocking or other negative effects may not occur when the transmission of the periphery non-source signal may not produce effects on the sensor system. With the floating rigid body motion real time tracking in the space or under water, source for 1 – 4 receiving sensor get the data then establish the tracking benchmark. The new Six DOFs meet the requirement of national great significant scientific instruments and equipment development projects about the national large-scale river model experiments of intelligent measurement and control system(PROJECT NO:2011YQ070055).

Key Words six DOFs；floating rigid body movement；double dielectric layer detection

---

* 基金项目:国家重大科学仪器设备开发专项(2011YQ070055)。

1　引言

系泊漂浮于港工水池水面上的浮式刚体(船舰等物理模型)受不同边界风浪流动力激励,模拟影响其六个伴体随动运动量称为六自由度,其中三个位移量为进退、横移/升沉,三个转倾角量为横摇、纵摇、首摇。由于风浪流动力装置单一或复合能级不同,组合后,其作用于试验受体工况对浮体的过程影响非常复杂。要真实地描述响应受体在任一瞬时、某一时间段的运动量变化或某一位置的受力状态,选用实时量测仪器对受体运动量进行精细测量十分必要。

2　测试原理

常用的六自由度仪有机械接触式、光电跟踪式、陀螺加速仪等,但仪器的测量原理和应用存在不足,受应用条件限制和不利因素的影响,不适于推广应用。

六分量:广义理解应分为六自由度和六分力。

六自由度:几何参量,泛指位移量(距离,单位为 m)和转角量(倾角,单位为(°))。

六分力:物理参量,常指力学量(牛顿,单位为 N)。

在三维空间(Descarter Coordinates)直角坐标系内,浮式受体结构物在接受或感触到外力作用时的运动分量,延着三个轴的直线和旋转方向共有六个自由度。对刚体运动试验而言,刚体浮心(质心/重心)沿着三个分轴的位移量称为进退 X、横移 Y、升沉 Z,沿着三个分轴的旋转倾角量称为纵倾 $x°$、横倾 $y°$、回转 $z°$。空间直角坐标系 – 浮式刚体运动六自由度名称对照见表1。

表1　空间直角坐标系 – 浮式刚体运动六自由度名称对照

运动参量	轴系		
	X轴	Y轴	Z轴
	名称(别称)		
三轴移动分量	进退 (纵移/纵荡)	横移 (横荡)	升沉 (垂荡)
三轴转动分量	横摇 (横倾)	纵摇 (纵倾)	回转 (首摇/转艏)

浮式刚体结构物在码头或海上作业时,其本身的六自由度运动过程,因钢索、缆绳、锚链等拉、牵制按动态导数试验方法类别分属于限制性自由度运动。从模型运动特征看,沿着三个分轴的自由线性位移量和沿着三个分轴的自由非线性转动倾角量,在三维空间内表现为依时间历程递增而呈现为连续的不规则交叉振荡运动变化过程。

浮式刚体放入某一深度的水体中,因放置角度或配载重量不同,受水体浮力影响其浮心是变化的。将足够轻、尺寸微小的传感器质点直接放于浮式刚体浮心处,使质点接近或归入刚体整体;两质心一体随波逐流共同完成六自由度运动过程,量测出的实验数据是最真实有效的。

3　技术指标

经过研究分析,研制出新型非接触式高精度六自由度实时测量系统,其技术指标如下：

(1)位移量额定量程范围 $L = 0.2 \sim 1.2$ m（$L_{\max} = -1.2 \sim +1.2$ m）。

(2)转角量覆盖范围:3D 空间全方位 $0 \sim 360°$

(3)静态精度:位移量 X、Y、$Z \leqslant 0.1$ mm（RMS），转角量 $x°$、$y°$、$z° \leqslant 0.2°$（RMS）。

(4)分辨率:位移量 X、Y、Z 均为 0.05 mm，转角量 $x°$、$y°$、$z°$ 均为 $1.5'$。

(5)通信波特率:115.2 K。

(6)信号延迟:4 ms。

(7)采样频率:120 ~ 30 Hz(依系统所配 NR2 数量 1 ~ 4 判定采样频率)。

(8)系统接口主机与计算机通信:USB 串行口。

(9)数据显示位数:数值小数点后两位,即 ××. ××(cm)。

4 系统设计

系统原理框图见图 1。

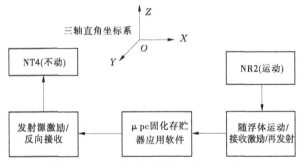

图 1　系统原理框图

4.1 硬件系统

仪器硬件部分主要由接收传感器、发射源、数据采集系统、输出接口等组成(见图 2)。

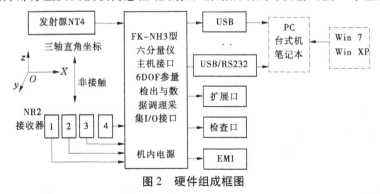

图 2　硬件组成框图

传感器部分由 1 个发射源 NT4 和 1 ~ 4 个接收传感器 NR2 组成。内置旋转 $\phi 10/\phi 2$ mm 微环三维磁发 – 收源,上电激励后可在三维空间输出三个互相垂直且频率不相同的低频磁信号。NT4 是系统仪器能够运行的基准"参照系原点"。使用时将 NT4 固定悬挂且不允许晃动,并安置于试验受体(船模等)空间上方,保持 NT4 与受体浮心相距半径 R

在 0.20~1.20 m 量程内。接收传感器 NR2 采用密封灌胶压注封装工艺,属于防水式随动型,受电激励后可在三维空间接收到 NT4 发出低频磁信号。NR2 是系统仪器能够接收运动量的变化"参照系变量点"。

4.2 软件系统

系统软件设计采用微软 Microsoft Visual Studio2010 编写源程序。经编译压缩后写入系统接口内固化存储器。按用户测量浮式刚体运动六自由度实验需求开发的中文应用软件(见图 3)用于采集 FK – NH3 型六分量仪测量数据。

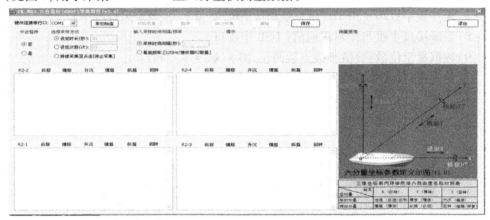

图 3　FK – NH3/V3.0 版应用软件操作界面

测试数据按编号 NR2 – 1[#],⋯,NR2 – 4[#]自动导入 Excel 以便分析。另在每个 NR2 传感器 Excel 表格显示出"静态原点初始值",即 NT4 与 NR2 的静态相对距离。软件测试时可自动生成数据库,动态实测六自由度数据值均为每个 NR2 传感器减去静态原点初始值后的相对值,数据前的" +/ – "用于表示 NR2 的六自由度运动方向。每组次测试数据要经过深入分析和后期处理。

可将任何一个 NR2 文件导入仿真软件(见图 4),仿真软件依据测试数据变量显示运动过程曲线。使用时首先预置波高、波频率、波向及浮式刚体(舰船或潜器)三个位移量/三个转角量,以及浮式刚体处于静态时与码头原始距离、受体荷载重(空/半/满载)、入水深度 。

5　应用测试

自研的自由度量测系统自 2007 年以来完成各类浮式刚体(船舶、沉箱沉管等)运动量测量,如图 5 ~ 图 11 所示。

6　结语

自研的新型浮式刚体运动过程六自由度实时量测系统具有实时测量精确、测试数据重复性好、操作简便、数据分析和后处理简单等特点。可实现数据实时采集与分析,且具有单一浮式刚体运动试验数据 3D 动态演示功能。

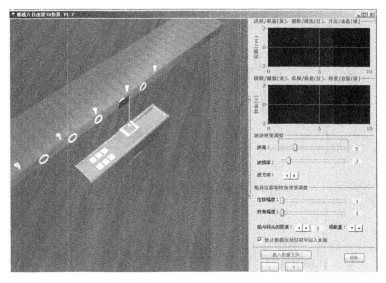

图4　六自由度 3D 仿真软件(V1.2 版)界面

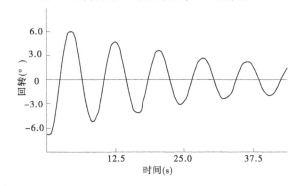

图5　某工程浮舶单纯沉管横摇—静水衰减曲线

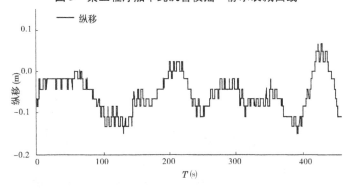

图6　沉管纵移运动分量时间过程

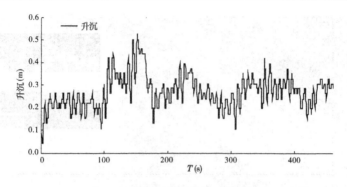

图7 沉管升沉运动分量时间过程

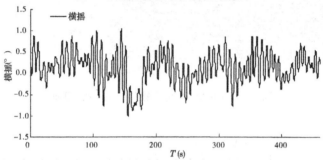

图8 沉管横摇运动分量时间过程

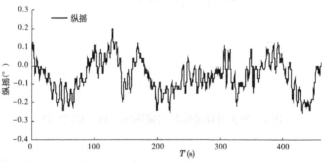

图9 沉管纵摇运动分量时间过程

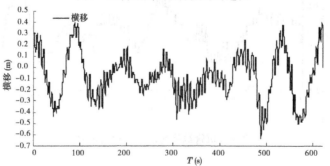

图10 沉管横移运动分量时间过程

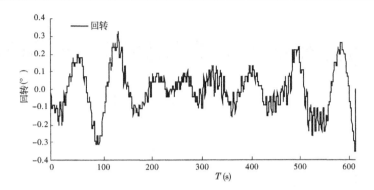

图 11　沉管回转运动分量时间过程

参 考 文 献

［1］ 李殿璞.船舶运动与建模［M］.2 版.北京:国防工业出版社,2008.

［2］ 左其华.水波相似与模拟［M］.北京:海洋出版社,2006.

［3］ 杨建民,等.海洋工程水动力学试验研究［M］.上海:上海交通大学出版社,2008.

［4］ 液化天然气船舶允许运动量.Site selection and design for LNG ports and Jetties,SIGTTO,2004.

［5］ MARITIME STRUCTURES. CODE OF PRACTICE FOR DESIGN OF FENDERING AND MOORING SYSTEMS(BS 6349 , PART 4;2000).

【作者简介】　金捷(1958—),男,江苏南京人,高级工程师,主要从事河工港工物理模型测控仪器设备应用研究开发。E - mail:jjin@ nhri. cn。

具有侧向补偿的激光无线高精度测沙仪 *

王　驰　黄海龙　霍晓燕

(南京水利科学研究院,南京　210029)

摘　要　根据国家重大科学实验仪器设备开发专项"我国大型河工模型试验智能系统开发"(项目编号:2011YQ070055)的任务要求,研发了融合透射与后向散射技术的测沙仪,采用激光光纤作为光电传感部分,改进后的基于侧向补偿的测沙仪,既扩大了量测范围,又减小了入水体积。

关键词　含沙量;激光光纤;C8051F410

The adjustable laser wireless high-precision sand meter based on the lateral compensation

Wang Chi　Huang Hailong　Huo Xiaoyan

(Nanjing Hydraulic Research Institute Nanjing　210029)

Abstract　Currently various sand meter can not accurately measure in high sediment. According to the requirement of the national great significant scientific instruments and equipment development projects about the national large-scale river model experiments of intelligent measurement and control system (PROJECT NO: 2011YQ070055), this project combined transmission with backward scattering to develop a new sand meter. The new sand meter utilized the laser optical fiber as the photoelectric sensor, which can expand the measurement range and reduce the volume in the water.

Key Words　Sendimet concentration; Laser fiber; C8051F410

1　引言

测沙仪主要用于测量水体含沙量,是水利工程泥沙模型实验中一个非常重要的测量仪器。其测量精度和测量效率直接决定泥沙模型试验的准确性和可靠性。目前含沙量测量仪器的整体技术水平不够成熟,主要存在入水部分体积庞大、设计臃肿或者测量范围窄等问题,尤其缺乏针对实验室使用的小型实时测沙仪[1-4]。本项目从国内河流泥沙含量实情出发,研制出具有侧向补偿功能且光源可调的无线高精度激光测沙仪。

＊**基金项目**:国家重大科学仪器设备开发专项(2011YQ070055)。

2 测沙仪原理

利用光学方法测量含沙浓度,也称浊度法,其原理比较简单。当一束光进入待测样品时,忽略反射衰减,有两个对传输光的衰减十分重要的因素,即散射和吸收。透射光强度随悬浮颗粒的变化遵循 Lamber – Beer 定律,即透射光随着浊度增加按指数形式衰减:

$$I_{trans} = I(\alpha_{trans}) = gI_{src}\exp\{-KL\alpha_{trans}\} \qquad (1)$$

式中:α_{trans} 为浊度;I_{trans} 为浊度 α_{trans} 时透射光强度;I_{src} 为入射光强度;K 为比例常数;L 为光源与光电接收器有效距离;g 为与测量仪器有关的几何参数。

当悬浮颗粒的直径远小于入射光波长(1/20)时,可用瑞利公式表示其散射规律,即

$$I_{Rscat} = \frac{9\pi^2}{\lambda^4 r^2}\left(\frac{n_2^2 - n_1^2}{n_2^2 + 2n_1^2}\right)^2 v^2 NI_{src}\left(\frac{1 + \cos^2\theta}{2}\right) \qquad (2)$$

式中:I_{src} 为入射光强度;I_{Rscat} 为瑞利散射光强度;r 为悬浮颗粒到散射光强测试点的距离;n_1、n_2 分别为悬浮颗粒和水的折射率;λ 为入射光的波长;v 为单个悬浮颗粒的体积;N 为单位体积水中的悬浮颗粒个数;θ 为散射光和入射光的夹角。

当悬浮颗粒直径大于等于入射光波长度时,各个方向的散射光强度基本相等,可以用 Mie 定律表示,即

$$I_{Mscat} = K_M ANI_{src} \qquad (3)$$

式中:I_{src} 为入射光强度;I_{Mscat} 为 Mie 散射光强度;K_M 为 Mie 散射系数;A 为悬浮颗粒表面积;N 为单位体积水中的悬浮颗粒个数。

光电测沙原理的应用就是使用相对测量的测量方法,采用光电转换器将光信号转换成电信号,再将电信号转换成含沙量。

原理上泥沙浓度测量相对简单,但实际应用中问题较多,包括光源强度的变化、环境光的影响、样本颜色的影响等。综合现有产品和实际应用效果,采用透射与后向散射相结合的方法测试含沙量浓度,提高含沙量检测的范围,且多探测器组合为数据处理算法提供更多的选择。

3 系统设计

3.1 传感系统的设计

测沙仪主要包括光源、光电探测器、滤波放大电路、单片机控制电路、无线收发等部分。其工作流程如图 1 所示。

光源是测沙仪的重要元件,其质量直接影响测沙仪系统的精度。本项目选用半导体激光器(LD)作为测沙仪的光源。其具有单色性好、发射光功率大等优点,同时采用光纤传导,减小能量损失[5-10]。由于光源光强波动、光纤损耗、反射面反射率差异及环境光干扰等因素影响,为此设计了光束可调制的光源电路,以消除温度和环境光等外界干扰。

3.2 硬件系统设计

作为系统的控制和运算模块,微控制器的功能和性能将直接影响到整个系统的工作效率及可靠性,选用了美国 Silicon Laboratories 公司的混合信号 IS PFLASH 微控制器 C8051F410,完全集成的低功耗混合信号片上系统 MCU[11,12],主要用于完成 A/D 转换、液

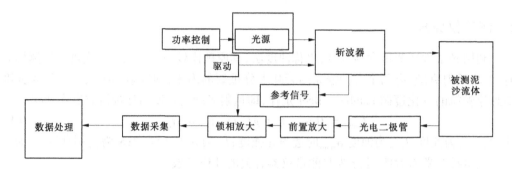

图1　工作流程

晶显示、控制无线收发等。微控制器电路见图2。

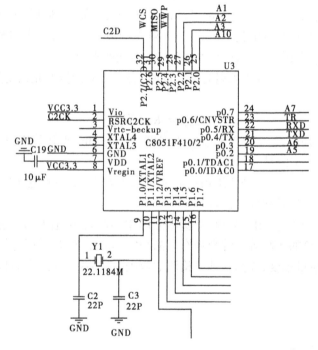

图2　微控制器电路

3.3　无线系统设计

无线通信模块不仅要提高测沙仪的数据传输性能,还要考虑到无线模块的可扩展性,为产品化样机研制奠定坚实的基础。同时,对其他量测仪器的研发增加无线通信模块具有一定的参考和借鉴作用。

本项目使用CC1101作为无线收发模块(见图3)[13,14]。CC1101是一种低成本单片的UHF收发器,为低功耗无线应用而设计,电路主要设定为在315 MHz、433 MHz、868 MHz和915 MHz的ISM(工业,科学和医学)和SRD(短距离设备)频率波段,也可以容易地设置为其他的频率,本项目研制的无线频率波段为433 MHz。

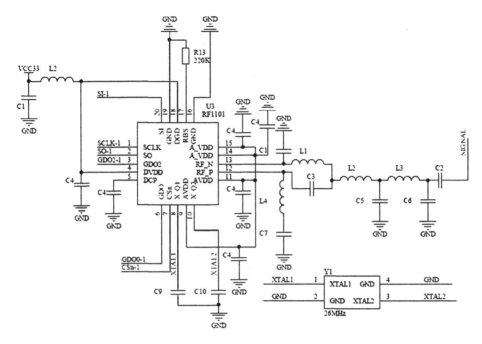

图3 CC1101 电路设计

4 实验分析

含沙量测试采用河工模型标准沙样,减少因粒径不均匀导致的各种干扰,同时采用先进的搅拌设备,保证沙粒均匀的悬浮在水中。普通无侧向补偿的测沙仪与基于侧向补偿的测沙仪的含沙量测试结果如图4、图5所示。

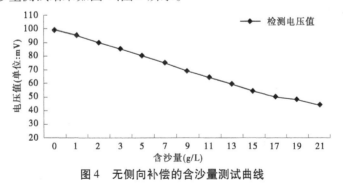

图4 无侧向补偿的含沙量测试曲线

结果表明,基于侧向补偿的可调激光测沙仪克服了因单一的透射光对低含沙量不灵敏的缺点,含沙量测量范围从 2～24 g/L 扩大到 0～50 g/L,同时检测电压值与含沙量浓度之间线性化程度极好。

5 结语

基于侧向补偿的可调激光测沙仪测得的含沙量(0～50 g/L)与电压检测值之间具有较好的线性关系,远高于国内外先进的在线测沙仪 0～30 g/L 的量程范围,为深入的含沙

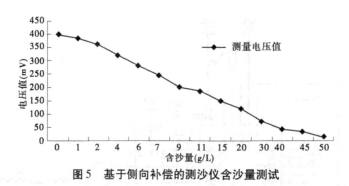

图5　基于侧向补偿的测沙仪含沙量测试

量数据后处理及算法选择奠定了良好的基础。本项目采用光电式测试原理测量水中泥沙含量,后续的研制可尝试采用其他测沙方法,例如应用遥感技术或图像处理技术针对高浓度含沙水体研制的在线测沙仪器设备。

参 考 文 献

[1] 王文坚.新型现场激光测沙仪[J].水利水电快报,2001(8):22-23.

[2] 洪亚东,张帆一,韩旭.当前主要现场测沙法的浅述及一种新方法的补充[J].科协论坛(下半月),2013(6):73-74.

[3] 王健,王虹,任裕民,等.动床河工模型试验中泥沙浓度光电量测技术[J].实验室研究与探索,2006(1):17-20.

[4] 蔡守允,朱其俊,张晓红.模型试验含沙量测量仪器的分析[J].水资源与工程学报,2007(10):83-85.

[5] 王娅娜,蔡辉,马洪蛟,等.红外实时测沙仪研制及其应用[J].海洋工程,2007(8):132-135.

[6] 吴刚,刘明月,楼俊.光纤水质传感器的研究现状和发展趋势[J].传感器与微系统,2012,31(10):6-8.

[7] 丁小平,王薇,付连春.光纤传感器的分类及其应用原理[J].光谱学与光谱分析,2006,26(6):1176-1178.

[8] 黄菊文,李光明,韦鹤平.光纤反射型传感器测量污水浊度的方法[J].同济大学学报,2005(10):1334-1336.

[9] 孙永红,倪维东,徐群.光纤传感器技术在水质监测系统中的应用探讨[C]//第一届中国(国际)核电仪控技术大会论文集.2012(3).

[10] 张艳艳.实用塑料光纤连接器与反射式光纤位移传感器设计[D].山东:山东科技大学,2010.

[11] 封锴.温度传感器检测系统的研究与开发[D].南京:东南大学,2010.

[12] 陈恺.用于路面传感器的盐度检测技术[D].南京:东南大学,2010.

[13] 陈实.基于 CC1101 与 GPRS 的无线传感器网络设计[D].天津:天津大学电子信息工程学院,2012.

[14] 童亚钦,纪春国.基于 CC1101 的分布式节能测控网络设计[J].单片机与嵌入式系统应用,2010(12):43-46.

【作者简介】　王驰(1962—),男,江苏南通人,高级工程师,主要从事河工模型控制系统研究。E - mail:chiwang@ nhri. cn。

三维地形测量方法研究 *

陈　诚　夏云峰　黄海龙　王　驰　金　捷　周良平

（南京水利科学研究院　水文水资源及水利工程科学国家重点实验室,南京　210029）

摘　要　在河流动力学基础理论研究及河工模型试验研究中,地形测量至关重要。本文介绍了一种基于激光扫描的三维地形测量方法,该方法将激光传感器垂直固定在二维平面自动扫描机构上,采用 PLC 无线控制平面二维扫描机构完成三维地形的非接触测量,适用于桥墩冲刷等局部三维地形测量。

关键词　三维地形;激光扫描;非接触

Research on measurement method for 3D terrain

Chen Cheng　Xia Yunfeng　Huang Hailong　Wang Chi,
Jin Jie　Zhou Liangping

(State Key Laboratory of Hydrology-Water Resources and Hydraulic Engineering
Nanjing Hydraulic Research Institute Nanjing　210029)

Abstracts　Topographic measurement is very important for basic theory research of river dynamics and river model tests. A kind of 3D terrain measurement method based on laser scanning is introduced in this paper. The laser sensor is vertically fixed on the two-dimensional plane automatic scanning mechanism. Wireless PLC was used to control the mechanism to achieve the non-contact measurement for 3D terrain. The method is suitable for local 3D terrain measurement for pier scour and so on.

Key words　3D terrain; laser scanning; non-contact

1　引言

地形参数在研究河床冲刷、淤积问题中有不可替代的重要作用,实体模型试验要求地形量测仪器能够快速、准确地完成模型地形的测量。

由于河工模型地形数据的重要性和采集精度,以及采集效率的高标准要求,传统的测

---

* 基金项目:国家重大科学仪器设备开发专项（2011YQ070055）、交通运输部重大科技专项（201132874640）、国家自然科学基金资助项目(51309159)、中央级公益性科研院所基本科研业务费专项资金（Y214002、Y212009）。

针或钢尺测量法,以及采用经纬仪和水准仪的地形测量方法已经不能满足需要,近年来,随着激光技术、超声波技术、光学技术、计算机技术及图像处理技术等先进技术的发展,逐渐产生了光电反射式地形仪、电阻式冲淤界面判别仪、跟踪地形仪、超声地形仪、激光扫描仪等[1-10]。河工模型地形测量技术正在从人工、接触式、单点测量向自动、非接触式多点测量方向发展。

2　系统组成

测量系统主要由三部分组成:平面定位机构、激光传感器和控制与数据采集系统。

如图1所示,平面定位机构采用集成步进电机、高强度直线导轨,具有形变量小、耐腐蚀、强度大、质量轻、定位精度高的特点。为保证结构平稳,直线导轨两端采用钢性支撑并安装了气泡水平仪。

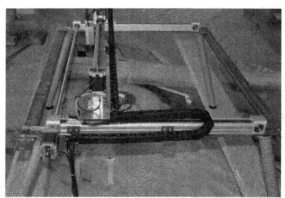

图1　三维地形仪

激光测距传感器采用美国 Banner 公司的 LT3 型激光传感器,测量范围 300~5 000 mm,对应的输出电流 4~20 mA,响应时间 1~192 ms,模拟量分辨率为检测距离的 0.1%。

控制系统采用西门子 PLC 可编程控制器,可实现远程无线控制、设置扫描速度等参数,并可实时显示测量结果,同时可将数据实时传送至上位机,经数据处理后可进行三维地形显示,控制箱采用便携式设计。

3　系统测试及应用

为了测试激光测量精度,用数控机床加工了地形标定模型(见图2),进行了动态扫描测试,如图3所示。测量结果与模型标准尺寸对比分析,测量值与标准值的差值都在 ±1 mm 以内,吻合较好。

将地形测量系统应用于桥墩冲刷模型试验研究,可以快速扫描桥墩附近三维地形,基于 Direct3D 三维显示技术,可以动态显示三维地形,如图4所示。

4　结语

(1)基于激光扫描的三维地形测量方法,采用 PLC 无线控制平面二维扫描机构完成三维地形的快速非接触测量,性能可靠,使用方便,适用于局部三维地形扫描。

(2)如何进行水下三维地形的快速高精度扫描,实现地形变化过程的动态监测,是下

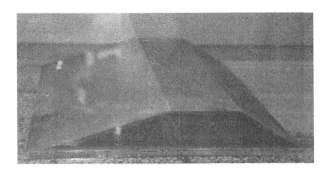

图2 地形标定模型

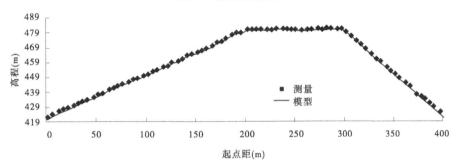

图3 动态扫描测试

图4 三维地形显示

一步研究的方向。

参 考 文 献

[1] 唐洪武,李瑾,周浩祥.光电反射式地形仪的研制及应用[J].河海大学学报,1995,23(1):80-84.

[2] 姚晓明,李旺兴,肖方祥.实用性冲淤界面判别仪[[J].泥沙研究,1996(2):109-112.

[3] 刘利,和瑞勇,马劲松,等.河工模型实时浑水地形自动量测系统的研制与应用[J].人民黄河,24(4):26-30.

[4] 缪集泉.数字控制地形仪软件设计[J].水利水电技术,1985(2):3-7.

[5] 唐懋官,曲本泉,陆安国.超声地形淤厚仪[J].泥沙研究,1981(1):85-91.

[6] 王振先,金欢阳.实验室用超声地形测量仪[J].海洋工程,2001,19(1):94-98.

[7] 林海立,曲兆松,王兴奎.河工模型超声地形仪的数字信号处理[J].水力发电,2004,30(11):78-80.

[8] 马志敏,范北林,许明.河工模型三维地形测量系统的研制[J].长江科学院院报,2006,23(1):47-60.

[9] 王锐. 河流动床模型激光三维扫描数据应用研究[D].河海大学,2007.

【作者简介】　陈诚(1982—)，男，贵州贵阳人，高级工程师，博士，主要从事水利量测技术及河流海岸泥沙研究。E-mail：cchen@nhri.cn。

高精度水位仪及无线测试系统 *

王　驰　黄海龙　霍晓燕　金　捷

（南京水利科学研究院，南京　210029）

摘　要　本文介绍了一款采用高精度绝对编码盘伺服跟踪式水位仪与无线系统的研制。全新设计了水位仪的机械传动柔性/直线刚性补偿传递，无线系统软硬件构成。通过选用滚珠丝杠等元器件与绝对编码器和水温补偿总成配合，提升水位测量总体精度达 0.1 mm。

关键词　水位；绝对编码器；转动柔性与直线刚性补偿；水温补偿。

The wireless system and high-precision of the water-level measuring Instrument

Chi Wang　Huang Hailong　Huo Xiaoyan　Jin Jie

（Nanjing Hydraulic Research Institute Nanjing　210029）

Abstract　This paper introduced the development work of the high-precision absolute encoder tracking water-level meter and wireless system, also described the driver design and the rotating flexible and linear rigidity compensation about the instrument's mechanical part, software and hardware of the wireless system. The combination of ball screw and absolute encoder with other components can improve overall precision of the water level meter, which is able to attain 0.1 precision.

Key words　water level; absolute encoder; rotating flexible and linear rigidity compensation; water temperature compensation

1　引言

水位作为水力学基本量测参数，在水运交通工程观测原型和物理模型试验中都需要实时精确的测量水位值，也是物模边界过程线变化控制与采集的主要判据之一[1]。测量模型水位变化有同步实时、测量精细等要求。随着河工港工模型的网络化，试验现场布线尽量少等实际需要，水位仪应具有高可靠性的有线/无线通信传输能力。通过比选现有水位仪，我们全新设计研发了一款高精度绝对编码盘伺服跟踪式水位仪与无线系统，样机经测试取得初步成功。

* **基金项目**：国家重大科学仪器设备开发专项（2011YQ070055）。

2　水位仪测量原理

当水位上升时,探针之间的水电阻变小,将平衡电桥输出的电压信号传送到放大电路,电压信号经放大后驱动交流伺服电机,电机驱动机械传动机构,探针向上移动,水电阻变大,直到平衡电阻桥平衡(输出电压信号 = 0)(见图 1)。

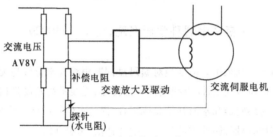

图 1　跟踪式水位计工作原理

当水位下降时,探针之间的水电阻变小,将平衡电桥输出的电压信号传送到放大电路,电压信号经放大后驱动交流伺服电机反向旋转,由机械传动结构带动探针向下移动,使得水电阻值变小,直至平衡电阻桥平衡(输出电压信号 = 0)。

3　驱动装置设计

根据相对运动原理,综合检测精度和运动状态反馈的相关影响因素,采用低速恒转矩交流伺服仪表电机直联 1、高精度微间隙滚珠丝杠传动和直线轴承拖动水针作直线式往复运动(含直线刚性垂直度位移补偿);同理电机直联 2、平面细牙小模数精密 3 个同型齿轮正弦式驱动光电绝对编码器顺时/逆时旋转(含转动柔性旋转角位移补偿)。最大限度有效地抵消并避免多级传动带来的各类误差(如齿轮间隙、同步带张力、水针探杆晃动等)影响。采用数控(加工中心)机床用三维同轴制作出水位仪上、下支撑板和 3 个同样的齿轮等;最大限度地缩小上、下支撑板中心距偏差与齿轮间隙。另设计水位仪底板与模型水位平行水平调整工架(3 点支撑法),安装时按下支撑板平面上水平气泡调平。

将编码器所记录的数值通过输入电路至单片机微处理器处理,计算出水位高度值送入面板数码管实时显示所测量的水位值,并通过串行口或 RS485 并行口及无线模块数传与上位机通信。

4　技术参数

(1)量程: 0 ~ 400 mm。

(2)码盘分辨率:0.01 mm。

(3)编码器类型:绝对式光电编码器 GD65536。

(4)测量精确度:0.1 mm (RMS)。

(5)水位地址站号:1 ~ 99。

(6)工作环境:无剧烈振动防尘场所。

(7)跟踪速度:≤75 s/40 cm(速度可调节)。

（8）工作温度：－20～60 ℃ 环境湿度：≤95%。

（9）功率：≤40 W；AC220 V/50 Hz。

5　探针设计

根据水位探针水电阻小于空气阻抗的原理[2-3]，采用双探针式结构，如图 2 所示。水针部分有长针 2 个短针 1 个，长针 A 充分插入水中接触（可触底保护短针损伤），锥形短针临界触水时在桥路中的电流信号。经过检测，就获得触水电阻率的不同值。电路板依据桥路平衡伺服跟踪水面变化。长针 B 内置点珠式热敏电阻 NTC，感应水温变化，接入桥路与电路板另一 NTC 阻抗平衡对应温度补偿。下一步将引入水质电导率补偿完善水针触水补偿。

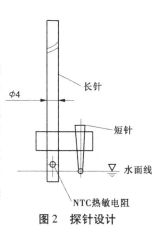

图 2　探针设计

6　编码器选择

编码器通过机电或光电转换将几何位移量转换成二进制高低电脉冲数字量传感器。常用编码器有不同码制增量式、绝对式、混合式等类型。绝对光电编码器几乎没有累积误差，直接输出直线/角度坐标的绝对值，具有电源关闭后其位置信息留存不丢失等特点，符合模型中不同位置水位仪因架装高度不同而水位基准要求相同（测针常数差异）的需求。我们设计的跟踪式水位计选择了计量合格的绝对式编码器（军转民品）。

本设计选用某型号的光电编码器特点如下：

（1）由低功耗光源、光敏检测件，SU304 钢制成的码盘及信号电路组成。

（2）分辨率高，每圈 1024/叠盘。

（3）码盘间光电探测非接触式。扭矩小，可高速运转，使用寿命长，温升极小。

（4）由全密封防水航空插头引出信号线不受模型潮湿环境影响。

7　整机设计

水位仪机械装置主要由水针、编码器、交流伺服电机、标尺/游标尺、耦合器、齿轮、支柱等构成（见图3）。电机与编码器处于同平面，电机带动柔性齿轮旋转，同时编码器上齿轮同步逆转，编码计数。滚珠丝杠直线往复升降带动探杆内水针上、下运动跟踪水面变化[4]。

（1）减少了传动计数，采用随动补偿调整齿轮间隙。

（2）将标尺/游标尺、游标尺与耦合器同步直线运动无晃动。

（3）机体底座设计三角底架形式（见图 4），由调节螺母连接支架，确保水位仪水平安装后具有足够稳定性。

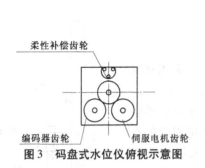

图3　码盘式水位仪俯视示意图

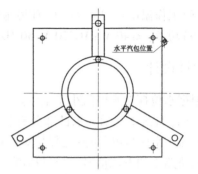

图4　码盘式水位仪底座示意图

8　硬件设计

　　码盘式水位仪(见图5)的主要设计要点是机/电一体总成设计,硬件电路部分主要是数据的采集、处理和传输。因此,硬件电路应相对简单,主要由输入信号转换、微处理器、数码显示及无线通信等部件集成。其系统构成如图6所示。

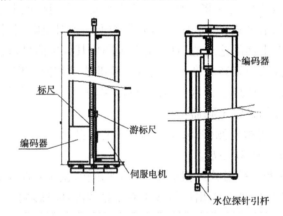

图5　水位仪示意图

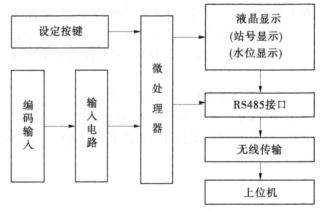

图6　系统硬件构成

采用 AT89C52（见图 7）单片机作为水位仪的主控芯片。美国 ATMEL 公司生产AT89C52 是市场上较主流的单片机,工作电压 5Vdc,属成熟的性能较高 CMOS – 8 位单片机,主芯片 8k bytes 多次擦 – 写的只读程序存储器（PEROM）和 256 bytes 的随机存取数据存储器（RAM）等,适用于相对复杂测控应用领域,其性能/性价比较高,价格低。

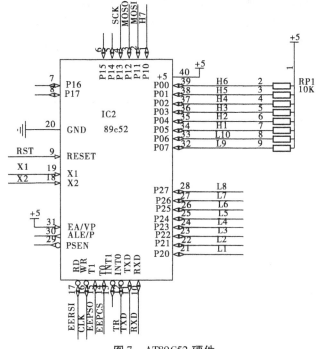

图 7　AT89C52 硬件

从水位仪测控采集系统实用需要出发,并考虑到便于水位仪设备今后再次开发和性能扩展等因素,以及多台水位仪与上位工控机系统通信。本设计选择 Modbus 通信和无线收发双模式,其中 Modbus 地址段的基本格式如下:

从机地址	功能代码	数据	CRC 高字节	CRC 低字节

9　结语

本文介绍的高精度水位仪及水位量测无线系统是南京水科院承接的国家重大科学仪器设备开发专项"我国大型河工模型试验智能测控系统"（2011YQ070055）任务书所要求设计研制的重点仪器设备。在原有技术基础上并借鉴参考国内外不同类别水位仪优点,全新设计研发出一款 NHRI. WZG – 40 型绝对编码输出/伺服跟踪式水位仪。该仪器经初步测试能够达到任务书的指标要求;适应水力学河工模型恒定流/非恒定流测控采集应用。采用滚珠丝杠/编码器/电机/单片机/485/Modbus/无线收发等分件机电一体系统总成的水位仪量测模型水位。新技术方案能够多方位减小机械传递非线性、自动调整柔性补偿齿轮探杆等间隙,全面提高了水位量测系统的精准度及可靠性。

跟踪式水位仪样机已初步研制成功,后续将在长江三沙治理物理模型中进行实际比对试用,完善该仪器论证与推广应用。

参 考 文 献

[1] 张颖江,崔成法.高精度跟踪式水位测量仪的设计[J].计算机工程与应用,2006,05：101-103.

[2] 陈永辉,杨习伟.高精度水位测量仪设计与实现[J].自动化与仪表,2007,5:24-26.

[3] 闫瑞杰,李海香.探针式水位跟踪仪的设计与应用[J].科技情报开发与经济,2007, 17(31):291.

[4] 于复生,沈孝芹,宋现春.基于89C52的滚珠丝杠误差检测速度自适应系统[J].仪器仪表学报,2005 (8):403-405.

【作者简介】　王驰(1962—),男,江苏南通人,主要从事河工模型控制系统研究。E – mail:chiwang@ nhri. cn。

旋翼式流速仪传感器优化分析研究 *

黄海龙　王　驰　金　捷　霍晓燕

（南京水利科学研究院，南京　210029）

摘　要　研究分析了光电（光纤）旋翼式流速仪传感器转动机理及翼形类别等技术要素。采用 SolidWorks 三维软件优化设计了不同种类的旋桨翼形，运用 3D 打印技术自由成形出样品；通过在流速仪率定水槽中初步标测；获取了旋桨运动规律和工作范围。在降低流速仪起动流速方面做出探索，并为今后一致性量产奠定了基础。

关键词　旋翼式旋桨；SolidWorks；3D 打印；起动流速

Optimization and analysis research of the rotor Velocity meter propeller sensor

Huang Hailong　Wang Chi　Jin Jie　Huo Xiaoyan

（Nanjing Hydraulic Research Institute, Nanjing　210029）

Abstract　This paper introduced the rotation mechanism, aerofoil classification and other technical factors of the photoelectric (optical) propeller velocity meter. Using 3D software to optimize the shape of the propeller, which can reduce the starting velocity. Design different types propeller airfoil by using SolidWorks software, use 3D printing to produce sample. Through preliminary standard measurements in the flow meter calibration sink, this paper found movement regular and working range, and also explored the reduce of the starting velocity and established the foundation of the consistency mass production.

Key Words　aerofoil propeller; SolidWorks; 3D printing; starting velocity

1　引言

流速数据是水力学河工港工物理模型试验最基本的量测要素，是分析解决实际工程问题与理论研究的重要判据。旋桨流速仪是目前常用的一维流速仪之一，但其起动流速不稳定、不一致性差异较大，适用的流速范围较窄，同时受水体浓度和杂质影响等不足之处难以避免[1-3]。

---

* **基金项目**：国家重大科学仪器设备开发专项（2011YQ070055）。

本研究分析采用 CAD 三维软件设计出多款旋桨;运用 3D 打印技术制作 11 款样品;通过率定水槽初步标测;找出不同旋桨运动的规律范围。在降低起动流速等方面做出探索,为模具化量产奠定基础。

2　测量原理

旋桨流速仪的性能取决于旋桨翼形、轴系类别与支撑方式、光纤品质与串纤数量、光电管光强、光敏管响应频率等要素。旋桨叶轮是感应流速转动的关键部件,也是旋桨流速仪品质优劣的重要量化指标。叶轮旋桨螺旋角、螺距长短、直径大小、包络线与哈弗线、叶轮材质与比重将直接影响其起动流速、工作段内的线性关系和 K 值等。光电式旋桨流速仪工作原理是在旋桨叶片边缘涂上或镀上具有反光能力的片基;光电管经光纤射出某光强;旋桨转动时,光信号经反光片反射由光纤传送至光敏管接收,再转换成电脉冲 TTL 送至计数器。计数器记录单位时间 t 内脉冲数 N,由计数电路或微处理器换算成流速值。

南京水利科学研究院自 20 世纪 70 年代开始,徐明才、姜英山、范建成等先后设计研制出如顶针/通轴式等多种不同型号旋桨流速仪,取得了较好的成果。长科院电阻式旋桨流速仪也在同期研制成功,但市场占有率不高。近年来仿制与衍生的产品从设计层面以及传感器制作工艺角度上讲,本质上并无重大关键性突破。一些流速仪模具缺失哈弗线,且旋桨脱模人工操作,旋桨翼型质量难以保证。

"哈弗(half)"即一半的意思,所谓哈弗线,是指流速仪模具两件相邻分件滑块合拢后所构成的分模线。流速仪分模线若在旋桨叶片边缘的反光片基下合拢,将造成反光片基宽度变窄,旋桨在流速值≥50cm/s 时脉冲计数将丢失或漏采(丢步或漏计)。流速仪模具工艺原则上不应采用此方法。

目前常用的旋桨流速仪最低起动流速范围在 1.5～2.0 cm/s,叶轮直径 15 mm,旋桨叶片边缘反光片基 1～2 片/浆,测速范围 0.02～1.0 m/s,总体精度偏低且使用中稳定性不足,返修率很高。现有旋桨同质化,其主要原因是原旋桨叶轮样品采用手工制模且受脱模模具总体水平不高的局限。旋桨叶轮制作根据经验设计,缺乏叶片数/螺旋角/翼形等理论论证等。

3　旋桨设计

旋翼式流速仪的基本转动机理:在水流的作用下,旋桨产生旋转。通过量测旋桨转速 ω,间接测量水流速度 v,其函数关系为

$$v = f(\omega)$$

如图 1 所示,假设 1:旋桨初始静止不动,水流进入旋桨的速度为 v_1,流出旋桨的速度为 v_2,旋桨在水流的作用下获得角速度 ω。

根据能量守恒定律:

$$\frac{1}{2}I\omega^2 = \frac{1}{2}m_水(v_2^2 - v_1^2) \tag{1}$$

式(1)中:I 为旋桨的转动惯量,$m_水$ 为流过旋桨的水体质量。旋桨的转动惯量 I 越小,旋桨转动角速度 ω 则越大。由于旋桨的转动惯量 I 与旋桨的质量 m 的 4 次方成正

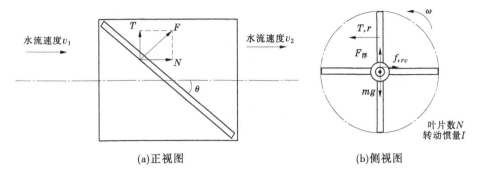

(a)正视图　　　　　　　　　　(b)侧视图

图1　旋桨流速仪受力分析

比。因此,旋桨材料密度 ρ 越小,旋桨的起动速度 v_{start} 越小。

假设2:水流对叶片作用力为 F,分解为径向推力 T 和轴向推力 N。轴向推力 N 对旋桨的转速不起作用。在径向推力 T 的作用下旋桨完成转动。

根据动量矩守恒定律,有

$$I\dot{\omega} = n\int Tr\mathrm{d}r - fr_0 \ , r \in \left[r_0 , R \right] \tag{2}$$

$$T = F\sin\theta_r \tag{3}$$

$$f = \left(mg - F_{浮} \right) \cdot \mu = \left(\rho - \rho_水 \right) gV \cdot \mu \tag{4}$$

式(2)至(4)中:$\dot{\omega}$ 为角加速度;n 为叶片个数;R 为旋桨半径;f 为摩擦力;T 为径向推力;θ_r 为直径 r 处的旋桨螺旋角,mg 与 $F_浮$ 为旋桨的重力与浮力。因此,可以得出当旋桨材料密度 ρ 接近或小于 $\rho_水$ 时,将减小摩擦阻力,进而增大 v_{start}。

由于流速旋桨的加工要求其尺寸尽量微小、精度高、翼形状态复杂等原因,业内科研人员对旋桨形状与起动流速的理论关系研究分析等还不够完善。

目前,水运交通科研院校常用的旋桨式流速仪其旋桨叶轮形状基本上一致,克隆仿制严重,技术变革本质不大。大多数旋桨的叶片数 $N = 4$,螺旋角 $\alpha = 45°$,直径为 15 mm,材料密度 $\rho \geq 1.3$ g/cm³。

近年来,随着三维 CAD 设计软件(如 Solidworks,UG,Pro/E 等)的推广应用,极大方便了非标准机械零件的电脑设计,特别在欧拉角旋转坐标设计应用上超越了以往技术手段。另外,随着三维快速成型工艺(如 SLS、LOM、SLA 等)的普及化和技术成熟,降低了机械加工成本和缩短加工周期,也使低价量产成为可能。

本项研制的旋桨叶轮形状采用 Solidworks 设计,然后运用 3D – SLA 法打印成型(见图2)。

目标是使最小起动流速 V_{min} 满足以下条件:$V_{min} \leq 1.0 \sim 1.5$ cm/s。

4　试验分析

目前设计的旋桨直径均为 12 mm,材料密度 ρ 为 1.3 g/cm³。率定测试结果如表1所示。

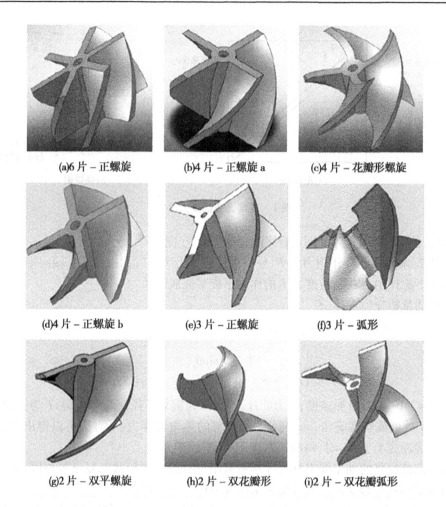

(a)6 片 – 正螺旋　　　　(b)4 片 – 正螺旋 a　　　　(c)4 片 – 花瓣形螺旋

(d)4 片 – 正螺旋 b　　　　(e)3 片 – 正螺旋　　　　(f)3 片 – 弧形

(g)2 片 – 双平螺旋　　　　(h)2 片 – 双花瓣形　　　　(i)2 片 – 双花瓣弧形

图 2　不同形状旋桨三维示意图

表 1　不同形状旋桨参数及起动流速

序号	形状	叶片数 N	起动流速(cm/s)
A	正螺旋	6	3.6
B	正螺旋 a	4	2.4
C	花瓣形螺旋	4	1.4
D	正螺旋 b	4	2.2
E	正螺旋	3	2.0
F	弧形	3	2.6
G	双平螺旋	2	1.6
H	双花瓣形	2	2.0
I	双花瓣弧形	2	1.3

从表1可以看出,2片-双花瓣弧形和4片-花瓣形螺旋形状的叶轮起动流速可降低至≤1.4 cm/s,得出以下结论:

(1)减少叶片个数 N,起动流速有所提升或降低。

(2)改变原螺旋角形状对起动流速变化有明显影响,如何设计旋桨形状对流速研究分析意义重大,可从理论与实测技术上寻求依据。

(3)改变旋桨旋翼类形(弧形/花瓣形)和包络线、哈弗线等制约要素,能充分减小起动流速与测速响应稳定性。

(4)叶片个数 N 增加至6,起动流速有所提高,工作段上限可扩展。

(5)若降低材料密度 $\rho \leq 1.0$ g/cm^3,将更加减小起动流速(待测试)。

(6)将旋桨直径降至 12 mm,有利用浅水(正态比尺)中测速。

5 结语

将福尔赫曼双螺旋叶轮旋桨改进为2片-双花瓣弧形叶轮并在设计中消除包络空洞线,扩展双花瓣弧形叶片数增为4片-花瓣形螺旋形状叶轮,可提升测速分辨率(每圈单位时间内脉冲数)。

旋桨流速仪价格低廉使用方便,通过优化设计选择了两款旋桨形状,达到降低起动流速的目的,进一步提高了旋桨流速仪的适用范围。后续将深入设计出框架与轴系,选取高密度轻质材料制作旋桨,将最优化的流速仪整体封装,并将旋桨流速仪升级为无线化采集,适用于大型河工模型智能测控系统。

参 考 文 献

[1] 盛森芝,徐月亭,袁辉靖. 近十年来流动测量技术的新发展[J]. 力学与实践,2003(24):1-13.

[2] 汪拥赤,王云莉. 河工模型中旋桨式流速仪及特殊传感器的应用. 仪器仪表学报[J]. 2003(8):142-143.

[3] 秦平,陈鲁疆,王沛云. 一种新型便携式旋桨流速仪[J]. 海洋技术,2009(3):37-40.

【作者简介】 黄海龙(1976—),男,湖北武汉人,高级工程师,主要从事水利水运工程物理模型试验研究。E-mail:hlhuang@ nhri. cn。

流速测量中转速计量技术综述

黄海龙　　王　驰　　周良平

(南京水利科学研究院,南京　21000)

摘　要　分析总结了水力学实验中转速测量技术及其工作原理,对比研究了几种间接测量技术及其特点。探讨了一些新技术用于转速测量的可行性。论文对各种转速测量仪器设计有着较好的参考价值。

关键词　水力学实验;转速;转速仪

Summary of rotate speed measurement technology in velocity measurement

Huang Hailong　　Wang Chi　　Zhou Liangping

(Nanjing Hydraulic Research Institute, Nanjing　21000)

Abstract　Analysis of kinds of rotation rate measurements and their operating principle used in hydraulic experiments is proposed, devices involved in this paper are illustrated in detail and the technical characteristics of them are compared. The feasibility of some state-of-the-art techniques be used to measure rotation rate in hydraulic experiments has been studied. This paper has good reference value for the design of tachometer.

Key words　hydraulic experiment; rotation rate; tachometer

1　引言

在水力学实验中,很多对水流流速测量的仪器都涉及对转速的测量,例如容积式流量计、涡轮流量计,均通过将水流流速转化为自身转子的转速来进行测量的[1,2]。不同的应用场合和设计要求,对转速计的要求也不同,因此有必要对现有和发展中的转速计进行分析比较。

转速测量方法可以分为两类,一类是直接法,即直接观测机械或者电机的机械运动,测量特定时间内机械旋转的圈数,从而测出机械运动的转速[3];另一类是间接法,由于机械转动导致其他物理量的变化,从这些物理量的变化与转速的关系来得到转速。同时,根据测速仪是否与转轴接触又可分为接触式、非接触式。目前国内外常用的测速方法有光

＊基金项目:国家重大科学仪器设备开发专项 2011YQ070055。

电测速法、霍尔元件测速法和闪光测速法。

对于水力学实验,由于受场所、环境、温度等方面的限制,一般采用间接测量法,一方面可以减少对水流的影响,另一方面也能降低机械因素对测量结果的影响,提高测量精度。下面本文将对各种转速测量技术进行详细介绍,并对比分析其优缺点。

2 转速测量技术分析

2.1 光电测速法

光电测速法是一种通过测出转速信号的频率或周期来测量电机转速的无接触测速法。

一种常用的仪器为光电码盘(见图1)。码盘安装在转子端轴上,光电码盘也跟着转子转动,设置一个固定光源照射在码盘上,经过反射或透射后,利用光敏元件来感光。反射码盘上利用黑白条纹或块状区域进行编码,黑条区域收光,白条区域反射光,吸收和反射的强度使光敏元件产生脉冲信号。而透射码盘上设置小孔或者间隔空隙,当码盘转动时,入射光会产生间断,从而使得光敏元件产生脉冲信号。投射式和反射式转速传感器输出的脉冲信号经过放大整形后,获得相同频率的方波信号,经过测量方波的频率和周期,即可得被测转速[4]。

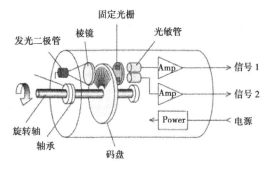

(a) 光电码盘测速仪构造示意图

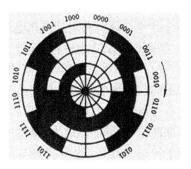

(b) 码盘上的编码

图1 光电码盘测速仪

另外一种是棱镜式光电传感器,光源发出光束,经过转子上棱镜发射到光敏元件上,发射光束在圆周上呈现出连续变化,在光敏元件上产生脉冲信号,通过对脉冲信号进行处理分析可以获取被测转速[5]。测量时接收到光的次数就是码盘的编码数。若编码数为 l,测量时间为 t,测得的脉冲数为 N,则转速 $n = (N/t \times l) \times 60$。

光电转速测量仪优点为:测量精度高,测量精度能够达到 0.1 r/min,转速全量程精度可以达到 0.005%;测量精度与被测量转速无关;采样速度快;稳定性好、转速测量范围大,基本可以达到 1.0×10^5 r/min 量级,成本低等。是目前使用最多的一种测量方式,但特别容易受到电磁干扰和振动干扰,这对应用于水力学实验有一定的影响。

2.2 霍尔元件测速法

霍尔效应是由美国物理学家霍尔于 1879 年发现的,当电流垂直于外磁场通过导体时会在导体垂直于磁场和电流方向的两个端面之间出现电势差(见图2)。

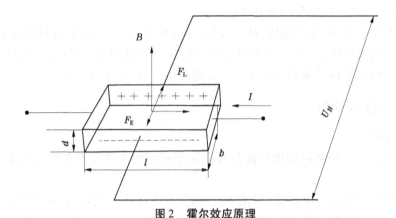

图 2　霍尔效应原理

它的本质在于固体材料中的载流子在外加磁场中运动时,因为受到洛仑兹力的作用而使轨迹发生偏移,并在材料两侧产生电荷积累,形成垂直于电流方向的电场,最终使载流子受到的洛仑兹力与电场斥力相平衡,从而在两侧建立起一个稳定的电势差即霍尔电压:

$$U_H = \frac{BI}{nqd} \tag{1}$$

式中:U_H 为半导体材料上的霍尔电压;B 为磁场强度;I 为通过的电流;n 为材料的载流子密度;q 为电子电荷;d 为材料厚度。

由式(1)可知霍尔电压与磁场成正比关系。

常用的一种霍尔转速仪是在被测转速的转轴上安装一个齿盘,将线性霍尔器件及磁路系统靠近齿盘,齿盘的转动使磁路的磁阻随室隙的改变而周期性地变化,霍尔器件输出的微小脉冲信号经隔直、放大、整形后可以确定被测物的转速[6]。

霍尔转速仪及其工作示意图如图 3 所示。

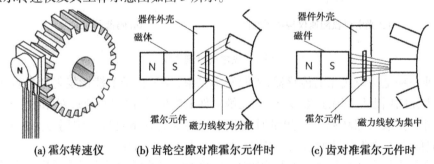

(a) 霍尔转速仪　　　(b) 齿轮空隙对准霍尔元件时　　　(c) 齿对准霍尔元件时

图 3　霍尔转速仪及其工作示意图

当齿对准霍尔元件时,磁力线集中穿过霍尔元件,可产生较大的霍尔电动势,放大、整形后输出高电平;反之,当齿轮空隙对准霍尔元件时,输出低电平。

另一种是利用霍尔开关元件进行转速测量[7]。霍尔开关元件内含稳压电路、霍尔电势发生器、放大器、施密特触发器和输出电路。输出电平与 TTL 电平兼容,在电机转轴上装一个圆盘,圆盘上装若干对小磁钢,小磁钢越多,分辨率越高,霍尔开关固定在小磁钢附近,当电机转动时,每当一个小磁钢转过霍尔开关,霍尔开关便输出一个脉冲,计算出单位时间的脉冲数,即可确定旋转体的转速。

霍尔转速测量的优点主要在于:①输出信号不会受转速值的影响;②霍尔转速测量仪的频率相应较高;③其对电磁波的抗干扰能力强,测量范围宽,可以防油污、防潮,能在较高温度下工作,安装简单、使用方便,能够实现远距离传输。

2.3 闪光测速法

闪光测速法又称为频闪式转速测量法,是利用人眼的视觉暂留现象而测量转速的方法。根据频闪原理,当高速脉冲的频率与对象的转速同步时,每次照明旋转轴所显示的频闪象都来不及从人的视野中消失,而汇成一个频闪象叠加的整体[8],在观察者的眼中,旋转轴呈现停留不动状态的假象,这种假象被称为定象。定象包括单定象、二重象和三重象。

频闪式转速仪一般由多谐振荡器、闪光灯、频率检测系统及电源等部分组成。利用可调脉冲频率的专用电源施加于闪光灯上,将闪光灯的灯光照到电机转动部分,调整脉冲频率使旋转轴上出现一个单定象为止,用频闪式转速表测量转速,第一次出现单定象时,被测转速等于闪光频率,当第二次出现单定象时,被测转速比闪光频率高一倍,如此类推。另外一种情况,当闪光频率比被测转速高二倍、三倍以至 M 倍时,则会出现二重象、三重象以至 M 重象[9]。

目前有研究人员通过频闪法发现一些有趣的现象,将红、绿、蓝、琥珀四种 LED 灯作为频闪光源照射到黑白间隔的转动盘上,每次同时使用两种色彩进行实验,当两个 LED 灯的脉冲宽度相等,转盘上没有色彩图像呈现,但一旦脉冲宽度不同就会出现色彩图像,其中的机理不能简单的靠物理色彩混合解释[10]。如果能将这些色彩呈现与转速建立模型联系,那么频闪转速技术又可以得到进一步的发展。

频闪转速测量方法可以测量非常小的物体的转速,或在不能靠近的位置测量,不会对测量现场产生影响,量程可以达到 100 ~ 20 000 r/min,但这种方法的缺点在于测量高转速时由于受到人视觉的限制,无法正确定像,所以测量精度不高(最高 0.5 级),而且测量距离短。

2.4 视频测转速技术

随着视频设备性能的不断提高,视频技术的应用也越来越多,将其应用于测速仪器也是当前的一种发展趋势。视频技术在交通系统中检测车速已经很普遍[11],在转速测量和监控方面也呈现良好的发展前景(见图4)。

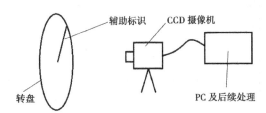

图4 视频技术转速测量系统

一般是由 CCD 摄像头对转动物体进行视频捕获,将视频数据输出 PC 机,利用回调函数获得连续相邻的两帧图像,使用中和格式转换、背景去除、二值化、细化、Hough 变换图像处理技术进行样本图像的预处理提取特征向量,建立图像中像点位置和空间物体平面位置的相互对应关系,研究其在 $X - Y$ 坐标系的关系,求得特征矢量之间的旋转角度[12]。在选定的时段内(通常取 1 秒钟)不断累计角度值,最终得到任意时间内的平均转速。由于普通 CCD 摄像头的视频采样速率为 20 ~ 30 帧/秒可调,因此能够测量的转速上限至少1 200 ~ 1 500 r/min。若采用性能更高的 CCD 摄像头,能够测量的转速还可以相应增加。

视频测转速技术最重要的优势在于抗干扰能力强,不受强振动电磁干扰等影响,并且根据不同的精度要求可以自行搭建相应系统,降低成本,避免受非线性、温度变化和元件老化等因素制约,是有很好发展前景的非接触转速测量技术。

3　总结

本文详细介绍了四种非接触的转速测量技术,对它们的技术特点进行了详细分析。对水力学实验来说,它们都有各自可取之处,针对具体实验要求,例如温度、转速量程、远程传输及精度要求等,可以以此为参考,选取合适方法,获取预期结果。

参 考 文 献

[1] Einhorn R K, Einhorn J, Krespi Y P, et al. Nasal volume meter: U. S. Patent 5,279,304[P]. 1994:1-18.

[2] Sanderse B, Pijl S P, Koren B. Review of computational fluid dynamics for wind turbine wak-e aerodynamics[J]. Wind Energy, 2011, 14(7): 799-819.

[3] 全国振动、冲击、转速计量技术委员会.JJG105—2000[S].北京:中国计量出版社,2000.

[4] 于庆广,刘葵,王冲,等. 光电编码器选型及同步电机转速和转子位置测量[J]. 电气传动, 2006, 36(4): 17-20.

[5] 吴峰,张会娟,胡志超,等. 适用于转速转角测量的棱镜式光电传感器设计[J]. 计量技术,2008 (10).

[6] Wu W T. Rotational position sensor with a Hall effect device and shaped magnet: U. S. Patent 5,159,268 [P]. 1992:10-27.

[7] Weixing H, Wenlan B. Combine working station automatic detecting and alarming system[C]//Intelligent System Design and Engineering Applications (ISDEA), 2013 Third International Conference on. IEEE, 2013: 449-452.

[8] Islam M, Bhuiyen M R B. Low cost digital stroboscope designed to measure speed of motor optically[C]// Electronic Devices, Systems and Applications (ICEDSA), 2011 International Conference on. IEEE, 2011: 187-190.

[9] 余冰衷. 用频闪法测量转速的方法探讨[J]. 计量与测试技术, 2001, 6: 008.

[10] Stanikunas R, Svegzda A, Vaitkevicius H, et al. Colour illusions of a rapidly rotating disk in stroboscopic light[C]//Perception. 207 Brondesbury Park, London nw2 5jn, England: Pion ltd, 2011, 40: 82-82.

[11] Wei Wu,Huang Xinhan,Wang Min,et al. A Method of Vehicle Detection Basedon Computer Vision[J]. Journal of Southeast University,2000 (02):2.

[12] 彭可, 彭年香, 陈燕红. 一种基于视频处理技术的转速测量方法[J]. 计算技术与自动化, 2010, 29(1): 76-79.

【作者简介】 黄海龙(1976—), 男, 湖北武汉人, 高级工程师, 从事水利水运工程物理模型试验研究。E – mail:hlhuang@ nhri. cn。

基于 VC + + 的 Vectrino 流速仪数据采集系统设计

孙　超　李最森

(浙江省水利河口研究院　浙江省河口海岸重点实验室,杭州　310020)

摘　要　本文介绍了一种基于 VC + + 、采用 RS – 232 串行端口通信的 Vectrino 流速仪数据采集系统,描述了系统的硬件结构,给出了上下位机通信协议以及相关的软件设计。

关键词　VC + + ;Vectrino 流速仪;串行通信

Design of vectrino velocity data acquisition system basing on VC + +

Sun Chao　Li Zuisen

(Zhejiang Institute of Hydraulics and Estuary, Zhejiang Provincial Key Laboratory of Estuary and Coast, Hangzhou 310020)

Abstract　This paper introduces a Vectrino flow meter data acquisition system based on VC + + using RS – 232 serial port communication, illustrates the hardware structure of the system, describes the communication protocol and the PC software design.

Key words　VC + + ; Vectrino flow meter; serial communication

1　引言

无论是在河工、港工等模型试验中,还是在海洋勘探、航道测量等实际工程中,流速测量都是一个非常重要的问题。近年来声学多普勒流速仪(Acoustic Doppler Velocimeter, ADV)被广泛应用于流速测量中[1]。挪威 Nortek 公司的推出的新一代 Vectrino(小威龙)流速仪是其中的典型代表。该仪器功能强大,自身不产生零点漂移,可高精度地测量二维、三维水流流速,同时还附带有测温及探深功能[2]。但该仪器在实际使用中也存在一定不便,主要表现在:

(1)原厂采集软件只能采集实时数据,不能对数据进行实时分析、处理;

(2)原厂采集软件封闭,不能与现有其他数据采集、控制系统整合。

本文将研究 Vectrino 流速仪通信规范,将其应用到采集、处理系统中。

————————————

＊**基金项目**:国家自然科学基金(51109188),浙江省科技厅公益技术研究社会发展项目(2012C23033),创新团队建设与人才培养(2012F20032),浙江省水利厅科技项目(2011132)。

2　系统硬件结构

　　系统硬件分为三层结构。第一层是监控层,配置研华 IPC 工控机、显示系统、多串口卡,实现 Vectrino 数据的实时采集、显示、保存。第二层是通信层,实现数据的可靠、实时的传输。第三层是现地层,由现场安装的 Vectrino 流速仪组成。硬件结构图如图 1 所示。

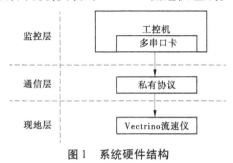

　　　　监控层　　　　　　工控机
　　　　　　　　　　　　　多串口卡

　　　　通信层　　　　　　私有协议

　　　　现地层　　　　　　Vectrino流速仪

图 1　系统硬件结构

3　系统软件设计

3.1　Vectrino 通信协议

3.1.1　通信串口设置

　　Vectrino 与主机通信使用 RS-232 物理链路,采用上下位机应答式交互进行数据通信。通信串口设置为:8 位数据位,无奇偶校验,1 位停止位,多个波特率可选[2]。

3.1.2　操作模式

　　Vectrino 有四种操作模式:

　　(1)命令模式。此模式下,设备等待主机发送指令,5 分钟没有收到指令,设备进入掉电模式。

　　(2)掉电模式。主机发送 BREAK 命令可以将设备唤醒。

　　(3)测量模式。设备连续测量数据。主机发送 BREAK 命令及确定命令后退出测量模式。

　　(4)数据检索模式。

3.1.3　BREAK 命令

　　BREAK 命令为六字节字符串:K1W%!Q。Vectrino 通过 BREAK 命令进行操作模式间的切换,是最常用的命令。

3.1.4　校验

　　Vectrino 通信使用两字节求和校验。

3.1.5　返回值

　　设备收到有效命令时返回 AckAck(0x0606),收到无效命令返回 NackNack(0x1515)。

3.1.6　参数配置

　　Vectrino 有十几个参数,推荐使用原厂软件 Vectrino Plus 进行仪器的参数配置[3]。

3.1.7　常用控制命令

　　● AD　　　　　　　　　开始单次采集

- ST　　　　　　　　开始连续采集
- MC　　　　　　　　确定

3.1.8　典型过程

Vectrino 数据采集时的一个典型过程如表 1 所示。

表 1　Vectrino 的典型通信过程

方向	格式
发送（PC→Vectrino）	BREAK 命令/XX（控制码）
返回（Vectrino→PC）	AckAck/NackNack/22 字节数据（视通信命令而定）

通信开始及结束流程图如图 2、图 3 所示。

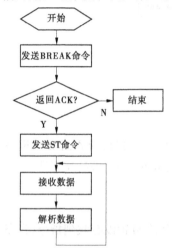

图 2　通信开始流程

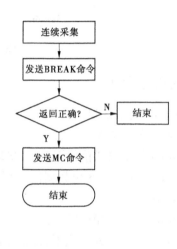

图 3　通信结束流程

3.1.9　数据结构

Vectrino 流速数据格式定义[3] 如下，共 22 字节[4]。

```
typedef struct _Velocity          Velocity    vX;
{                                 Velocity    vY;
    UCHAR    cLVelocity;          Velocity    vZ;
    UCHAR    cHVelocity;          Velocity    vZ2;
} Velocity;                       UCHAR    Amp1;
typedef struct _VectData          UCHAR    Amp2;
{                                 UCHAR    Amp3;
    UCHAR    cSync;               UCHAR    Amp4;
    UCHAR    cId;                 UCHAR    Corr1;
    UCHAR    cStatus;             UCHAR    Corr2;
    UCHAR    cCount;              UCHAR    Corr3;
```

Velocity	VX
Velocity	VY
UCHAR	Corr4；

| short | hChecksum； |
| VectData，* PVectData； | |

3.2　VC 平台下串行通信

一般在 Windows 下进行串行通信有以下三种方法[5]：使用 Windows API 通信函数、使用串口通信组件 MSComm、使用自己编写通信类或者利用第三方提供的通信类。第一种方法使用 Windows API 函数法使用面比较广，但是它比较复杂，使用起来比较困难。第二种方法利用 MSComm 控件对串口进行简单配置，但是它存在 VARIANT 类，用户在使用时容易出现错误。在本次设计中，使用第三方的串口通信类 CnComm[6]。

CnComm 主要使用异步方式操作串口，但也提供其他方式操作串口的函数。它支持多串口、多线程。只要完成几个函数，就能够轻易的在自己的程序中加入串口支持。

3.3　人机界面

人机界面负责整个系统的管理，及串口配置、曲线绘制、串口通信、文件导出等功能。软件系统采用 VS2008 MFC 开发。MFC 类库（Microsoft Foundation Class Library）是 Microsoft 公司对大部分标准 Win32 API 函数的封装，提供了图形环境应用程序的框架及创建应用程序的组件。MFC 框架定义了应用程序的轮廓，并提供了用户接口的标准实现方法，程序员所要做的就是通过预定义的接口把具体应用程序特有的内容填入这个轮廓[7]。主界面如图 4 所示。

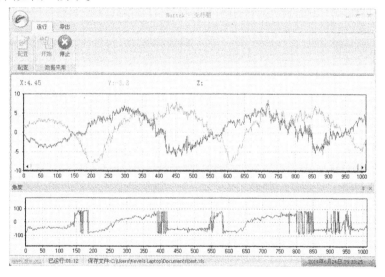

图 4　系统主界面

4　总结

本文研究了 Vectrino 流速仪的通信规范，并将其应用到采集系统中，实现了 Vectrino 流速数据实时采集、处理等功能。

参 考 文 献

［1］ 郭荣,童思陈,等.基于声学多普勒流速仪的地形测量试验［J］.水利水电科技进展,2012,10:52-54.

［2］ 唐洪武,肖洋,等.声学多普勒流速仪自动测量和分析系统［J］.计算机测量与控制,2003,11(5):
651-654.

［3］ NORTEK AS.SYSTEM INTEGRAOR MANUAL［R］.NORTEK AS.2011.

［4］ 谭浩强.C 语言程序设计［M］.3 版.北京:清华大学出版社,2005.

［5］ 李现勇.VISUAL C＋＋串口通信技术与工程实践［M］.北京:人民邮电出版社,2004.

［6］ LLBIRD.HTTP://WWW.CPPBLOG.COM/LLBIRD［EB/OL］.

［7］ 侯俊杰.深入浅出 MFC［M］.2 版.武汉:华中科技大学出版社,2001.

【作者简介】 孙超(1983—),男,工程师,硕士,主要从事自动控制及仪器仪表研究。E－mail:zihe.sunchao@ gmail.com。

利用超声技术(ADV)测量悬移质泥沙浓度的最新进展

李　健　金中武

(长江科学院河流所,武汉　430010)

摘　要　传统的悬移质泥沙浓度测量一般为接触式测量,测量精度难以保证。近年来利用超声和激光技术发展了非接触式测量方法,但也存在很多问题。本文重点综述了近年利用超声技术(ADV 和 ADCP)测量悬移质泥沙浓度(包括低浓度和高浓度)的研究新进展。最后指出:当含沙浓度较高时的测量研究将是今后的研究热点与前沿问题。

关键词　悬移质泥沙浓度;非接触测量;ADV;ADCP

Reviews about measuring suspended sediment concentration with acoustic techniques

Li Jian　　Jin Zhong Wu

(Changjiang River Scientific Research Institute, Wuhan, 430010)

Abstract　Many traditional intrusive measuring tools are used widely to acquire suspended sediment concentration in water column, which will lower the accuracy. These years some nonintrusive tools including acoustic and laser technology are used but also bring problems. The new advances with acoustic measuring suspended sediment concentration were reviewed, and then the nonintrusive measuring high concentration is the research focus.

Key words　Suspended sediment concentration; Nonintrusive measurement; ADV; ADCP

1　引言

悬移质泥沙浓度测量方法在《水库水文泥沙观测规范》(SL 339—2006)等行业测量规范中均有详细说明,一般均采用测点取样法和吸管法等,接触式测量将干扰局部水体流场,测量精度较低。而声学多普勒流速仪 ADV 等目前绝大部分用于水流流速及紊动参数的实验室和野外测量,其原理和技术均较为成熟。近年来,利用超声散射强度与泥沙浓度之间的相关关系,反演测量水体中的悬移质泥沙浓度的研究大量出现,但也存在较多问题,需深入研究。

本文是作者申报国家自然基金项目的前期文献调研,本文的内容主要是关于近年利用超声技术(ADV 和 ADCP 等)测量悬移质泥沙浓度(包括低浓度和高浓度)的研究进展综述,希望对促进量测仪器及泥沙运动力学等领域的研究有所帮助。

2 低浓度悬移质泥沙浓度测量

目前测量悬移质泥沙浓度的方法主要有:①传统的直接物理采样法,如虹吸法;②光学反向散射法,如光学反向散射传感器(OBS)和美国 Sequoia 公司生产的激光衍射粒度仪(LISST);③声学反向散射法,包括多频超声反向散射系统、多波束系统、单频的 ADCP 和 ADV 系统(利用返回的超声强度);④其他方法,如 B 超成像、遥感影像分析等。

悬移质泥沙悬浮特性会受到周围紊动流场的影响,传统的直接物理采样法会破坏水沙脉动的原始状态,因此近年来逐渐发展了利用声学和光学原理测量悬移质泥沙浓度的多种方法,利用声学和光学原理测量悬移质泥沙浓度均是由超声和激光的反向散射强度反算出悬移质泥沙浓度值,其测量精度受仪器的参数率定和反算算法的影响明显。超声测量的优点是非接触式测量,较传统的虹吸法等接触式测量有明显优势,但需要仔细率定参数方能反算出悬移质泥沙浓度,成为近年的研究热点。如 Jeffrey(2004)应用 2 个 ADCP 系统对 San Francisco 海湾的悬移质泥沙浓度进行了现场测量,但超声测量的悬移质泥沙浓度与 OBS 测量的泥沙浓度仅在 8% ~10% 范围内符合良好。A. J. F. Hoitink(2005)探讨了应用 ADCP 测量悬移质泥沙浓度的可行性,发现由 ADCP 超声反向散射反算的悬移质泥沙浓度与标准的方形泥沙颗粒尺度成比例,泥沙颗粒形状对测量精度影响较大。H. K. Ha et al. (2009)利用 3 个不同频率的 ADV 系统研究了超声反向散射强度与悬移质泥沙浓度之间的关系,ADV 测量精度与泥沙类型和浓度值密切相关,反向散射强度与泥沙浓度之间并不总是存在显著的线性关系,指出应用 ADV 测量悬移质泥沙浓度需要辨别不同的误差源。Benjamin(2012)应用多频率超声反向散射系统测量了 7 种不同矿物组成的悬移质泥沙浓度,探讨了泥沙矿物组成及形状对超声反向散射强度的影响及之间的换算。

由此可见,采用多个 ADV 或 ADCP 的多频超声测量悬移质泥沙浓度的设备系统在非接触式测量方面迈进了一大步,但在提高其测量精度受到悬移质泥沙浓度、泥沙粒径形状及矿物组成、空气泡等因素的影响明显,目前利用超声原理测量悬移质泥沙浓度的结果仍需要与光学反向散射测量仪(OBS)和激光粒度仪(LISST)的测量结果对比分析,而后者的设备价格比较昂贵。

Peter Thorne(2014)对近 20 年来应用超声反向散射原理测量悬移质泥沙级配和浓度的研究文献进行了综述,指出超声测量法的优势包括在于无干扰、布置灵活、高时空分辨率的实时监测、可提供流速、泥沙浓度剖面分布及床面形态变化的信息,但该方法主要用于非黏性泥沙浓度的测量。也有学者采用卫星遥感图片的光谱分析解析悬移质泥沙浓度(朱进等,2012)和采用 B 超成像测量低含沙量的悬移质浓度(马志敏等,2013)。但总体来说,目前测量悬移质泥沙浓度的设备价格昂贵,且多是针对低含沙量的非黏性、不含有机质的悬移质泥沙,由此可见,在测量高含沙浓度悬移质(如浮泥)领域研发高性价比且实用的仪器仍有较大空间。

3 高浓度浮泥浓度测量

浮泥为非牛顿流体,其运动特征与牛顿流体和一般浓度的悬移质泥沙差别很大。浮泥层附近的悬移质泥沙浓度很高,影响浮泥沉积和悬浮的因素主要为水流紊动,需要进行高分辨率的观测,传统的接触式测量会破坏浮泥层周围的紊流场和浮泥样品,因此,需要采用非接触式测量法对浮泥层的相关参数进行现场观测,并且由于浮泥浓度比一般的悬移质泥沙浓度要高很多,研发适于浮泥观测或采样的仪器具有重要意义。

近年来一些学者采用室内水槽实验(M. R. Chowdhury,2011;郭龙先,2012)、理论分析(Philip Liu,2007;吴博等,2012;唐磊等,2012)和数值模拟(陆永军等,2005;假冬冬等,2011;杨小宸等,2013)等手段对浮泥在水流(波动)作用下的传播、流变、回淤等特性开展了大量研究,国内外已开展了大量针对河口海岸和港口航道的现场浮泥观测研究(庞启秀,2011),但目前还缺少关于水库浮泥的现场观测资料。

目前浮泥观测技术主要有:①抓斗或钻孔直接取样法;②超声波测量法(钱炳兴等,2001);③γ射线技术(吴永进等,2009);④音叉密度计法(刘大伟等,2012);⑤声学反向散射系统法(ABS),也可称为耦合测量法。李为华等(2013)和居尧等(2014)对各种浮泥测量技术进行了综述,对其测量精度、测深范围、操作性及价格等方面做了比较,见表1。

表1　浮泥现场观测方法比较

测量方法	是否接触	测深范围	测量精度	可操作性	仪器成本
直接取样法	接触	较浅	低	简单	较低
超声测量法	非接触	适中	一般	复杂	较高
γ射线技术	接触	适中	一般	复杂	较高
音叉密度计	接触	适中	高	适中	较高
耦合测量法	接触	较深	高	复杂	较高

由表1可见,目前浮泥现场观测方法各有其优缺点。传统的抓斗或钻孔式取样测量浮泥层密度的方法既不可靠(破坏了浮泥原始状态),采样速度也很慢,现已很少采用。超声探测仪也很难测量到精确的浮泥剖面密度,由于浮泥层的密度梯度较大,造成声纳会接收到至少2种回声信号:一种来自密度大(床面压实淤泥)的回声信号和另一种来自浮泥层上部水沙交界面附近的回声信号,另外,水体中的气泡和浮泥中的有机物(会增大超声信号的衰减)也极大地干扰测量精度,但该方法是目前为止唯一的一种非接触式浮泥测量法。γ射线技术是将放射性物质置于一个探头中,利用放射性的吸收度与探头周围的物质密度相关性来测量浮泥密度,因此需要考虑放射性物质的危害性,可能会污染周围的水体和浮泥,且维护代价高,使用不便,需要定期不断地校核,另外其测量精度受浮泥中的污染物(包括有机物、重金属或一些溶解性气体)影响明显。音叉密度计以荷兰STEMA公司生产的DensiTune密度计为代表(耿智海,2012),"H"型音叉装置通过两个探头之间的振动频率差测量中间部位介入浮泥的密度,但是细小颗粒容易阻塞探头,产生较大测量误差。针对以上各种浮泥观测设备的缺陷,英国Hydramotion公司研发了MudBug浮泥密度测量仪(www. hydramotion.com),该仪器由不锈钢金属外壳制成,内置可测量密度、温

度、压力等的传感器,一次校核不需要现场多次校核,可由数据线端口与配套软件直接输出数据到电脑上,且可测量浮泥密度范围为 800 ~ 1 600 kg/m³,相对误差可控制在 ±1% 范围内,MudBug 测量仪依靠自重沉入浮泥层,因此其仍然为接触式测量,并且沉入的浮泥深度有限。

声学反向散射系统法(ABS)现场观测浮泥是近年研究的热点问题,其基本原理同测量悬移质泥沙浓度的多频超声反射系统,ABS 系统一般由 ADV(或 ADCP)、OBS(光学反向散射传感器)和 LISST(激光衍射粒度仪)组成。Fugate et al. (2002)应用 ABS 系统观测了美国 Chesapeake 海湾浮泥层泥沙浓度,指出 ADV 测量可不干扰浮泥周围紊动流场的情况下获得悬移质沉速,但当泥沙分布存在多个峰值时 LISST 测量误差较大,需要结合水下摄影技术进行分析。Aldo et al. (2011)应用 ABS 系统观测了法国 Gironde 河口的流速、浮泥浓度、雷诺剪切应力和紊动动能等参数,指出由 ADV 或 ADCP 的超声强度反演出悬移质泥沙浓度较为复杂,因为悬移质泥沙的声学特性目前还未研究清楚,某一水域得到的超声衰减系数难以与其他文献中的结果进行对比。Y. Nakagawa et al. (2012)应用 ABS 系统测量了日本东京湾的浮泥参数,并发现在河床底部存在一层浅层浮泥(99% 的都是淤泥和黏土),含水量(水沙质量比)超过 300%,使得超声测量的地形表层变模糊。

由以上的文献调查可见,应用 ABS 系统观测浮泥密度或含沙浓度,可在较低程度的接触情况下进行,特别是对于浮泥表层附近紊动流场和悬移质泥沙浓度可进行高时空分辨的现场观测,但浮泥层内部存在明显的密度梯度和细颗粒泥沙絮凝,例如 Cihan et al. (2013)应用 ABS 系统观测美国 Atchafalaya 海湾的浮泥发现浮泥分层结构与絮凝体大小之间存在一定关系。Naohisa et al. (2013)观察和研究了实验和天然条件下浮泥沉积形成的分层结构,发现在不同的初始悬移质泥沙浓度下均会发生絮凝现象,但在较高的初始泥沙浓度情况下形成的絮凝体(即浮泥)分层结构与较低浓度下形成的絮凝体存在很大不同,在日本九州的 Rokkaku 河口的现场观测也发现了类似现象。对浮泥层内部分层结构和密度的观测一般是采用 ADV、OBS 和 LISST 垂向布置的方式(Aldo et al. , 2011;Y. Nakagawa et al. , 2012),这将破坏浮泥层内部的原始分层结构和絮凝状态,并且一次固定后很难移动,不能方便地进行多点测量作业。另外,采用声学反向散射原理测量悬移质泥沙浓度需要换算,测量精度仍需要与 OBS 和 LISST 光学测量结果进行对比校核,而光学仪器测量结果精度本身也会受到诸多因素影响(Fugate et al. , 2002),往往采取水下摄影和高速摄像技术(M. R. Chowdhury, 2011)进行辅助研究。由于 ABS 系统采用的商业设备较多,因此操作难度和价格也较高。

4　结论

本文对近年来国内外利用超声技术测量悬移质泥沙浓度的仪器研发和相关研究进展做了总结。利用 ADV 和 ADCP 等设备测量泥沙浓度,事先需要进行参数率定,而当泥沙浓度较高时($S > 10$ kg/m³)时,超声强度沿程衰减很大,难以达到满意的测量精度,该问题将是今后的研究热点与前沿。

参 考 文 献

[1] A. J. F. Hoitink, P. Hoekstra. Observations of suspended sediment from ADCP and OBS measurements in

a mud-dominated environment. Coastal Engineering, 2005, 52: 103-118.

[2] Aldo Sottolichio, David Hurther, Nicolas Gratiot, et al. Acoustic turbulence measurements of near-bed suspended sediment dynamics in highly turbid waters of a macrotidal estuary. Continental Shelf Research, 2011. Vol. 31: 36-49.

[3] Benjamin D. Moate, Peter D. Thorne. Interpreting acoustic backscatter from suspended sediments of different and mixed mineralogical composition. Continental Shelf Research, 2012, 46: 67-82.

[4] Cihan Sahin, Ilgar Safak, Tianjian Hsu, et al. Observations of suspended sediment stratification from acoustic backscatter in muddy environments. Marine Geology, 2013, 336: 24-32.

[5] Fugate, Friedrichs. Determining concentration and fall velocity of estuarine particle populations using ADV, OBS and LISST. Continental Shelf Research, 2002, Vol. 22: 1867-1886.

[6] H. K. Ha, W. Y. Hsu, J. P. Ma, et al. Using ADV backscatter strength for measuring suspended cohesive sediment concentration. Continental Shelf Research, 2009, 29:1310-1316.

[7] Jeffrey W. Gartner. Estimating suspended solids concentrations from backscatter intensity measured by acoustic Doppler current profiler in San Francisco Bay, California. Marine Geology, 2004, 211:169-187.

[8] M. R. Chowdhury, F. Y. Testik. Laboratory testing of mathematical models for high-concentration fluid mud turbidity currents. Ocean Engineering, 2011, 38: 256-270.

[9] Naohisa Nishida, Makoto Ito, Atsuyuki Inoue, et al. Clay fabric of fluid-mud deposits from laboratory and field observations: Potential application to the stratigraphic record. Marine Geology, 2013, 337: 1-8.

[10] Peter Thorne, David Hurther. An overview on the use of backscattered sound for measuring suspended particle size and concentration profiles in non-cohesive inorganic sediment transport studies. Continental Shelf Research, 2014, 73:97-118.

[11] Phili PLiu, I. C. Chan. A note on the effects of a thin visco-elastic mud layer on small amplitude water-wave propagation. Coastal Engineering, 2007, 54:233-247.

[12] Y. Nakagawa, K. Nadaoka, H. Yagi, et al. Field measurement and modeling of near-bed sediment transport processes with fluid mud layer in Tokyo Bay. Ocean Dynamics, 2012, Vol. 62:1535-1544.

[13] 耿智海. Densitune 密度测量的可靠性检测[J]. 水运工程, 2012, 12(473): 211-214.

[14] 郭龙先, 喻国良. 压力脉动对浮泥悬扬影响的实验研究[J]. 海岸工程, 2012, 31(2): 21-30.

[15] 假冬冬, 邵学军, 张幸农, 等. 三峡水库蓄水初期近坝区淤积形态成因初步分析[J]. 水科学进展, 2011, 122(14): 539-545.

[16] 李昆鹏, 王瑞, 马怀宝, 等. 小浪底水库浮泥层水动力学特性初探[J]. 中国农村水利水电, 2013 (1):35-38.

[17] 李为华, 时连强, 刘猛, 等. 河口海岸浮泥观测技术、特性及运移规律研究进展[J]. 泥沙研究, 2013 (1): 74-80.

[18] 刘大伟, 王真祥, 薛剑锋. 基于 SILAS 适航水深测量系统的试挖航道浮泥实测研究[J]. 测绘通报, 2012(增刊): 700-708.

[19] 陆永军, 李浩麟, 王红川, 等. 强潮河口拦门沙航道回淤及治理措施[J]. 水利学报, 2005, 36(12): 1450-1456.

[20] 罗以生, 吕平毓, 陈虎. 长江、嘉陵江重庆主城区段悬浮泥沙与总磷浓度相关性分析[J]. 三峡环境与生态, 2012, 34(6): 14-16.

[21] 马志敏, 邹先坚, 赵小红, 等. 基于 B 超成像的低含沙量测量[J]. 应用基础与工程科学学报, 2013, 21(4): 796-803.

[22] 庞启秀. 浮泥形成和运动特性及其应对措施研究[D]. 天津大学, 2011.

[23] 钱炳兴,凌鸿烈,孙跃秋,等. 超声波浮泥重度测量仪[J]. 声学技术,2001, 20(1): 42-44.

[24] 唐磊,张玮,解鸣晓,等. 淤泥质海岸浮泥形成条件定量研究[J]. 泥沙研究,2012(6): 58-64.

[25] 吴博,刘春嵘,呼和敖德. 长波和水流作用下浮泥流动机理研究[J]. 海洋工程,2012,30(4):62-67.

[26] 吴永进,韦立新,郭吉堂,等. γ射线测沙仪测量浮泥、淤泥容重的新进展[J]. 泥沙研究, 2009 (6): 60-63.

[27] 杨小宸,张庆河,赵洪波,等. 浮泥沿航道流动的数值模拟[J]. 泥沙研究,2013(4): 13-20.

[28] 朱进,王先华,潘邦龙. 水体悬浮泥沙的偏振光谱特性研究[J]. 光谱学与光谱分析,2012, 32(7): 1913-1917.

【作者简介】 李健(1984—),男,安徽金寨人,工程师,从事环境泥沙研究。E-mail:lijian_cky@hotmail.com.

基于 PIV 技术的新型水下流场测量系统

左炳光　曹　淼

（南京昊控软件技术有限公司，南京　211100）

摘　要　介绍基于传统 PIV 技术的新型水下流场测量系统（Hawksoft PUWPIV）以及在现场水下流场测量和湍流研究中的应用。该系统在保持了传统 PIV 测量范围和测量精度的基础上，成功地将高精度流场测量技术应用于现场测量。与 ADV 测量结果的比对表明了其水下应用的可行性和准确度；水下密封、低功耗、无线数据传输、采用自然示踪粒子等关键技术问题的解决使其具备了同类产品所不具备的应用特征，如水下原观测量、长时间野外观测、远程控制和非接触式操作等，可应用于水利水文原观测量、海洋现场观测、实验室水下流场测量等领域。

关键词　水下 PIV；野外现场；流场测量；湍流

A new flow field measurement system based on PIV

Zuo Bingguang　Cao Miao

（Nanjing Hawksoft Technology Co. ,Ltd, Nanjing　211100）

Abstract　This paper introduces the application of a new equipment（Hawksoft, PUWPIV）for underwater velocity field measurement and turbulence research in situ. This system has succeed in making the high accuracy measurement technology in situ, which is based on the advantage of the traditional PIV systems（measurement area and precision）. Compared with the results obtained by ADV, it confirmed that PUWPIV is available with high accuracy. It has many specific characters among similar products, such as waterproof, low power consumption, wireless data transmission, natural tracers, and etc. And we can use it to measure the underwater field in site during a long period, with remote and non-contact control, which make it universal in hydrological survey of field, in-situ ocean observation or laboratory research.

Key words　PUWPIV；in-situ observation；flow field measurements；turbulence

1　引言

流速是描述流体运动最基本的物理量，目标区域的速度场对于其流动特征的认识尤其重要，如何准确获取速度场很大程度上依赖于测量技术的可行性与精度。20 世纪 60 年代出现的粒子图像测速技术（Particle Image Velocimetry，PIV）是综合了数学、光学、电子学、摄像技术和计算机技术于一体的全场测量技术,可测量水流或气流复杂瞬态紊动的二维或三维空间的结构分布,是现代流场测试领域的一项重大成就。经过几十年的发展,PIV 在二维全场测速方面已非常成熟,其产品也已走向市场。但传统的 PIV 受技术限制存在一定局限性:体积庞大,移动不便,操作复杂,使用和维护烦琐,对用户水平要求高,使用效率低,这些缺陷不利于其应用普及;同时其高功耗和大体积限制了其现场应用的可能,只能用于实验室测量。

野外水下 PIV 流场测量系统是近年来国内外的研发热点,其研究先驱是美国约翰霍普金斯大学的 Katz 教授。Katz 等采用船载脉冲激光及水下光纤布置片光源,第一次利用 PIV 对近海海底边界层的湍流结构进行了测量,开辟了物理海洋研究的新方向[1]。但由于其水下 PIV 系统复杂庞大,需要特殊布置和操作技术,因而未能在水利和海洋研究领域得到广泛的应用。

2　系统简介

针对传统 PIV 在野外现场水下测量中的局限性,南京昊控软件技术有限公司的首席科学家廖谦教授提出了便携式水下 PIV 系统(PUWPIV)的设计理念,并于多年实践后研发成功,如图 1 所示,PUWPIV – 1110A 可应用于深海 600 m 或实验室测量,PUWPIV – 1110B 应用于水下 60 m 或实验室测量。实验布设见图 2。PUWPIV 系统是目前世界上唯一的可由电池驱动、野外水下全天候作业的商用 PIV 系统,包括激光组件、数据采集组件、供电组件、存储组件及控制组件,各项组件已高度集成化、自动化,在应用时布设方便灵活,根据不同的实验条件及要求可以采取多种布设方式,如激光仓可放在水槽内部、水槽底部,甚至是水槽上部。

图 1　便携式水下 PIV 系统(Hawksoft PUWPIV – 1110A 型)

在软件方面,应用自研的高精度二维流场算法,能实现高分辨率 PIV 分析、二阶相关计算(支持 FFTW 相关算法,MQD,Hart Correlation)、可变形问讯域技术,支持频谱空间 Anti Peak-locking 快速算法,可定量测量流场中某一被测截面上的速度分布,获得传统测试技术无法观察到的流场瞬态结构,并且适应自然条件下大量存在的浮游藻类、悬浮泥沙等水中粒子,为研究湖泊、海洋、河流等水下粒子的即时流速场提供精准的测量手段。

图 2 实验布设(Hawksoft PUWPIV – 1110B 型)

3 比对实验

3.1 实验装置

实验采用了挪威 Nortek 公司出产的 ADV 和南京昊控软件技术有限公司自研 PUWPIV – 1110A 型便携式水下粒子图像测速仪进行对比验证。其中 PUWPIV – 1110A 测量全场二维流速,选取距离 ADV 所在点最近的流速值与 ADV 测量值进行比对。

图 3 为本次实验设备的布设示意图。PUWPIV – 1110A 型粒子图像测速仪的图像采集组件浸没于水槽之中,测量平面与水体流动方向平行。激光组件放置于水槽下方,其发射的激光从水槽底部有机玻璃透射至水中。激光平面与水槽底面垂直,与水体流动方向平行。图像组件窗口距梯形水槽底角为 71 cm,距激光平面 25 cm。为保证 ADV 测量点位于激光平面之内,将其布置于 PIV 激光面的后方 5 cm 处,采样频率为 20 Hz。

整套系统通过无线控制,可采用 12 V 直流电源供电,整套系统(包括电池组件)都可完全置于水下。本次实验没有加入人工示踪粒子,而是采用水中自然悬浮颗粒或微生物作为示踪,验证野外现场测量的可行性和准确度。实验现场见图 4。

3.2 参数设置和实验工况

PUWPIV 图像分辨率设为 1 080 × 1 220,视场大小约 6.0 cm × 5.4 cm,视场底部距槽底约为 6 cm。两对 PIV 图像之间的时间间隔为 200 ms,激光束两次扫描时间间隔 $t = 10$ ms,即一对 PIV 图像中两帧图像间时间间隔为 10 ms。

在不同的工况条件下,共进行了四组实验,见表 1。

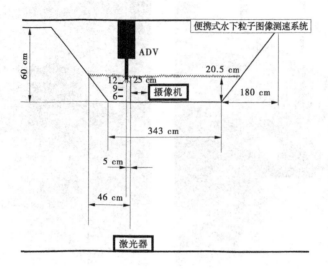

图 3　实验布设示意图

图 4　实验现场

表 1　实验情况

试验	平均流速	ADV	PUWPIV
工况 1		探头距底部 6 cm 处	
工况 2	9 cm/s	探头距底部 9 cm 处	ADV 探头均在
工况 3		探头距底部 12 cm 处	拍摄区域中
工况 4	5 cm/s	探头距底部 6 cm 处	

3.3　PUWPIV 实验结果

采用 Hawksoft 自主开发的软件,对采集的图像数据进行互相关处理,可得到测量时间内测量区域的瞬时流场,通过时间平均流场,计算得到脉动流场以及相关湍流物理量,如湍动动能、湍流耗散率、涡黏滞系数等。

3.3.1   瞬时流场

图 5 为一个瞬时流场。

图 5   瞬时流场

3.3.2   垂线流速分布

实验 PIV 采样频率为 5 Hz,对所有采样时间内的瞬时流场作时间平均,可以得到平均流速的空间分布。图 6 为四个工况下垂线平均流速分布,其中 Test4 分布在 5 cm/s 左右,其他三个工况分布在 9 cm/s 左右,和实验工况相符。

3.3.3   湍动动能剖面

对每个瞬时流场,通过瞬时流场数据和平均流场数据计算得到脉动流速。通过每个空间点的脉动流速计算其脉动动能,即得到脉动动能的空间分布。图 7 为脉动动能的垂向剖面分布,可以看到,越接近渠底边界的地方,脉动动能越大,平均流速越大,脉动动能数值也越大。

其中,湍动能估算公式为:

$$k = \frac{1}{2}(\overline{u'^2} + 2\,\overline{w'^2})$$

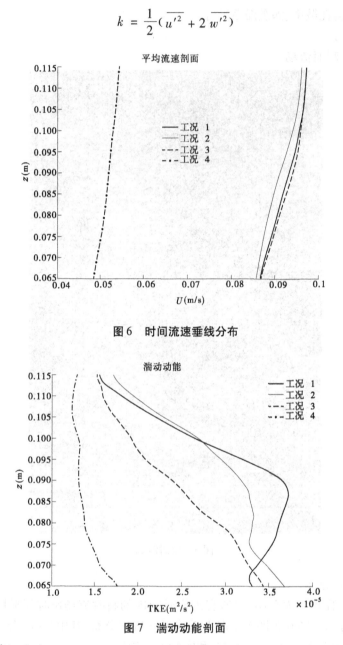

图 6　时间流速垂线分布

图 7　湍动动能剖面

3.3.4　雷诺剪切应力

通过水平和垂向脉动速度场的时间序列,可以计算得到雷诺剪切应力($-\overline{u'w'}$)的空间分布。图 8 为垂向剖面分布情况,越靠近底边界,雷诺应力的数值越小。

3.3.5　湍动动能耗散率

通过图 9 可以看到,越靠近边界的地方,湍流耗散率越大,工况四的流速较小,所以相对其他工况的湍动动能耗散率也较小。实验结果的空间分辨率空间尺度小于 5 倍 Kolmgorov 尺度,湍动动能估算采用如下公式:

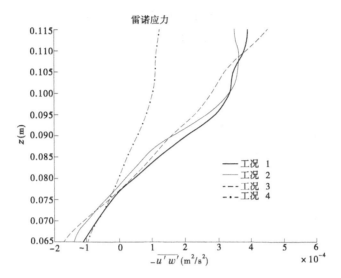

图 8　雷诺剪切应力剖面

$$\varepsilon = 3v\left[\overline{\left(\frac{\partial u'}{\partial x}\right)^2} + \overline{\left(\frac{\partial w'}{\partial z}\right)^2} + \overline{\left(\frac{\partial u'}{\partial z}\right)^2} + \overline{\left(\frac{\partial w'}{\partial x}\right)^2} + 2\overline{\frac{\partial u'}{\partial z}\frac{\partial w'}{\partial x}} + \frac{2}{3}\overline{\frac{\partial u'}{\partial x}\frac{\partial w'}{\partial z}}\right]$$

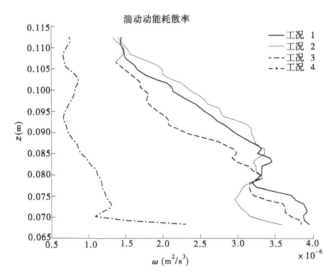

图 9　湍动动能耗散率

3.3.6　涡黏滞系数

涡黏滞系数也可称为扩散系数或混合系数(见图 10)。假设 Prandtl Number = 1.0,采用 k—ε 模型概念,$K_V = 0.09\dfrac{k^2}{\varepsilon}$。

3.4　PUWPIV 与 ADV 测量结果对比

实验中,选择了工况 2 和工况 4 与 ADV 的测量结果进行比对(见图 11、图 12)。实验结果对比如下:

（1）对于工况2，ADV探头位于距底部距离约9 cm处，平均流速约9 cm/s。水平流速和垂向流速在数值和趋势上都吻合良好。证明了该水下流场测量系统的可靠性和准确性。

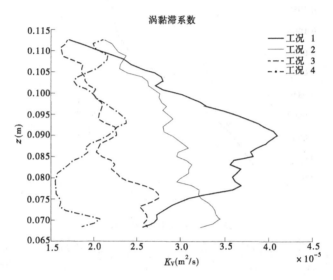

图10　涡黏滞系数

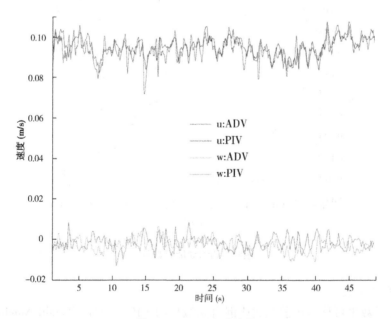

图11　工况2比对结果

（2）对于工况4，ADV探头位于距底部距离约6 cm处，平均流速约5 cm/s。对于较慢的流速，比对结果依然良好。

（3）湍流统计参数。表2列出了湍流统计参数的PUWPIV和ADV的结果，结果基本一致。

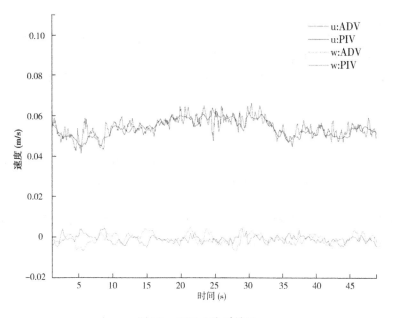

图 12 工况 4 比对结果

表 2 湍流统计参数

实验	ADV 水平平均速度（cm/s）	PIV 水平平均速度（cm/s）	ADV 水平速度波动 $\sqrt{\overline{u'^2}}$（mm/s）	PIV 水平速度波动 $\sqrt{\overline{u'^2}}$（mm/s）	ADV 垂向速度波动 $\sqrt{\overline{w'^2}}$（mm/s）	PIV 垂向速度波动 $\sqrt{\overline{w'^2}}$（mm/s）
工况 1	8.22	8.12	6.3	5.9	4.1	4.0
工况 2	9.37	9.50	5.1	4.9	3.1	3.4
工况 4	5.43	5.35	4.4	4.3	2.3	1.9

4 结论

相比传统实验室 PIV 系统，便携式水下 PIV 具有低功耗、无线控制、水封等特点，不仅可以进行高精度实验室流场测量，更能够进行野外水下原型观测，甚至可以长时间布设在水下，进行水文监测、深海观测等工作。其与 ADV 的对比实验结果表明，PUWPIV 不仅携带方便、操作简单，更能够达到实验要求的高测量精度。与 ADV 相比，PIV 有如下主要优势：

（1）PUWPIV 可测二维流速在二维平面上的瞬时分布，因而可方便地测量流动统计量的剖面结构，而 ADV 只能测量一点的瞬时速度。

（2）PUWPIV 测量的空间分辨率可灵活调节，可高于 ADV 的空间分辨率。

（3）PUWPIV 可利用高分辨率的流场数据直接估算湍流的能量耗散，而不需应用速度能量谱惯性区的假设来估算。事实上在较低流速工况下，该能量谱惯性区可能不存在，或误差较大。

(4)PUWPIV 可利用 $k-\varepsilon$ 模型通过对湍动能及耗散率分析的同时,测量估算出涡黏滞/混合系数,而 ADV 往往无法得到此类信息。

(5)PUWPIV 在测量时可布置在流体中,这给实验室测量和野外测量提供了更广泛的应用前景。

参 考 文 献

[1] P. Doron, L. Bertuccioli, and J. Katz. Turbulence Characteristics and Dissipation Estimates in the Coastal Ocean Bottom Boundary Layer from PIV Data[J]. Phys. Oceanogr. , 2001,31:2108-2134.

【作者简介】 左炳光(1988—),男,山东临沂人,工程师,主要从事流体测试技术研发。E – mail: bingguang. zuo@ hawksoft. cn。

原型技术

河流水面成像测速中的时均流场重建方法研究 *

张　振　郑胜男　韩　磊　王慧斌

（河海大学计算机与信息学院，南京　211100）

摘　要　大尺度粒子图像测速（LSPIV）是一种新兴的瞬时全场流速测量技术。针对其在天然河流中由于示踪物密度低、时空分布不均及水面光学噪声干扰造成的流场估计精度过低问题，通过分析三种时均流场重建策略的敏感性，提出了一种基于序贯矢量平均的时均流场重建方法。方法利用断面流速方向一致性分布的特点，采用基于非线性统计的全局角度直方图方法检测流动主方向，较好地解决了区域性错误矢量的识别问题，改善了河流水面流场的估计精度。此外，利用示踪物时空分布的冗余信息，以时均流场的矢量正确率为依据控制求平均的进程，有效提高了流场测量的时间分辨率。

关键词　大尺度粒子图像测速；河流水面；时均流场；平均策略

Study on time-averaged flow field reconstruction method for river Surface Imaging velocimetry

Zhang Zhen　Zheng Shengnan　Han Lei　Wang Huibin

（College of Computer and Information Engineering, Hohai University, Nanjing 211100）

Abstract　Large Scale Image Velocimetry (LSPIV) is a promising technique for measuring whole-field velocities instantaneously. However it suffers low flow field estimation precision in the application of natural rivers due to low seeding density, non-uniform tracer distribution and free-surface optical noises. By analyzing sensitivity of three time-averaged flow field reconstruction strategies, a method based on sequential vector averaging is proposed. It uses a nonlinear statistic-based global angle histogram method to detect the main flow direction according to the consistent distribution of cross-section velocity directions. Experiment results show that it is well suited for regional error vector identification in instantaneous flow field with low correct rate. Make use of the temporal-spatial redundancy information of flow tracers, the averaging process is controlled according to the correct rate of time-averaged flow field, which efficiently improves the temporal resolution of flow field.

* **基金项目**：国家自然科学基金项目（61263029），河海大学中央高校基本科研业务费专项（2014B00714）。

Key words　Large Scale Image Velocimetry；river surface；time-averaged flow field；averaging strategy

1　引言

天然河流的水文测验,特别是高洪期流速、流场及流量等信息的获取是洪水预报与防治的重要措施,以及河流水文学、河流动力学等研究的科学基础[1]。然而,天然河流中的水体在河槽中运动时受到断面形态、坡度、糙率、水深、弯道、风、气压、潮汐等因素的影响产生紊流。紊流内部水质点的瞬时流速在大小和方向上均随时间变化,呈现出脉动现象,但在足够长的时段内其均值保持稳定[2]。因此,对于河流断面流量监测等应用而言,时均流场的重建比瞬时流场的获取更为重要。

大尺度粒子图像测速(LSPIV)作为一种新兴的瞬时全场流速测量技术,不仅可用于常规条件下明渠紊动特性和时均特性的研究,其非接触特性更具有极端条件下河道水流监测的应用潜力[3]。目前,LSPIV 中主要采用基于灰度相关匹配的运动矢量估计方法[4-6]。它通过图像匹配估计流场中局部粒子群的运动矢量,直接得到网格化的二维流速场,具有物理意义明确、实现简单、抗干扰能力强的特点,在穷尽搜索策略下可以达到很高的匹配精度。然而,对于以天然漂浮物和水面模式为水流示踪物的河流水面成像测速而言,受水流示踪物密度低、时空分布不均及水面光学噪声的影响,视场中的某些待测区域可能会暂时性地缺乏明显的示踪物,导致无法估计出这些区域的瞬时矢量或出现错误矢量[7-9]。瞬时流场的矢量正确率通常仅为30% 左右,远低于实验室中采用人工示踪粒子的 PIV 系统,使得传统基于局部流体运动连续性假设的局部校验方法难以用于错误矢量的识别,若直接采用线性求平均的方法将导致流场估计误差过大[10-12]。

针对河流水面成像测速的特点,本文将首先分析三种经典的时均流场重建策略对图像质量和图像数量的敏感性;然后利用河流流场中流速分布的特点和目标运动的时空冗余信息,提出一种基于序贯矢量平均的时均流场重建方法;最后通过一组实测图像序列评价方法的性能。

2　时均流场重建策略及敏感性分析

对于基于灰度相关匹配的运动矢量估计方法,按照求平均操作在处理流程中所处的阶段及作用对象的不同,可以将后续的时均流场重建策略分为图像平均、相关平均和矢量平均三种[13]。

2.1　测试图像序列

为分析三种策略的敏感性,采用自研的近红外智能相机采集了六安市横排头淠河总干渠的河流水面图像序列[14]。如图 1 所示,横排头闸下游测流河段的顺直长度约 600 m,为人工河槽,左、右岸均为混凝土护坡;河床系黏土,较稳定;河段上游建有一座五孔进水闸,闸孔出流在水面产生顺流而下的旋滚模式和白色泡沫。实验断面位于进水闸下游550 m 处,河宽约 74 m;相机架设于左岸距水面高程约为 5 m 的水泥高台上,视场覆盖完整的断面,以 1 s 为时间间隔拍摄 1 280 × 1 024 pixel 的 8 bit 灰度图像。

从图 2 中可以看出,由于视场尺度较大,水面细小的白色泡沫几乎不可见,有效的示踪物以旋滚模式为主,还夹杂着少量漂浮物。图像中部和远场分别受水面耀光和植被倒影的影响,形成片状亮区和条带区的干扰模式。选取序列中 30 帧图像,并将其中 256 × 256 pixel 的单个分析区域(IA)图像对作为测试子图。图像增强采用基于视觉感受野的自适应背景抑制方法[9],运动矢量估计采用基于快速哈特利变换互相关(FHT - CC)的方法[6]。29 组图像对的相关曲面信噪比(SNR)和瞬时位移表明:序列中的旋滚模式由于存在自身形变运动,在较长的时间间隔下容易引起图像对中目标模式的杂乱,导致相关曲面的 SNR 较低,仅分布在 4 ~ 6,并且瞬时位移表现出强烈的脉动现象,在方向上存在明显偏差的错误矢量为 9 个,约占矢量总数的 30%。

图 1　测流河段的遥感视图及现场视图

图 2　河流水面图像及测试子图

2.2　图像平均策略

图像平均操作处于运动矢量估计中的图像预处理阶段,是一种像素级的时均流场重建策略。它首先将 N 幅图像 f 分为奇数组 f_o 和偶数组 f_e,分别对每组图像中对应像素的灰度值求平均得到 1 对时均图像,然后计算该图像对的相关测度得到 1 个时均相关曲面,最后通过峰值检测得到时均矢量。

图像平均策略的相关测度可以表示为:

$$\bar{c}(d_x,d_y) = \sum \sum \bar{f}_o(x,y)\bar{f}_e(x + d_x,y + d_y) \tag{1}$$

其中,$\bar{f}_o = 2(f_1 + f_3 + \cdots + f_{N-1})/N$ 和 $\bar{f}_e = 2(f_2 + f_4 + \cdots + f_N)/N$。将上式展开,得到:

$$\bar{c}(d_x,d_y) = \sum \sum \begin{bmatrix} f_1f_2 + f_1f_4 + f_1f_6 + \cdots + f_1f_N + \\ f_3f_2 + f_3f_4 + f_3f_6 + \cdots + f_3f_N + \\ f_5f_2 + f_5f_4 + f_5f_6 + \cdots + f_5f_N + \\ \vdots \\ f_{N-1}f_2 + f_{N-1}f_4 + f_{N-1}f_6 + \cdots + f_{N-1}f_N + \end{bmatrix} \tag{2}$$

可以看出,式中仅 $N/2$ 个对角项表示有效图像对间的连续相关,是对位移估计有用的目标项,以 N 为级数增加;而其他 $N(N-1)/4$ 个非对角项表示非连续图像间的随机相关,构成了相关曲面的噪声项,以 N^2 为级数增加。因此,噪声项的增加速度高于目标项将使得图像平均策略中相关曲面 SNR 随帧数增加而降低。

从图 3 给出的时均图像中可以看出:由于水流运动,序列中稠密分布的水面模式在时均图像中被拓展为片状纹理,在一定程度上提高了 IA 中示踪物的密度。但由于目标相对于背景的面积和灰度值均较小,图像的 SNR 较低。随着平均帧数的增加,目标强度的衰减加剧。在图 4 的时均相关曲面中,当 $N = 10$ 时,噪声峰已经超过目标峰在相关曲面中占主导,导致匹配失效。

(a)10 帧　　　　　　　(b)20 帧　　　　　　　(c)30 帧

图 3　图像平均策略下不同帧数得到的时均图像

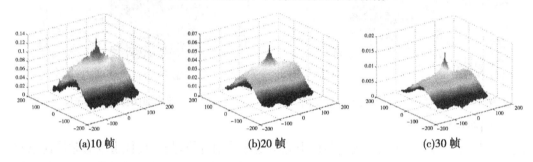

(a)10 帧　　　　　　　(b)20 帧　　　　　　　(c)30 帧

图 4　图像平均策略下不同帧数得到的时均相关曲面

2.3　相关平均策略

相关平均操作处于运动矢量估计中的图像特征提取阶段,是一种特征级的时均流场重建策略。它首先将 N 幅图像依次划分成 $N-1$ 组图像对,然后分别计算每组图像对的相关测度,并对 $N-1$ 个瞬时相关曲面求平均得到 1 个时均相关曲面,最后通过峰值检测得到时均矢量。

相关平均策略的相关测度可以表示为:

$$\bar{c}(d_x, d_y) = \sum \sum \overline{f_i(x,y)f_{i+1}(x+d_x, y+d_y)} \tag{3}$$

其中,$i = 1,2,\cdots,N-1$。根据线性运算的交换律,可将求平均算子放在积分运算内,即:

$$\bar{c}(d_x, d_y) = \sum \sum \overline{f_i(x,y)f_{i+1}(x+d_x, y+d_y)} = \frac{1}{N-1}\sum \sum (f_1 f_2 + f_3 f_4 + \cdots + f_{N-1}f_N) \tag{4}$$

可以看出,式中仅包括式(2)的对角项,即对位移估计有用的目标项,以 N 为级数增加。因此,相关平均策略可以得到更高信噪比的时均相关曲面。

从图 5 给出的时均相关曲面中可以看出:相关噪声的方差随着帧数的增加明显降低,而目标峰更加尖锐,说明当瞬时相关曲面的 SNR 较高时,相关平均可以有效滤除随机噪声。但零位移附近的噪声峰在相关平均过程中也被增强了,说明这种由图像背景泄漏引起的直流偏置噪声并不能通过求平均来消除,当其累加速度超过目标峰时($N=30$)匹配就失效。

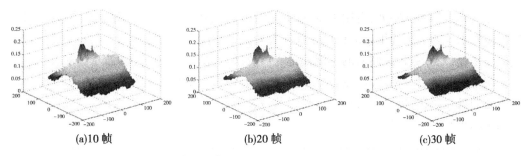

(a)10 帧   (b)20 帧   (c)30 帧

图 5 相关平均策略下不同帧数得到的时均相关曲面

2.4 矢量平均策略

矢量平均操作处于运动矢量估计中的位移矢量输出阶段,是一种决策级的时均流场重建策略。它首先将 N 幅图像依次划分成 $N-1$ 组图像对,然后分别计算每组图像对的相关测度得到 $N-1$ 个瞬时相关曲面,最后对峰值检测后输出的 $N-1$ 个瞬时矢量求平均得到时均矢量。

矢量平均策略的原理最为直观,可用瞬时矢量的算术平均表示为:

$$\overline{S}(x,y) = \frac{1}{N-1}\sum_{i=1}^{N-1} S_i(x,y) = \frac{1}{N-1}\sum_{i=1}^{N-1}(\Delta x_i, \Delta y_i) \qquad (5)$$

从表 1 给出的结果可以看出:矢量平均得到的时均矢量未出现明显的方向错误,说明矢量平均对方向的容错性较好;但相比图像平均和相位平均策略,在大小上存在不同程度的估值过低现象。这是由于错误矢量被带入平均操作造成的,并且错误比例越高、平均时间越长,退化作用越严重。因此,矢量平均策略要求所有的瞬时矢量必须都可靠才能获得准确的时均矢量。表 2 给出了剔除错误矢量后的相关平均和矢量平均结果。其中位移估计的可靠性和稳定性均得到了明显改善。

表 1 三种平均策略下不同帧数得到的时均相关曲面信噪比和位移

策略	图像平均			相关平均			矢量平均		
帧数	SNR	Δx	Δy	SNR	Δx	Δy	SNR	Δx	Δy
10	3.537 9	-0.145 8	0.477 8	4.214 2	-54.303 8	4.197 8	4.715 3	-38.541 7	4.520 0
20	3.736 9	-0.047 6	0.110 4	4.334 7	-39.679 1	4.249 4	4.892 4	-39.205 8	3.601 2
30	5.038 7	-0.015 5	0.096 6	4.281 9	-0.104 2	0.313 5	4.830 2	-34.799 3	3.202 2

表 2 剔除错误矢量后相关平均和矢量平均策略的对比

策略	相关平均			矢量平均		
帧数	SNR	Δx	Δy	SNR	Δx	Δy
10	4.544 2	-46.058 5	4.311 4	4.871 6	-49.547 8	4.139 9
20	4.643 2	-46.482 4	4.380 8	4.801 6	-50.663 5	4.179 9
30	4.421 7	-40.326 7	4.345 8	4.741 4	-48.234 7	4.299 8

综上分析,图像平均策略的优点是仅需计算一次相关测度,运算速度快;缺点是需要

一次读入完整的图像序列,占用大量存储空间;并且受到平均帧数的限制,对图像质量有较高的要求。相关平均策略的优点是能够有效提高相关曲面的信噪比,降低出现错误矢量的概率;缺点是对相关曲面的直流偏置噪声敏感,依赖于有效的图像背景抑制方法。矢量平均策略的优点是灵活、高效,可以处理任意方法获得的网格化矢量场,由于是时均流场重建的最高层次,可以获得瞬时流场以及特征级的中间参数,具有较高的容错性;缺点是当示踪物密度较低时,对相关曲面信噪比低下引起的错误矢量敏感。

3　序贯矢量平均方法

这里以矢量平均策略为基础,介绍一种基于序贯矢量平均的时均流场重建方法。具体实现流程主要包含以下三个关键步骤。

3.1　错误矢量识别

在采用灰度相关匹配法得到的瞬时位移矢量场中不可避免地会产生流动特征异于相邻矢量的错误矢量。目前在 PIV 技术中应用最为广泛的错误矢量识别方法主要有两类[15,16]:一类是基于局部流体运动连续性假设的局部校验方法。方法假设流体在流动过程中其运动状态满足连续性,只要被检测矢量与邻域内其他矢量在大小或方向上的均值或中值之差在容许的误差范围内,则认为当前矢量为正确矢量。另一类是基于全局流体运动一致性假设的全局校验方法。方法利用瞬时流场中矢量大小或方向的全局特征作为错误矢量的识别依据,一般适用于流动一致性较好的均匀流场。

在天然河流中流速脉动往往导致位移大小随时间的变幅可达 30% 以上,而受边壁效应的影响,断面流速的空间分布呈现出中泓向两岸递减的趋势。这种时空分布的变化性使得基于矢量大小的全局校验方法失效。相比之下,明渠水流多为方向一致性较好的单向流,在实验中发现,80% 以上大小错误的矢量,其方向也具有明显差异。鉴于此,本文采用矢量方向作为错误矢量识别的依据,设计了一种基于非线性统计的全局角度直方图算子求解瞬时流场的流动主方向。具体实现方式是:对于 i 时刻的瞬时位移场,首先计算各矢量 $S_i(x,y)$ 与 x 方向的夹角:

$$\theta_i(x,y) = \arctan(\Delta y_i/\Delta x_i) \tag{6}$$

得到如图 6 所示的矢量极坐标分布;然后以 $\Delta\theta$ 为角度区间统计矢量方向在 0°～359°范围内的全局直方图,如图 7 所示;接下来依次搜索各角度区间,将对应矢量数量最多的区间标记为流动主方向 θ_M;最后以角度阈值 θ_{TH} 为判别窗口识别每个矢量的类型,并建立矢量类型标志如下:

$$F_i(x,y) = \begin{cases} 0, & |\theta_i(x,y) - \theta_M| > \theta_{TH} \\ 1, & |\theta_i(x,y) - \theta_M| \leq \theta_{TH} \end{cases} \tag{7}$$

其中,1 表示正确矢量,0 表示错误矢量。这种方法的好处是无需流动主方向的先验知识。

3.2　流场时间滤波

对时均流场重建而言,平均时间是一个重要的敏感因素:时间过长会使结果失去代表性,降低时间分辨率;时间过短会降低测量的精确度,不足以消除随机误差。因此,理想的重建策略应当在保证时均流场精确度和可靠性的前提下,尽可能地提高时间分辨率。

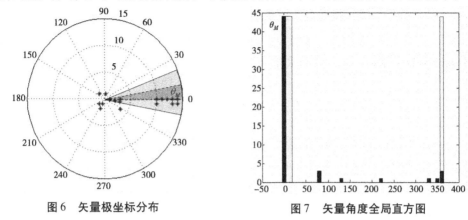

| 图6 矢量极坐标分布 | 图7 矢量角度全局直方图 |

为达到该目的,本文采用了一种序贯式的矢量平均策略,或称为时间轴滤波。基本思想是:舍弃当前错误的瞬时矢量,并用当前正确的瞬时矢量替代此前的错误矢量,用当前正确的瞬时矢量平均此前正确的时均矢量。滤波过程可用下式描述为:

$$\overline{S}_i(x,y) = \begin{cases} NULL, & \overline{F}_{i-1}(x,y) = 0, F_i(x,y) = 0 \\ S_i(x,y), & \overline{F}_{i-1}(x,y) = 0, F(x,y)_i = 1 \\ \overline{S}_{i-1}(x,y), & \overline{F}_{i-1}(x,y) = 1, F_i(x,y) = 0 \\ \dfrac{N_i(x,y)-1}{N_i(x,y)}\overline{S}_{i-1}(x,y) + \dfrac{1}{N_i(x,y)}S_i(x,y), & \overline{F}_{i-1}(x,y) = 1, F(x,y)_i = 1 \end{cases} \quad (8)$$

其中,$\overline{S}_i(x,y)$、$\overline{S}_{i-1}(x,y)$分别为当前和此前时刻的时均矢量;$S_i(x,y)$为当前时刻的瞬时矢量;错误矢量标记为"NULL",以区别于零矢量;$N_i(x,y)$为参与当前矢量平均的正确矢量个数;$\overline{F}_{i-1}(x,y)$、$F_i(x,y)$分别为此前时均矢量的类型标志和当前瞬时矢量的类型标志,对二者进行"或"运算得到当前时均矢量的类型标志:

$$\overline{F}_i(x,y) = \overline{F}_{i-1}(x,y) \mid F_i(x,y) \quad (9)$$

遍历每个 IA 后统计得到正确和错误矢量的个数 N_1 和 N_0。则时均流场的矢量正确率为:

$$P_i = N_1/(N_1 + N_0) \quad (10)$$

若 P_i 小于一个阈值 P_{TH}(如90%),则继续处理下一时刻的图像对,直到 P_i 大于 P_{TH} 并且达到预设的平均帧数。如果遍历所有帧后仍未达到指定的正确率,则认为时均流场重建失效。由于这种序贯式的矢量平均策略以时均流场的矢量正确率为依据控制求平均的进程,可以最大限度地保证时间分辨率。

3.3 流场空间滤波

流场时间滤波后得到一个包含错误矢量的时均流场和对应的矢量类型查找表。为保证流场的完整性,采用错误矢量邻域内正确矢量的均值对空缺矢量进行插值:

$$\overline{S}_0(x,y) = \frac{1}{N_1(x,y)} \sum_{n=-1}^{1} \sum_{m=-1}^{1} \overline{F}(x+n,y+m) \cdot \overline{S}(x+n,y+m) \quad (11)$$

其中,$N_1(x,y)$为 3×3 邻域内正确矢量的个数,邻域大小可根据流场的空间分辨率选取。

对于时均流场正确率较高的情况,可以增加一个空间平滑滤波过程,使有限采样时间内的离散化流场变得更平滑,接近真实流场的连续性。时均流场和滤波器的空域卷积表示为:

$$\tilde{S}(x,y) = \overline{S}(x,y) \cdot G(x,y) \tag{12}$$

其中滤波函数采用归一化的二维离散高斯窗,其3×3形式可表示为:

$$G(x,y) = \frac{1}{16}\begin{bmatrix} 1 & 2 & 1 \\ 2 & 4 & 2 \\ 1 & 2 & 1 \end{bmatrix} \tag{13}$$

由于矢量插值仅利用邻域内的正确矢量,可以避免错误矢量带来的误差;而平滑滤波是对流场的全局处理,平滑的程度由窗口大小决定,可能对正确矢量产生退化作用,因此对于平均帧数较少或时均流场正确率小于预设值的情况,应谨慎使用。

4 方法的性能评价

这里采用图3序列的完整断面图像测试时均流场重建方法的有效性。其中,有效水面区域的大小为1 280×750 pixel;运动矢量估计采用固定窗口的FHT-CC方法,窗口尺度设为128×128 pixel,x和y方向的平移步进分别设为64 pixel和32 pixel,共有380个IA;用于建立全局角度直方图的角度区间设为10°,角度阈值设为15°,时均流场正确率的阈值设为100%,以便观察序列完整的重建过程。

图8给出了瞬时流场及时均流场的矢量正确率随时均流场重建过程的变化曲线。可以看出,29幅瞬时流场的矢量正确率分布在14%~34%,远低于实验室中采用人工粒子的示踪条件。在第1幅瞬时流场图(图9(a))中,错误矢量主要分布在图像近场的低流速区域和远场的水面倒影区域。随着重建过程的进行,水面图像中原本缺乏足够目标信息的区域逐渐获得了正确的位移矢量估计结果。在时间轴滤波的作用下,时均流场中的错误矢量逐渐被正确矢量替代,时均流场的正确率从27%逐渐提升至第29幅的80%(图9(b))。在重建过程的初始阶段,矢量正确率随平均帧数的增多迅速提升,提升速率和示踪物的运动速度有关。但受强噪声的影响,某些区域依然无法获得正确矢量,导致正确率曲线在75%附近趋于平缓。采用局部邻域均值对错误矢量进行插值(图9(c)),得到的流场中部分和大小错误矢量相关的粗大误差并没有很快被平均掉。对插值后的流场进行一次空间平滑滤波后(图9(d)),流场的连续性得到了明显改善,符合断面流速分布规律。

5 总结

针对天然河流中水流示踪物密度低、时空分布不均及水面光学噪声影响导致时均流场估计精度过低的问题,提出了一种序贯矢量平均的时均流场重建方法。该方法利用断面流速方向一致性分布的特点,采用基于非线性统计的全局角度直方图方法检测流动主方向,较好地解决了瞬时流场矢量正确率较低情况下区域性错误矢量的识别问题;利用运动目标时空分布的冗余信息,以时均流场的矢量正确率为依据控制求平均的进程,仅需顺序采集20帧左右的图像就可以达到80%以上的矢量正确率,并且单帧执行时间在0.5 s以内,改善了流场测量的时间分辨率。相比图像平均和相关平均策略,本方法在实时性和

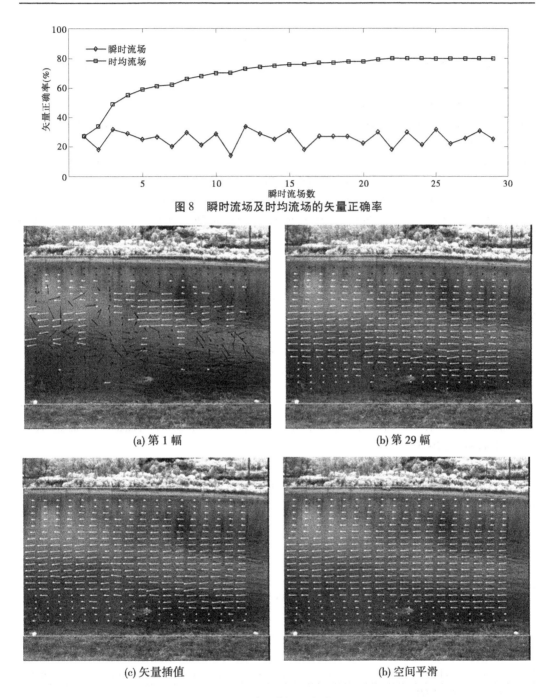

图 8　瞬时流场及时均流场的矢量正确率

(a) 第 1 幅　　　　　　　　　　　　(b) 第 29 幅

(c) 矢量插值　　　　　　　　　　　(b) 空间平滑

图 9　时均流场重建过程

硬件开发上具有明显优势。需要注意的是,全局角度校验法能够适应瞬时流场正确率在 30% 左右的情况,但当示踪物密度极低、流场正确率小于 10% 时,估计流动主方向的可靠性将大幅降低。因此有必要在错误矢量识别中进一步考虑局部流速矢量的大小和主流方向,以适应流态较复杂的情况。

参 考 文 献

［1］徐立中，张振，严锡君，等. 非接触式明渠水流监测技术的发展现状［J］. 水利信息化 ,2013（3）：37-44.

［2］赵志贡. 水文测验学［M］. 郑州：黄河水利出版社, 2005.

［3］M. Muste, I. Fujita, A. Hauet. Large-scale particle image velocimetry for measurements in riverine environments［J］. Water Resources Research, 2008, 44：W00D19.

［4］I. Fujita, M. Muste, A. Kruger. Large-scale particle image velocimetry for flow analysis in hydraulic engineering applications［J］. Journal of hydraulic Research, 1998, 36(3)：397-414.

［5］J. Le Coz, A. Hauet, G. Pierrefeu, G. Dramais, B. Camenen. Performance of image-based velocimetry (LSPIV) applied to flash-flood discharge measurements in Mediterranean rivers［J］. Journal of Hydrology, 2010, 394(1)：42-52.

［6］严锡君，张振，陈哲，等. 基于 FHT - CC 的流场图像自适应运动矢量估计方法［J］. 仪器仪表学报, 2014, 35(01)：50-58.

［7］张振，徐立中，王慧斌. 河流水面成像测速中的水流示踪物综述［J］. 水利水电科技进展,2014, 34(03)：81-88.

［8］Zhen Zhang, Xin Wang, Tanghuai Fan, et al. River surface target enhancement and background suppression for unseeded LSPIV［J］. Flow Measurement and Instrumentation, 2013, 30：99-111.

［9］张振，陈哲，吕莉，等. 基于视觉感受野的自适应背景抑制方法［J］. 仪器仪表学报, 2014, 35(01)：191-199.

［10］I. Fujita, S. Aya. Refinement of LSPIV technique for monitoring river surface flows［C］// ASCE 2000 Joint Conference. on Water Resources Engineering and Water Resources Planning & Management, Minneapolis：2000.

［11］M. Jodeau, A. Hauet, A. Paquier, J. Le Coz, G. Dramais. Application and evaluation of LS - PIV technique for the monitoring of river surface velocities in high flow conditions［J］. Flow Measurement and Instrumentation, 2008, 19(2)：117-127.

［12］A. J. Bechle, C. H. Wu, W. C. Liu, N. Kimura. Development and application of an automated river-estuary discharge imaging system［J］. Journal of Hydraulic Engineering, 2012, 138(4)：327-339.

［13］C. D. Meinhart, S. T. Wereley, J. G. Santiago. A PIV algorithm for estimating time-averaged velocity fields［J］. Journal of Fluids Engineering, 2000, 122(2)：285-289.

［14］张振，严锡君，樊棠怀，等. 近红外成像的便携式大尺度粒子图像测速仪［J］. 仪器仪表学报, 2012, 33(12)：2840-2850.

［15］J Westerweel. Efficient detection of spurious vectors in particle image velocimetry data［J］. Experiments in Fluids, 1994, 16(3-4)：236-247.

［16］J. Westerweel, F. Scarano. Universal outlier detection for PIV data［J］. Experiments in Fluids, 2005, 39(6)：1096-1100.

【作者简介】　张振(1985—)，江苏武进人，河海大学讲师，从事光电成像与多传感器系统、大尺度粒子图像测速研究。E - mail：zz_hhvc@ 163. com.

激光测距式无线水位遥测系统的设计与应用

武　锋　陈新建

（安徽省水利部淮河水利委员会水利科学研究院,蚌埠　233000）

摘　要　本文介绍了一种由激光测距传感器、数据采集模块、GPRS 模块、锂电池、太阳能充电板组成的激光测距式无线水位遥测系统的设计、实施、应用情况,该系统具有非接触式测量、测量精度高、数据传输方便可靠等特点,可供有关人员借鉴参考。

关键词　激光测距传感器;水位;遥测系统;应用

The design and application of water level remote sensing system based on laser ranging

Wu Feng　Chen Xinjian

（Anhui&Huaihe River Institute of Hydraulic Research, Bengbu　233000）

Abstract　This paper introduced the design and application of water level remote sensing system based on laser ranging, included laser-ranging sensor, data acquisition, GPRS module, lithium battery and the solar panel. The system was non-contact measuring way and convenient to transmit data, and has high precision, which may be a reference for the related personnel.

Key words　laser-ranging sensor; water level; telemetry system; application

1　引言

为了解已建涉水工程对淮河河道的长期影响状况,需要对淮河中游蚌埠至浮山段已建涉水工程的上下游一定范围内的水位变化进行长期的连续观测。以往采用的人工定期观测方法,易受人为因素影响,观测效率低,工作强度大,长期连续观测困难。因此,为提高观测精度和效率,实现对淮河中游蚌埠至浮山段已建涉水工程上下游一定范围内的水位变化进行长期连续观测,急需建设一套经济、可靠、实用的无线水位自动观测系统。为能准确分析蚌埠至浮山段已建涉水工程对河道变化的影响,要求其水位观测误差应小于 5 mm,因淮河河道中游蚌埠至浮山段的最大水位变幅可达 8 ~ 9 m,如按 10 m 量程进行考虑的话,所选用的现场水位传感器或一次仪表应具有大量程高精度的特性。

目前,可应用于原型水位测量的仪器主要有压力式水位计、浮子式水位计、气泡式水位计、超声波水位计等几种,这些传统的水位计其最高综合测量精度都只能达到 0.1% ~

0.2%,按 10 m 量程考虑,其综合测量误差都在 1 cm 以上,难以达到本项目的观测要求。

　　根据目前测距技术的应用发展状况来看,能够实现大量程高精度位移测量的主要有磁致伸缩式测距仪和激光测距仪两种,利用磁致伸缩式传感器或激光测距传感器可组成高精度的原型水位观测系统,其特点是水位测量不受水质和环境变化的影响,可实现大量程高精度的测量,其综合测量精度能达到 0.03%,按 10 m 量程考虑,其综合测量误差在 3 mm 左右,可以达到本项目的观测要求。

　　由于大量程的磁致伸缩式传感器价格较高,而激光测距传感器随着用量的增加,特别是随着连续波激光测距技术(相位式激光测距技术)的发展,其价格也越来越低,从实用性、经济性、先进性等方面综合考虑,选用激光测距式传感器是比较合适的,能够满足本项目的要求。

2　系统方案的设计

2.1　系统的总体结构

　　本项目的无线水位遥测系统由现场水位测筒、测筒固定管、现场水位采集单元(激光测距传感器、数据采集模块、GPRS 模块、锂电池、太阳能充电板)、移动交换平台(GPRS 系统)、专用数据服务器、Web 网络系统等部分组成,其组成结构示意图如图 1 所示。

　　现场水位采集单元中的数据采集模块定时触发激光测距传感器工作,同时接收激光测距传感器的测量数据,数据采集模块接收到测量数据后,将该数据通过 GPRS 模块与移动交换平台将数据发送到专用服务器上,专用服务器对接收的数据进行处理后通过 Web 网络系统对外发布,有关人员可通过专用客户端对数据进行查询和处理。

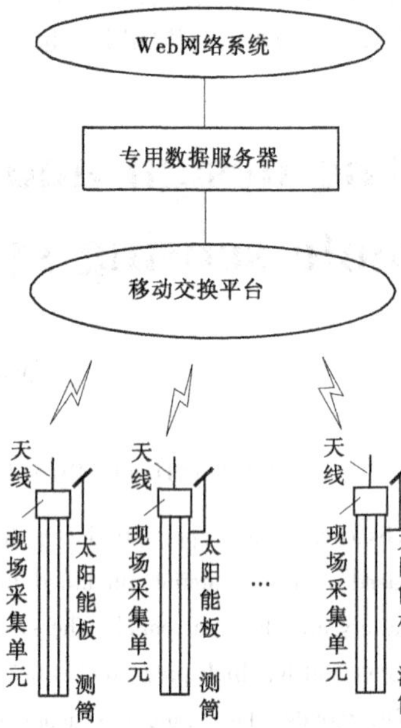

图 1　系统组成结构示意图

2.2　现场水位测筒

　　现场水位测筒由水平连通管、底座、测筒固定管、测筒、刻度条、角阀、测量平台等部分组成,其组成结构示意图如图 2 所示。

　　图 2 中的水平连通管可采用 φ60 耐压型 PE 软管进行敷设,测筒固定管应采用 φ80 以上金属管,测筒可采用 φ140 有机玻璃管制作,测量平台可采用不锈钢板或铝合金板等材料来进行加工制作。

2.3　现场水位采集单元

　　现场水位采集单元由激光测距传感器(含测筒内浮标)、数据采集模块、GPRS 模块(含天线)、锂电池、太阳能板(含充电控制器和支架)等组成,其组成结构示意图如图 3 所示。

　　图 3 中的激光测距传感器、数据采集模块、GPRS 模块、电池、太阳能板接入端子均应安装在一个密封的防水箱体内,同时太阳能板也应做相应的防水处理。

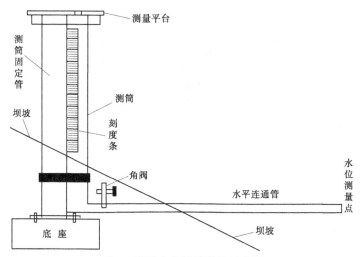

图2　现场水位测筒结构示意图

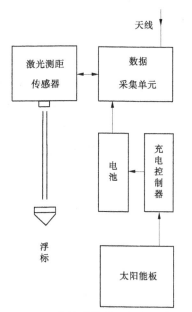

图3　现场水位采集单元结构示意图

3　系统的实施与应用

3.1　现场水位采集单元的安装

现场水位采集单元的安装结构示意图如图4所示。

为便于现场调试,在激光测距传感器与数据采集模块之间应加装一个外接供电端子和一个调试按钮。当调试按钮按下时,激光测距传感器由外部调试电源供电工作,以便于激光点的校准调试。

3.2　专用数据服务器

专用数据服务器由网路接口设备(固定IP接口、VPN通道、网络交换机等)、服务器

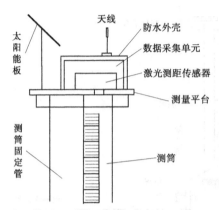

图 4　现场水位采集单元安装结构示意图

(计算机系统)、专用软件等组成,专用软件安装在服务器内。现场采集的数据由现场的 GPRS 通过移动交换平台输入到服务器中,由安装在服务器内的专用软件进行分析处理,可生成过程线图和数据表,并可通过 Web 网络将处理后的结果对外发布。有关人员可通过专用客户端软件,随时查询有关的数据。

3.3　系统的应用

　　本系统目前已经实施完成了 11 处激光测距式遥测水位点的设备安装调试并投入了使用,经实际应用表明,该系统具有非接触式测量、测量精度高、数据采集传输方便等优点,但现场安装调试比较麻烦,需耐心反复调试才行。系统配套的客户端软件具有数据查询、数据导出、过程线绘制、水位对比线绘制等功能,其界面示意图如图 5 所示。

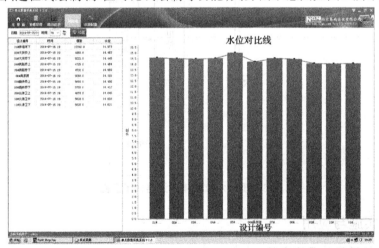

图 5　客户端软件应用界面示意图

4　结语

　　本系统所采用的激光测距传感器的量程是 30 m,标称测量精度是 ±2 mm,考虑到现场安装垂直度及风雨等因素的影响,其综合测量误差应在 ±5 mm 以内,比其他传统水位仪的测量精度要高,比较适合于大量程高精度原型水位测量的应用。本系统采用激光测试技术实现了原型水位的非接触式测量,其特点是水位测量不受水质和环境变化的影响,可实现大量程高精度的测量,其综合测量精度能达到 0.05%,按 10 m 量程考虑,其综合测量误差在 5 mm 左右,在安装结构上进行进一步的改进后具有一定的借鉴、参考、推广价值。

参 考 文 献

[1] 赵继聪,周盼,秦魏. 激光传感器原理及其应用[J]. 科技向导,2011,9:102-103.
[2] 樊尚春. 传感器技术及应用[M]. 北京:北京航天航空大学出版社,2004.
[3] 李丽宏,邢桂甲,李晓林. 激光传感器在车辆宽高超限检测中的应用[J]. 电子设计工程,2011,19 (10):86-87.

【作者简介】 武锋(1963—),男,江苏沭阳人,教授级高级工程师,从事水利量测与水利自动化技术研究。E – mail:ahbbwf@ sohu. com。

多波束测深系统在某跨海大桥桥墩
局部冲刷监测中的应用[*]

魏荣灏[1,3]　　史永忠[1,3]　　李最森[1,2,3]　　张杰[1,3]

(1. 浙江省河海测绘院,杭州　310020;2. 浙江省水利河口研究院,杭州　310020;
3. 浙江省河口海岸重点实验室,杭州　310020)

摘　要　随着我国科技的进步和经济发展的要求,越来越多的特大型桥梁在建设完成后投入了使用,随之而来的是桥墩局部冲刷对桥梁安全的巨大影响。为保证桥梁的安全运营,需要监测大桥桥墩的局部冲刷情况,进行冲刷安全评估,必要时制订防范预案。因此,基于多波束的测深系统在桥墩局部冲刷监测中获得了应用。首先阐明多波束系统的工作原理,简述其数据采集与处理方法,并为桥梁后续安全评估提供了基础数据。实践证明该监测方法可有效监测大桥桥墩局部冲刷的详细情况,对国内相关特大型桥梁的跟踪观测、安全保障具有较好的参考意义。

关键词　多波束测深系统;桥墩;局部冲刷;跨海大桥

Application of the multi beam sounding
system at survey for
local scour of a cross-sea bridge

Wei Ronghao[1,3]　　Shi Yongzhong[1,3]　　Li Zuisen[1,2,3]　　Zhang Jie[1,3]

(1. Zhejiang Surveying Institute of Estuary and Coast,Hangzhou　310020;
2. Zhejiang Institute of Hydraulics and Estuary,Hangzhou　310020;
3. Zhejiang Provincial Key Laboratory of Estuary and Coast,Hangzhou　310020)

Abstract　Due to the highly economic and scientific developments in our country,more and more bridges are built across sea and rivers. The local scour around bridge piers is one of the important reasons that cause the failures of bridges. In order to protect the safety of the bridge, the survey for the local scour around the piers should be conducted. Here, multi beam sounding system is applied to monitor the depth of local scour. The operational principle of the system and the key method of

＊**基金项目**:国家自然科学基金(51109188);创新团队建设与人才培养(2012F20032);浙江省科技厅科研技术建设项目(2013F10034);浙江省水利厅科技项目(2011132)。

data handling are introduced. Then, an evaluation of effort of the local scour to the bridge, therefore, can be executed and provides a method to evaluate other cross-sea or cross-river bridges.

Key words Multi beam sounding system; Piers; Local scour; cross-sea bridge

1 引言

随着我国科学技术的进步以及经济的发展,越来越多的特大型跨海跨江桥梁处于规划、设计、施工和运营中。国内外相关研究表明,桥梁水毁的最重要原因是桥墩冲刷[1-4]。位于浙江省境内的某跨海大桥所处的杭州湾河口海域宽阔,潮汐强、潮差大,属于强潮河口地区[5,6];悬沙与床沙粒径基本一致,导致河床泥沙冲淤复杂多变,海底槽沟的发展变化较快,桥墩局部冲刷成为其安全运行的潜在隐患。

为保证该跨海大桥的安全运营,为桥梁桩基冲刷安全性评估和制订防治预案提供事实依据和理论支持,必须监测桥墩的局部冲刷跟踪情况。传统的监测方法采用断面法进行,只能获取断面上的冲刷情况,无法全面掌握桥墩附近的详细冲刷状态,可能漏测桥墩冲刷的特征点情况;同时,采用断面法进行测绘耗时较长,难以在短时间内获取重点监测区域的详细数据。当前最新的多波束测深系统可以对水下地形实现全覆盖测量,可以在短时间内高效、高精度对桥墩局部冲刷情况进行监测,可以较好克服断面法的不足,为后续安全评估等工作提供基础数据。

本文首先介绍多波束系统的组成和工作原理,简述数据的采集方法和数据处理流程,特别是针对大桥桥墩噪声的信号滤波,并展示了数据处理结果。

2 系统工作原理

多波束测深系统的工作原理较常规的单波束测深仪复杂,且在野外作业时需要众多辅助设备,为了更好使用该系统进行数据采集,必须了解系统的组成及工作原理。本节首先介绍多波束系统的组成,然后简单分析系统的工作原理。

2.1 多波束系统组成

多波束测深系统常由三个子系统构成,如图 1 所示:

(1)多波束声学子系统。主要包括信号控制、处理单元和发射、接收换能器基阵等,其负责发射和接收多波束信号,并与外围辅助设备系统进行数据和指令的交互传输等。

(2)多波束外围辅助设备子系统。主要包括导航定位系统、姿态传感器(运动传感器)、罗经、实时声速计、高度计、声速剖面仪等,用于确定各波束脚印的位置及水深。系统测深所能达到的精度与这些设备密切相关。

(3)数据采集处理子系统。主要包括对各类数据进行采集与后处理的软件、硬件系统。目前除了系统随机采集处理软件,国内常见的数据采集软件有 Hysweep、Qinsy、EIVA 和 PDS2000 等,后处理软件有 Hysweep、EIVA、Qinsy 和 Caris Hips 等。

2.2 多波束系统工作原理

多波束测深系统通过换能器向其两侧海底发射一定频率的波束,然后采用底部检测或振幅、相位相结合的检测技术,寻找和确定每一返回波束的到达角和往返传播时间(或

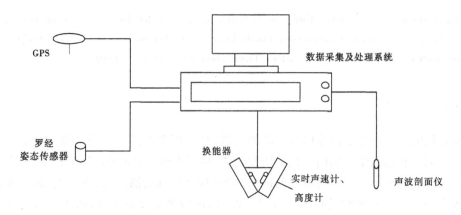

图1　多波束系统组成

相位变化),再根据相关改正技术,确定波束脚印的水平距离和深度,从而进行条带水深测量。其波束形成方法主要分为两种:波束形成法和相干波束形成法。前者是在特定角度下,测量反射信号的往返时间;后者是在特定的时间下,测量反射回波的角度[7]。

3　数据采集与处理

3.1　数据采集

为了反映大桥桥墩局部冲刷的真实数据,一般要求在涨落急时刻进行重点桥墩的数据观测。由于观测时间较短,且观测时段大桥桥墩附近流速较快,必须在保证安全的情况下采集桥墩附近水下地形数据。

3.1.1　测线布置

由于跨海大桥桥面较高,在数据采集时如果过于靠近大桥,则可能由于桥面遮挡卫星信号,导致卫星信号失锁,无法获取定位服务;如果与大桥距离过远,则可能由于多波束信号无法覆盖大桥桥墩附近地形,丢失特征数据。因此,必须根据桥高及多波束信号覆盖情况,合理调整测线间距及测线与大桥桥轴线的距离,在保障安全的情况下获取桥墩局部冲刷全覆盖数据。

3.1.2　设备选择

跨海大桥所在的杭州湾湾口海流流速较快,含沙量高。如果多波束系统发射声波频率过高,虽然测深精度较高,但声波在该种水体中传播时衰减比较快,覆盖范围过小;低频声波虽然衰减较慢,可快速获取大量数据,但是精度相对高频而言较低。适当选用仪器对快速获取满足精度要求的水下地形数据非常重要。美国生产的 Sonic 2024 多波束测深系统属于第五代高分辨率的宽带浅水多波束系统,在测量时可实时在线调整信号发射频率,并可改变声波发射角度和覆盖范围,有利于桥墩冲刷监测的顺利进行。在进行桥轴线外侧 30 m 地形测量时,为了快速获取大量数据,选用 200 kHz 的频率进行采集,较低的频率在获取满足精度要求数据的同时,可以获取较大范围的水下地形,提高作业效率;在桥轴线 30 m 范围内,为了保证获取高精度的冲刷数据,选用 400 kHz 的频率进行,并利用其发射波束角度可调功能,如图 2 所示,采集桥墩局部冲刷的精细地形数据。

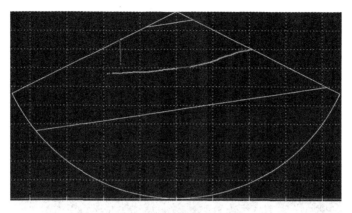

图2　桥墩附近地形数据采集

3.2　数据处理

采集的原始测深数据必须经过大量的处理才能用于后续的分析评估工作。由于数据处理比较烦琐,本节主要介绍数据处理流程,特别是桥墩附近水深数据滤波工作。

3.2.1　数据处理流程

本文涉及的多波束数据处理主要在 Caris Hips 软件中进行。首先,新建一个船型文件,输入系统各辅助设备之间的相对位置信息,利用该船型文件新建工程文件后将校准测线数据导入到工程中。对校准数据进行必要处理后,进行水深格网化并进行校准计算,求出系统的横摇、纵摇和航向参数。然后基于该参数更新船型文件后将原始观测数据导入工程,在完成导航数据、姿态数据、航向数据和水深数据等编辑后,分别进行声速剖面改正和潮位改正,在此基础上进行条带水深转换计算,在定义好测区地图参数后进行水深网格化,根据网格模型将水深数据分区进行编辑,最后完成桥墩附近地形网格模型,导出水深数据。

3.2.2　水深滤波

多波束系统水深滤波过程是根据潮位数据文件、声速剖面数据文件和校准参数,对原始采集数据进行编辑,并计算条带水深数据的过程。桥墩附近多波束数据处理的主要工作是识别桥墩反射信号并将其滤除。由于桥墩的反射信号往往比较强,而海床相对信号较弱,难以采用自动滤波功能去除噪声,需要采用人机交互的方式完成,才能得到真正的海床面水深数据。图3、图4展示了部分桥墩局部多波束水深数据滤波处理。处理完成后的桥墩附近地形数据见图5。

4　结语

本文主要介绍了一种基于多波束测深系统的大桥桥墩局部冲刷监测方法。首先,介绍多波束测深系统的组成及工作原理,然后根据测区的水文地质情况选用 Sonic 2024 多波束系统,利用其频率可在线实时调整、发射波束角度可旋转等功能实现了快速、高效采集桥墩附近地形的高精度水下测量;其次,简述了多波束数据的处理流程,特别是水深滤波方法,并演示了桥墩附近冲刷地形数据,这是桥墩局部冲刷监测中极其重要的一环。这些宝贵的数据为后续潮流作用下桥墩局部冲刷计算提供了基础数据,为大桥的安全运营

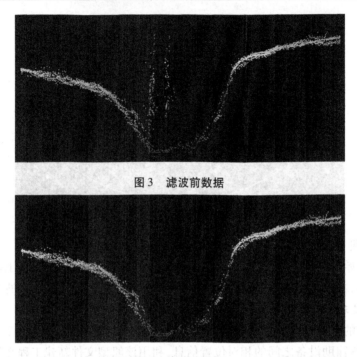

图 3　滤波前数据

图 4　滤波后数据

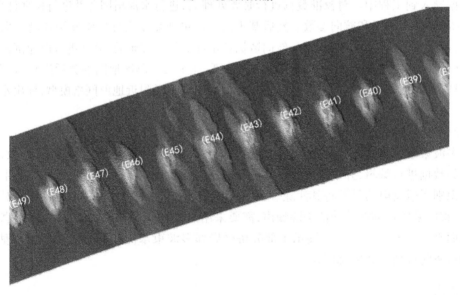

图 5　桥墩附近冲刷地形数据

提供了技术保障。同时,该种桥墩局部冲刷监测方法对国内类似特大型桥梁的跟踪观测也具有较好的参考意义。

参 考 文 献

[1] 何小兰,李强.浅析跨河桥梁桥墩局部冲刷[J].中国水运(下半月),2013,13(1),198-200.

[2] 查雅平,张永良,余锡平,等.某跨海大桥复合桥墩潮流作用下局部冲刷深度的数值分析[J].水运工

程,2007,423:33-37.

[3] Richardson E V,Harrison L J,Richardson J R,Davies S R. Evaluating scour at bridges,Publ. FHWA-IP-90-017,Federal Highway Administration[J]. US Department of Transportation,Washington,DC,1993.

[4] Sutherland A J. Reports on bridge failure,RRU Occasional Paper[J]. National Roads Board,Wellington, New Zealand,1986.

[5] 姜小俊,刘南,等.强潮地区桥墩局部冲刷模型验证方法研究——以杭州湾跨海大桥桥墩局部冲刷研究为例[J].浙江大学学报,2010,1(1):112-116.

[6] 韩海骞.潮流作用下桥墩局部冲刷研究[D].杭州:浙江大学硕士学位论文,2006.

[7] 李家彪.多波束勘测原理技术与方法[M].北京:海洋出版社,1999.

【作者简介】　魏荣灏(1980—),男,广东揭阳人,硕士,工程师,从事水文测验及水下地形测绘方面的应用研究。E - mail:37980375@ qq. com。

地面三维激光扫描技术及其在水利工程中的应用

徐云乾　袁明道

（广东省水利水电科学研究院，广州　510635）

摘　要　三维激光扫描技术具有非接触方式、快速、高效等特点，可对物体进行三维测量、分析和建模仿真。介绍了三维激光扫描技术的原理及特点，与传统的测量技术进行对比。以水库库容测量、溃口尺寸测量和水工建筑物断面测量为例，介绍了三维激光扫描技术在水利工程中的应用。

关键词　三维激光扫描；三维测量；水利工程

Terrestrial 3D laser scanning technology and its application in hydraulic engineering

Xu Yunqian　Yuan Mingdao

（Guangdong Research Institute of Water Resources and Hydropower, Guangzhou　510635）

Abstract　3D laser scanning technology is a new measurement technique which is fast and efficient and has high density in a non-contact laser scanning way to obtain the 3D coordinates of the measured object's space. This paper introduced the principle and characteristics of three-dimensional laser scanning technology, compared with traditional measurement techniques. The three examples of reservoir capacity measurement, burst size measurement and hydraulic structures section measuring, introduced the application of 3D laser scanning technology in water conservancy project.

Key words　The 3D laser scanning; 3D measurement; water conservancy project

1　引言

水利工程具有建筑物体量大、工程区范围广、地形复杂危险的特点。在勘察、设计、施工、监测、抢险中进行地形等高线测绘和长度、面积、体积等三维尺寸测量时，传统的单点测量工作量大，周期长，特别在针对陡崖、高边坡测量时危险性高。

在我国一批建成于 20 世纪 50～80 年代的水利工程中，有很大一部分的工程图纸由于各种原因已经散失，需要对其重新测绘，以规范工程管理，并为后期的安全鉴定和除险加固提供详细的工程资料;在应对水利工程建设过程中快速开挖形成的高陡边坡,必须快速准确编录[1];在水利工程除险如建筑物出现安全隐患、边坡失稳和溃坝时,需要测量建筑物倾斜度和裂缝统计,测量滑坡土方量以及溃口大小和溃坝后坝体三维尺寸。要完成以上工作,一方面需要投入大量的人力物力,另一方面给作业人员带来了安全问题。

针对上述问题,可通过常规全站仪测量、数字投影测量等方法解决,然而这些技术方法的应用需要配合大量的外业测量工作和数据整理、影像畸变校正等复杂的内业工作。三维激光扫描技术为解决上述问题提供了实用、快速、准确的技术解决方案。

2 三维激光扫描技术原理及特点

三维激光扫描系统包含硬件系统和软件系统,通过硬件系统发射的脉冲激光信号对被测物进行扫描,由接收器和记录器分别接收和记录物体反射回的信号,经处理后转换成数字化的三维坐标点数据,这些真空间三维坐标点的集合称为真点云,真点云忠实地反映物体三维轮廓特征,通过三维点云处理软件对点云数据进行三维测量、分析和建模仿真等。因此,三维激光扫描作为一种现代新兴测量技术,在"5·12汶川大地震"造成的安县肖家桥和罐滩堰塞湖抢险[2]、在温泉水电站大比例尺地形图测量[3]、清凉寺滑坡监测[4]以及隋唐洛阳城定鼎门遗址唐代道路遗址保护[5]中取得了良好的应用效果,在水利、地质、古建筑等众多领域中有巨大的潜力和市场需求[6]。

三维激光扫描技术具有以下几个特点:

(1)高效:激光扫描测量能够快速获取大范围目标空间信息。

(2)高精度:全站仪典型的测量精度一般为1~2 mm,目前大部分激光扫描设备的单点精度大概是1~3 mm,而使用多点测量模型化单点则可以显著地提高数据的精度。

(3)高采样率:三维激光扫描的采样速率是传统测量方式难以比拟的。采用脉冲激光三维激光扫描仪采样点速率可达到数万点/秒,采用相位激光三维激光扫描仪可以达到数十万点/秒。

(4)非接触式:三维激光扫描技术直接采集物体表面的三维数据,所采集的数据完全真实可靠,可以用于解决危险环境及人员难以到达的情况。

(5)全数字化:三维激光扫描技术所采集的数据是直接获取的数字信号,具有全数字特征,易于后期处理及输出。

目前三维激光扫描仪根据载体分为三种:①机载式;②地面式;③手持式。地面式三维激光扫描系统在市场上较为常见,目前市场上主流的地面三维激光扫描仪数据对比见表1。

地面式三维激光扫描技术工作流程如图1所示。

3 实践应用

瑞士徕卡(Leica)生产的Scan Station C10三维激光扫描系统,其主要技术参数见表1,已在湛江市徐闻县7座水库挡水土坝断面测量、茂名市名湖水库引水渡槽和郁南县河田渡槽及枧峡渡槽三维尺寸测量、高州市某水库库容复核测量、清远市飞来峡、广东省河口水利工程实验室建设挖填土方量测量、从化白水带重力坝三维尺寸测量和龙潭水库挡水土坝引水涵管除险加固等多项工程中应用,分别涉及水利工程中三维尺寸测量、变形监测、地形测量、工程开挖、减灾防害等方面,取得了理想的技术成果。

表1　主流地面三维激光扫描仪参数对比

型号	扫描速度（点/s）	视场角	测距范围	最高分辨率	模型表面精度	激光类型	图片
FARO　Focus 3D120	976 000	360°×305°	120 m@90% 50 m@18%	0.6 mm@ <10 m	1 mm	相位式	
Leica Scan Station C10	50 000	360°×270°	300 m@90% 134 m@18%	1 mm	2 mm	脉冲式	
Leica HDS 6200	1 010 000	360°×310°	79 m@90% 50 m@18%	0.6 mm@ <10 m	1 mm	相位式	
TRIMBLECX	54 000	360°×300°	80 m@90% 50 m@18%	1.25 mm@ <10 m	3 mm	脉冲+相位式	

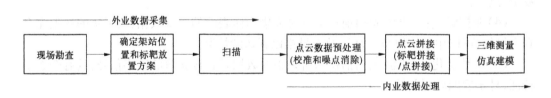

图1　三维激光扫描技术工作流程

3.1　水库水位库容曲线和三维尺寸测量

　　某水库位于高州市东北部山区大坡镇格苍村境内,2013年8月14日受台风"尤特"带来的强降雨影响,挡水拱坝左坝肩穿孔破坏,利用三维激光扫描技术,为确保数据准确翔实,共设置了10个测站,获取到8.32 GB的原始点云数据(见图2)。经过后处理,完成测量了该水库的水位库容曲线、挡水坝高以及详细溃口尺寸。

　　(1)水位库容曲线测量。

　　假定参考水平面为山塘蓄水水面,高程每升高1 m计算一次参考平面及其以下点云所构成的几何体的体积(即相应高程水位的库容),直到21 m高程(见图3),填挖土方的计算也采用相同的计算方法。所得水位库容关系如表 2 所示。

(a) 电站拱坝照片

(b) 扫描所得的点云数据

图 2　电站拱坝照片和扫描所得的点云数据

表 2　水位库容关系表

水位(m)	1	2	3	4	5	6	7
库容(m³)	103.632	731.427	1 733.635	3 025.364	4 652.215	6 623.155	8 923.312
水位(m)	8	9	10	11	12	13	14
库容(m³)	11 636.216	14 718.026	18 056.616	21 626.547	25 403.24	29 373.455	33 554.88
水位(m)	15	16	17	18	19	20	21
库容(m³)	37 962.556	42 602.019	47 477.907	52 588.717	57 963.675	63 608.573	69 607.086

(2)溃口尺寸测量

沿溃口边缘选取 40 个点,获取 40 个点的空间 XYZ 坐标,将点坐标输入到 CAD 中,可得到直观的溃口尺寸图(见图 4)。

图 3　工作平面水平切割库区点云图

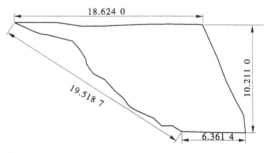

图 4　溃口尺寸图　(单位:m)

本次测量不仅对水位库容关系和溃口尺寸做了测量,还结合三维拍摄照片和点云数据分析了拱坝上游面的裂缝,并对坝顶高程做了测量,这些成果为工程抢险和事故分析提供了全方位的数据支持。

3.2　上坑水库断面测量

上坑水库位于湛江市徐闻县下洋镇,工程 1973 年竣工投入使用,坝长 300 m,最大坝高 6 m,库容 810 万 m³,是一座以灌溉为主,结合防洪、养殖的小(1)型水库。

该土坝外业共测量 5 站,外业单站的测量时间约 15 min,内业整理 1 h。扫描多站获取数据,经过拼接得到整体点云图(见图 5)。由于扫描得到的点云为三维坐标点,经过三维坐标校正,利用工作平面每间隔 1 m 甚至 10 cm 对坝体点云进行一次纵向切割,可得到坝体纵剖面点云,导入到 CAD 中可以直接测量坝体剖面各部位的尺寸(见图 6),三维激光扫描技术可以实现水工建筑物断面高效、高密度、高精度测量。

图 5　坝体点云俯视图

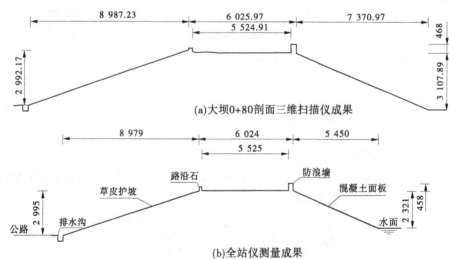

图 6　大坝 0 + 80 剖面三维扫描仪成果与全站仪测量成果对比　(单位:mm)

4　结论

三维激光扫描能获取真实反映物体的三维坐标点云。因此,后处理中可对被测物进行任何方式的三维测量(地形、体积、角度、长度、高程等)。其高效、高精度、高采样率的特点可以减轻作业人员的工作强度,提高工作效率和测绘精度。本文结合工程实例介绍了三维激光扫描技术在水利工程中常见的水位库容和三维尺寸测量,总结了三维激光扫描技术的特点和使用时应注意的问题。与传统测绘结果相对比,三维激光扫描技术具有很强的实用性。

但经过实际应用发现,三维激光扫描技术仍存在以下不足:

（1）激光扫描有效距离有限，在大范围、长距离扫描时需要多站扫描；

（2）激光光斑随距离延长而增大，影响了测绘精度；

（3）激光对一些介质如水等反射性差，测量结果会出现盲区；

（4）遇到雨雪等不利天气时，点云噪点明显增多。

目前三维激光扫描技术正处于发展更新阶段，尽管存在以上局限性，但是应用前景仍然十分广阔。

参 考 文 献

[1] 董秀军,黄润秋. 三维激光扫描技术在高陡边坡地质调查中的应用[J]. 岩石力学与工程学报,2006,25(2).

[2] 何秉顺,赵进勇,王力,等. 三维激光扫描技术在堰塞湖地形快速测量中的应用[J]. 防灾减灾工程学报,2008,28(3):394-398.

[3] 许映林. 三维激光扫描技术在温泉水电站大比例尺地形图测量中的应用[J]. 测绘通报,2007(6):40-42.

[4] 刘锦程. 三维激光扫描技术在滑坡监测中的应用研究[D]. 西安:长安大学,2012.

[5] 杨蔚青,李永强,王阁,等. 三维激光扫描技术在土遗址保护中的应用——以隋唐洛阳城定鼎门遗址唐代道路遗址保护为例[J]. 中原文物,2012(4):98-101.

[6] 孙瑜,严明,覃秀玲. HDS4500 三维激光扫描仪的地质工程应用[J]. 河北工程大学学报(自然科学版),2008,25(4):86-88.

【作者简介】　徐云乾(1986—),男,江西丰城人,硕士,工程师,从事水工结构专业研究。E – mail:xuyunqian@ foxmail. com。

大通水文站利用 ADCP 测沙的探索

胡　纲　王　华

(长江下游水文水资源勘测局,南京　210011)

摘　要　基于 ADCP 反向散射信号,推算悬移质含沙量。选取大通水文站作为测验点,自 2011 年 9 月至 2013 年 12 月分别采用传统法和 ADCP 法测量了悬移质含沙量,两种方法测量结果相关系数达到了 0.98。应用表明,ADCP 法可解决水文测站悬移质含沙量的自动化测量问题。
关键词　ADCP; 反向散射信号;悬移质含沙量

Exploration of sediment measurement by ADCP in Datong hydrological station

Hu Gang　Wang Hua

(Lower Yangtze River Bureau of Hydrological and Water Resources Survey,Nanjing　210011)

Abstract　Based on ADCP backscattering signal, we can calculate suspended sediment concentration. The author chooses Datong hydrological station as testing point, and using traditional method and ADCP respectively, measures the suspended sediment concentration from 2011 September to 2013 December. The correlation coefficient of two measurement methods reaches 0.98. This illustrates that ADCP can solve the automatic measurement problem of hydrological station's suspended sediment concentration.
Key words　ADCP; Backscattering signal; Suspended sediment concentration

1　研究背景及意义

目前长江流域的各水文大站,基本都采用了 ADCP 进行流量测验,准确、快捷。然而,如何提高输沙率测验效率一直是个难题。

传统方法只能在代表垂线上分层测流、取沙,然后进行室内分析计算得到断面的输沙率,这种方式存在费用高、周期长、自动化程度低等缺点,制约着水文泥沙测验现代化的发展。

近年来出现了多种泥沙实时在线监测仪器,如 OBS、LISST 等,但也只能采集单点含沙量,除能连续记录数据外,与常规采样器相比并无本质上的优势,而且同样需要现场率定。

经分析发现,ADCP 数据中含有声反向散射信号,能用来计算出悬移质含量,进而求得整个断面的输沙率。若本技术能研究成功,不仅可以大幅度的减轻工作量、减少投入、保障安全,而且可以在同等条件下得到更多的系列资料,丰富水文测验成果,将是长江水文测验方式方法的一项重大突破。

2　测沙原理

2.1　基本原理

从 ADCP 测流原理可知,ADCP 输出数据中含有的声反向散射信号,使 ADCP 具备了"观测"(计算)整个垂线(定点测量)或断面(走航测量)的悬移质含量的潜力。

由声反向散射信号(ABS)计算悬移质含量(SSC)的方法是以小颗粒的声散射声呐方程为基础的。声呐方程(Urick,1975)的简化形式包含的项有声传播区、散射强度区、声源电平等,如图1所示。

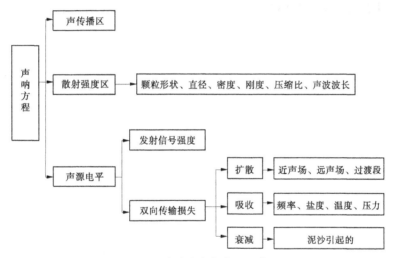

图1　声呐方程包含项示意图

实际应用中,要获取声源的所有特征是不可能的,因此,简化声呐方程的指数形式为:

$$SSC_{estimates} = 10^{(A+B\times RB)} \tag{1}$$

$SSC_{estimates}$ 指计算的悬移质含量。

方程(1)的指数项包括:测量的相对声反向散射量 RB、表示截距 A 和斜率 B 的项,相对反向散射是在传感器处测量的回声电平与双向传输损失之和。式中需要在一个半对数平面坐标系通过同时获得的 ABS 与已知的悬移质含量观测值(SSC_{meas})进行回归分析确定,形式是 $\lg(SSC_{meas}) = A + B \times RB$。

2.2　声学方法的优势

(1)不受生物污垢的影响,这一点在河口流域尤其重要。

(2)不影响水流结构,不干扰水流环境。

(3)采集的信号以水深分层,可得到整个剖面的序列资料。

（4）应用 ADCP,流含同步。

2.3 理论局限性

虽然利用声学方法计算悬移质含量有诸多优势,但理论上尚存在如下局限:

（1）单频仪器无法区分是水体含沙量还是颗粒粒径分布发生了变化。

（2）"声学方法测沙"的理论基础是瑞利散射模型,该模型严格限于周长与波长的比率小于 1 的颗粒。一般适合颗粒在几十到几百微米之间。

3 具体实施

应用 ADCP 进行输沙测验,具体的外业操作实施以及内业资料的处理,本文以大通水文站的比测情况为例作一简单的分析说明。

3.1 测站断面介绍

大通水文站位置如图 2 所示,大断面见图 3,河槽左起点距 260 ～ 500 m 间河床由细沙组成,高洪时有 3 m 左右的冲淤;河槽中部起点距 500 ～ 1 590 m 河床为砂土,比左岸略粗,高洪时有冲有淤。起点距 1 670 ～ 1 800 m 间为礁板,礁板上分布有少量砂砾、卵石,河床稳定。

图 2　大通站地理位置图

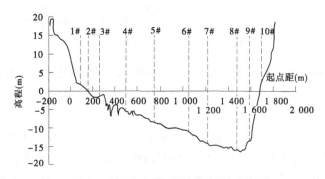

图 3　大通水文断面形态及垂线分布图

据历年资料统计,大通水文站断面颗粒级配90%小于 125 μm,颗粒适中,符合瑞利散射模型,因此具备了"声学方法测沙"研究的理论基础。

3.2 现场实施方法

（1）采用 ADCP 在水文测验断面上进行日常的流量测验工作。

（2）测流结束后,测船在固定垂线处抛锚取样。大通站选取起点距为 1 050 m(如图 3

中 6#所示)处作为固定垂线,采用 2 000 mL 的横式采样器,按照"表层→0.2H→0.6H→0.8H→底层"的次序采集 5 点水样,依次分层放下采样器。

(3)分层取样时,同步采集 ADCP 数据。采样器在指定水深处停留约 40 s 左右后打下铅锤,同时记录下取样的时间、水深以及 ADCP 的 #Ens 序号(见图 4)。

Standard Tabular			
Ens. #	547	# Ens.	119
Lost Ens.	0	Bad Ens	1
%Bad Bins	1%	Delta Time	1.75
2-Dec-13		15:10:33.63	
Pitch	Roll	Ext. Heading	Temp
1°	-.0°	232°	15°C

图 4　需要与水样采样
同步记录的 ADCP 信号

3.3　数据整理

ADCP 测沙与传统方法计算断面输沙率的原理相同,每两个信号之间即可构成一微子断面,分别计算各微子断面内的平均含沙量和输沙率,再将各微子断面的输沙率相加得到整个断面的输沙率。

ADCP 测沙数据具体处理涉及两个程序,分别为荷兰 Aqua Vision 公司开发的"ViSea DAS"程序和长江口水文水资源勘测局的"ADCP 测沙后处理软件 2.6"程序,程序关系见图 5。

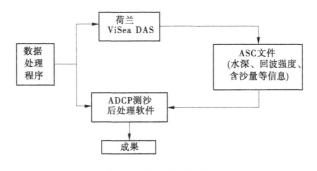

图 5　程序关系简图

(1)"ViSea DAS"程序:利用子模块 PDT,首先采用标准的关系曲线将第一层的 ADCP 的声反向散射信号计算成悬移质含量,此时,仅考虑声学扩散和水体吸收,不考虑颗粒衰减等其他因素,得到的悬移质含量来计算颗粒衰减,这个值用来改正下一层的声散射信号,通过设定收敛条件,不断优化重复,就能计算出每个信号所对应的垂线平均含沙量。DAS 数据处理见图 6。

(2)"ADCP 测沙后处理"软件:主要是针对荷兰 Aqua Vision 公司的 PDT 模块中输出的 ASC 数据,增加流量、面积等信息,以计算断面输沙率。后处理软件数据处理见图 7。

4　测验精度

4.1　精度分析

大通水文站从 2011 年 9 月就开始在本站水文测验断面进行 ADCP 测沙与传统法的相关比测工作。现将 2011 年至 2013 年共 40 个测次的数据进行统计整理。具体数据见表 1。

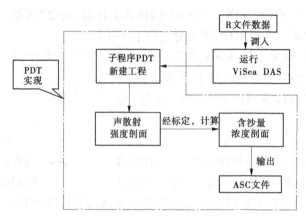

图6　DAS 程序数据处理简图

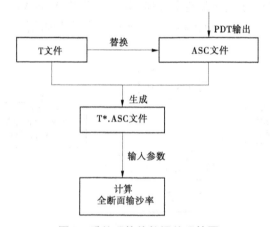

图7　后处理软件数据处理简图

表1　误差统计表

测验时间	ADCP 施测输沙率(kg/s)	传统法输沙率(kg/s)	输沙率	
			绝对误差(kg/s)	相对误差(%)
2011 – 09 – 10	2 023	1 730	293	16.94
2011 – 09 – 22	5 034	4 470	564	12.62
2011 – 09 – 25	9 660	9 610	50	0.52
2011 – 10 – 06	3 303	2 980	323	10.84
2011 – 11 – 14	1 975	1 840	135	7.34
2011 – 12 – 09	806	795	11	1.38
2012 – 01 – 18	635	578	57	9.84
2012 – 02 – 23	800	826	− 26	− 3.14
2012 – 03 – 09	5 614	5 980	− 366	− 6.13
2012 – 04 – 16	2 345	1 970	375	19.05

续表 1

测验时间	ADCP 施测输沙率(kg/s)	传统法输沙率(kg/s)	输沙率	
			绝对误差(kg/s)	相对误差(%)
2012 - 05 - 07	7 285	5 960	1 325	22.23
2012 - 05 - 17	10 069	9 960	109	1.09
2012 - 06 - 12	6 712	9 290	- 2 578	- 27.75
2012 - 07 - 03	6 683	6 680	3	0.04
2012 - 07 - 16	19 842	20 300	- 458	- 2.26
2012 - 07 - 18	18 683	19 900	- 1 217	- 6.12
2012 - 07 - 20	13 107	14 500	- 1 393	- 9.61
2012 - 08 - 17	12 331	10 600	1 731	16.33
2012 - 09 - 14	4 527	5 220	- 693	- 13.28
2012 - 09 - 21	3 742	5 470	- 1 728	- 31.59
2012 - 10 - 26	2 370	2 390	- 20	- 0.84
2012 - 11 - 05	2 118	1 710	408	23.86
2013 - 01 - 16	1 441	1 350	91	6.74
2013 - 02 - 20	961	955	6	0.60
2013 - 03 - 14	1 165	1 220	- 55	- 4.47
2013 - 04 - 28	2 723	2 720	3	0.10
2013 - 05 - 13	4 957	5 300	- 343	- 6.48
2013 - 05 - 24	8 336	9 240	- 904	- 9.78
2013 - 06 - 03	6 565	6 230	335	5.38
2013 - 06 - 14	6 076	6 800	- 724	- 10.65
2013 - 06 - 20	5 567	5 850	- 283	- 4.85
2013 - 07 - 05	6 442	7 310	- 868	- 11.87
2013 - 07 - 15	4 671	4 820	- 149	- 3.10
2013 - 07 - 25	7 183	7 880	- 697	- 8.84
2013 - 07 - 30	22 475	24 900	- 2 425	- 9.74
2013 - 08 - 13	5 218	5 340	- 122	- 2.28
2013 - 09 - 07	2 847	2 760	87	3.15
2013 - 09 - 16	2 450	2 310	140	6.05
2013 - 11 - 11	579	592	- 13	- 2.21
2013 - 12 - 02	867	943	- 76	- 8.07

从输沙率相对误差数据 X 可以得知,其误差在 $-10\% < X < 10\%$ 的比例为 70%,如图 8 所示。由相对误差数据进而求得平均相对误差值为 8.7%。ADCP 法与传统法的相关关系见图 9,从图上可以看出 R^2 为 0.98 相关关系良好。

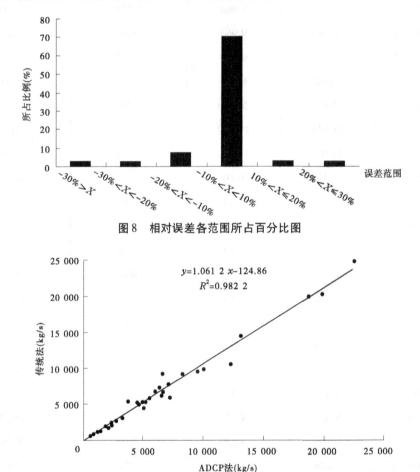

图 8　相对误差各范围所占百分比图

图 9　传统法与 ADCP 测沙输沙率关系图

由上分析可知,ADCP 测沙方法与传统法相比,相关系数良好,而且平均相对误差的 8.7% 也远远优于以前文献中认可的 20% 的误差,由此可基本认为该新的测沙方法达到了一定的精度。

4.2　误差浅析

利用 ADCP 声反向散射强度计算悬移质浓度,误差是多方面的,主要有以下几点:

(1)标定时引起的误差。横式采样器采样时和 ADCP 同步采集的时间不一致。

(2)传统方法可以采集表层和底层的水样,ADCP 表底层存在盲区。

(3)水样分析误差。量具不精确或观读容积不准,抽吸清水可能流失一部分泥沙等。

(4)数据处理误差。除"声学测沙"原理本身的局限外,尚可能存在软件后处理过程中声学参数误差、数据匹配误差、收敛计算误差等。

（5）其他误差。

5 结论

本次分析,相关系数达到 0.98 以上,平均相对误差为 8.7%,证明了应用 ADCP 进行输沙测验的方法已经达到了一定精度。但此次分析样本数据较少,仅进行了简单的相对误差分析,未进行系统误差及随机不确定度等指标的分析,也未进行测点及垂线的比测分析统计,有待在后续比测工作中补充。

对于 ADCP 已投产的水文站,进行 ADCP 输沙率测验,仅增加操作人员野外记录,不增加任何外业工作量,与传统法比较优势明显,不仅使流含同步,而且在减轻工作量、丰富资料成果等方面功效显著。

参 考 文 献

[1] 张志林,史芳斌,胡国栋,等. ADCP 反向散射强度估算悬移质浓度的原理及其应用[M].武汉:长江出版社,2008.

【作者简介】 胡纲(1980—),男,江苏宜兴人,工程师,从事水文测验及其研究。E-mail:47394771@qq.com.

长江泥沙观测新技术与应用实例

韦立新 蒋建平 于 浩 曹 双

(长江委水文局长江下游水文水资源勘测局,南京 210011)

摘 要 水体含沙量的测验和泥沙颗粒分析是水文测验内容之一,研究水体含沙量的大小和泥沙的颗粒组成,对了解泥沙的物理性质及其运动特性具有重要作用,同时也是研究处理水利工程中泥沙问题的基础。本文回顾了长江泥沙观测的传统方法,介绍了长江泥沙观测的新技术,结合我局新技术的应用实例总结了使用的方法与经验。

关键词 泥沙颗粒分析;含沙量

The new technology of Yangtze River sediment observation and application examples

Wei Lixin　Jiang Jianping　Yu Hao　Cao Shuang

(Lower Yangtze River Bureau of Hydrological and Water Resources Survey, Nanjing 210011)

Abstract Suspended sediment concentration test and sediment particle size analysis is one of the hydrology test content. The research of suspended sediment concentration and Sediment particles is very important to understand the physical properties of sediment and its motion characteristics, and is also the foundation of study on the treatment of sediment problem in hydraulic engineering. The paper reviews the traditional method of sediment observation in Yangtze River, and introduces the new technology of Yangtze River sediment observation, and combining with the application examples, summarizes the experience using the method.

Key words Suspended sediment concentration; sediment particle size analysis

1 长江泥沙观测的传统方法

1.1 含沙量测验

含沙量现场取样主要有两种,一是采用横式采样器进行逐点采样;二是采用调压积时式悬沙采样器,调压积时式悬沙采样器又分为积点混合取样和积点分卸联动取样两种方法。室内分析方法为烘干称重法。

1.2 泥沙颗粒分析方法

泥沙颗粒分析始于 20 世纪 50 年代初,经过几代颗粒分析工作者多年努力,由 50 年代的人工分析,到 80 年代的机械化分析,再到今天的高智能化。60 年代发布了《河流泥沙颗粒分析规范》使泥沙颗粒分析进入了有序发展的新阶段,2010 年新的国家行业标准《河流泥沙颗粒分析规程》(SL 42—2010)已全面贯彻执行,新的规程和国际分析标准一致,其粒径分组、悬移质、河床质界线的划分标准均按国际分析标准划定。新规程执行后,使泥沙分析成果质量得到了有效保证,泥沙分析质量更加规范化,实现了新的跨越。

(1)尺量法。该分析方法分析粒径范围为大于 64 mm 的样品,是分析大粒径泥沙的一种常用方法。

(2)筛分法。分析粒径范围为 0.062 ~ 64 mm,筛分法设备简单,操作方便,测量结果较为直观,其缺点是不能用于 40 μm 以下的样品,结果受人为因素和筛孔变形影响较大。

(3)粒径计法。分析粒径范围为 0.062 ~ 2.0 mm,粒径计法是以沉降法为原理的分析方法,该方法的缺点是分析成果粒径偏粗。

(4)吸管法。分析粒径范围为 0.002 ~ 0.062 mm,浓度为 0.05% ~ 2.0%,该方法是目前被专家广泛认可的分析细泥沙的准确方法,但操作分析有一定难度,大批量生产,分析速度太慢,难以适应现在的工作发展需要。

(5)消光法。分析粒径范围及质量比浓度与吸管法分析相同,优点是在测试中无需采样,泥沙自由沉降无干扰现象,试样浓度低,所需分析沙样少,测量时间短,分析效率较吸管法分析高,测量结果易用于计算机进行数据自动处理。该方法不足之处是仪器结构比较复杂,维护具有一定的难度。

(6)离心沉降式法。粒径范围为 0.002 ~ 0.062 mm,浓度为 0.05% ~ 1.0%,优点是操作简便,仪器可以连续运行,价格低,准确性和重复性较好。缺点是测试时间较长,操作比较复杂,还有仪器沉降容器较小,取样的代表性将直接影响分析的精度。例如丹东百特科技有限公司研制的 BT - 1500 离心沉降式粒度分布仪采用重力沉降、离心沉降以及二者结合等多种沉降方式,并通过巧妙的设计使离心装置与测量装置成为一个有机的整体,使该仪器具有测试范围宽的优点,而且操作简便、快速准确。

2 泥沙观测新技术与应用实例

2.1 含沙量观测

2.1.1 声学方法

主要以走航式声学多普勒剖面流速仪(以下简称 ADCP)为代表仪器观测方法。其主要的工作原理:根据 ADCP 流量测验时利用声脉冲碰到水中的散射体(浮游生物,泥沙等)将发生散射的特性,进行含沙量的施测。在同一深度得到的回波强度会因泥沙的散射而不同,同一深度的回波强度与含沙量成正比。水深越大,回波强度越小,其回波强度与含沙量和水深成一定关系,可通过声波吸收性系数将不同水深回波强度转换成同一深度的回波强度与含沙量来率定关系。

应用实例 1:

为研究广州港南沙港区航道试挖槽上游采砂船作业产生的泥沙扰动扩散影响,在落潮期采用 ADCP 在采砂船下游均匀分布纵横断面收集数据,定性分析采砂船作业洗沙对试挖区的影响。ADCP 数据收集断面布设为每 100 m 布设横断面(长度为 600 ~ 800 m)共

10条和纵断面5条(断面间距50 m)(见图1)。并在采砂船至试挖区之间选取不同深度的63点进行悬移质含沙量分析,率定含沙量和回波强度的关系。含沙量与回波强度的关系图见图2。

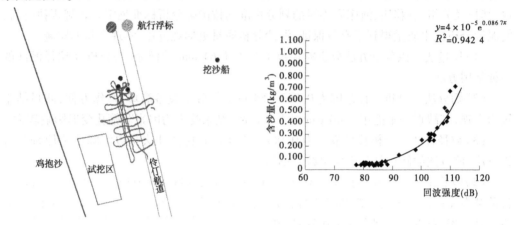

$$y=4×10^{-5}e^{0.086\,7x}$$
$$R^2=0.942\,4$$

图1　ADCP施测含沙量现场布置图　　　图2　含沙量与回波强度率定关系图

从ADCP测沙原理、施测及率定过程来看,含沙量精度影响的因素主要有以下几方面:

(1)ADCP测沙时声脉冲碰到水中的散射体不都是泥沙,浮游生物等也将发生散射;

(2)不同粒径组的ADCP回波强度是否相同还需进一步比测分析;

(3)ADCP回波强度采用0~255 dB(实际范围在50~130 dB)来划分精度是否满足要求;

(4)因含沙量的脉动变化,ADCP回波强度与测点含沙量施测时间的同步问题;

(5)含沙量分析的精度影响;

(6)在ADCP回波强度和含沙量的关系线上确定受测点数量和所测点的代表性的影响。

2.1.2　光学法

主要以现场激光粒度仪LISST(见图3)为代表仪器观测方法。LISST的工作原理:在激光的衍射过程中,一束平行激光束被悬浮颗粒所散射、吸收和反射,散射的激光被一个多元探测器所记录和存储,该探测器由能测定32级不同激光散射角度的环形探测器所组成。水中的颗粒物将依据其粒径大小,以不同角度散射激光束,大颗粒以小角度,小颗粒以大角度散射,向前散射的角度从0.1°~20°共分32级被记录和存储。运用Mie散射理论,可以数学上反推散射数据而获得水中颗粒物32个粒级的体积浓度分布。

在实际工作中,LISST-100X现场激光测沙仪本身测量的是泥沙颗粒的体积浓度,单位为μL/L,而传统法分析则是重量浓度,单位为kg/m³。如果想要得到与实际结果相同的单位量纲,需要两者之间建立换算关系,找出一个最佳常数来进行转换,这个起着量纲单位转换作用的常数就是所谓LISST-100X现场激光测沙仪的"体积转换常数(Volume Conversion Constant,简称VCC)"。

图3 LISST – 100X(C型)仪器外形图

应用实例2：

经过在长江下游九江、湖口、大通水文站采用LISST – 100X体积转化法测试含沙量参数的率定的比测分析，在含沙量小于0.723 kg/m³比测范围内，精度满足相关要求，通过了t检验和F检验，含沙量传统法和LISST测试的两个系列来自同一总体，两系列的均值无显著性系统偏差、方差无显著差异性。体积转换常数VCC检验统计见表1。

表1 LISST – 100X体积转换常数VCC检验统计表

测站	测点	光程模式	VCC	传统法含沙量范围(kg/m³)	t检验		F检验
					系统偏差	均值	
九江、大通	30	标准	4 354	0.058 ~ 0.141	通过	通过	通过
九江、大通	30	标准	4 354	0.132 ~ 0.337	通过	通过	通过
九江、大通	31	4.0、4.5 PRM	3 943	0.108 ~ 0.397	通过	通过	通过
九江、大通	88	4.0、4.5 PRM	3 943	0.401 ~ 0.723	通过	通过	通过
九江、大通	119	4.0、4.5 PRM	3 943	0.108 ~ 0.723	通过	通过	通过

但在仪器的实时比测过程中发现仪器本身还存在着一定影响精度的因素，主要有：

（1）仪器自身性能缺陷。

①使用长久镜头表层玻璃磨损及激光头倾斜，会导致背景变化和精度的降低；

②记录格式采用时分形式，在水深自动记录模式下可能导致数据的覆盖；

③因是自容方式换电池需专业人员来完成，电池仓与电路室相通，如密封不好易漏水损坏设备。

（2）安装操作方面。

①背景明显比出厂偏大；

②光程缩短器的安装不到位导致光路偏向。

（3）资料整理方面。

①现场应检查悬移质颗粒级配的分布；

②在数据整理时，应去掉非泥沙导致的干扰点。

2.2 颗粒分析方法

以马尔文为代表的新一代室内分析激光粒度分析仪：Mastersizer2000。

（1）Mastersizer2000激光粒度分布仪测量原理。

激光具有很好的单色性和极强的方向性，一束平行的激光在没有阻碍的无限空间中将会照射到无限远的地方,并且在传播过程中很少发生散射现象。当光束遇到颗粒阻挡时,一部分光将发生散射现象,由物理光学推论,颗粒对于入射的散射服从经典的米氏理论。

散射光的传播方向将与主光束的传播方向形成一个夹角 θ。散射理论和试验结果证明,散射角 θ 的大小与颗粒的大小有关,颗粒越大,产生的散射光的 θ 角就越小;颗粒越小,产生的散射光的 θ 角就越大。散射光的强度与该粒径颗粒的数量成正比。为了有效地测量不同角度的散射光光强,运用光学手段对散射光进行处理,在适当的位置放置一个富氏透镜,在该富氏透镜的后焦平面上放置一组多元光探测器,使不同角度的散射光通过富氏透镜照射到多元光电探测器上(见图4),将这些包含粒度分布信息的光信号转换成电信号并传输到电脑中,通过专用软件用米氏散射理论对这些信号进行处理,就会得到准确的样品粒度分布了。

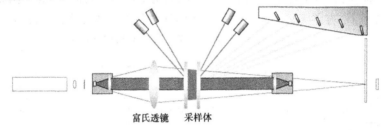

富氏透镜　　采样体

图4　Mastersizer2000 仪器激光衍射示意图

(2)Mastersizer2000 的结构和主要性能指标。

单量程检测范围 0.02 ~ 2 000 μm 的颗粒直径,无需更换镜头。检测速度快,扫描速度 1 000 次/s。任何粒度分布在此范围之内的固体、液体样品,都可以在 30 s 之内完成光路校正、背景扣除、取样(6 000 次)、数据处理、报告生成等全部操作。

应用实例3:

2009 年,采用 Mastersizer2000 对九江、湖口、大通及南京水文站泥沙样品进行了以下测试分析:

(1)泥沙样品分散试验。

为检验较细泥沙使用六偏磷酸钠与超声波分散两种反絮凝处理的分析效果是否一致,对每个样品一分为二,一份采用六偏磷酸钠反凝处理,另一份采用超声波分散,分别分析,以检验两种反絮凝处理的分析结果是否一致。

(2)重复性试验。

为了检验仪器分析成果的稳定性,选取粗、中、细沙样共 3 个样品,每个样品重复测定 30 次,并分别计算级配系统误差和均方差。

(3)平行试验。

平行试验是指一个样用激光粒度仪多次分析的偏差试验。将 1 个泥沙样品等分成 30 份,用激光粒度仪对每份沙样逐一测量,并与 30 份沙样的平均值进行对比,同组粒径累积百分数相差应小于5。

(4)标样测试分析。

购置不同粒径组段的标准样品进行分析比较,验证其准确性。

通过比测,结论如下:

①由样品分散试验得知反凝剂处理对样品检测结果影响很小。反凝剂只影响粒径的凝结,影响极细沙的沉降速度。在激光衍射法测量粒径分布时,反凝剂融入介质后,成透明溶液状态,不影响激光的衍射和折射,所以经过充分分散的样品,反凝剂的加入对细沙和粗沙分析结果都基本没有影响,或影响可忽略不计。

②在重复性试验中激光粒度仪也表现出惊人的一致性,而沉降式粒度分布仪则远远做不到。

③在取样代表性方面,因为激光粒度仪分析要求泥沙含量较多,因此经常采用全样分析,因此大大减少了取样误差,而沉降式粒度分布仪需要样品量少,取样代表性就非常重要,往往表现为平行线误差较大。

④在准确性方面,根据标准样品的检测,证明准确度非常高。

⑤在检测时间方面,激光粒度仪更有绝对的优势,MS2000 分析一个样品,连带仪器清洗,大约需要 2 分钟,沉降式粒度仪按照水温的不同,一般需要 5 分钟左右。

⑥在资料处理方面,MS2000 提供了很好的软件工具,可以任意输出需要的参数及各种粒径组的测量数据,也可制作各种模板,编制小型资料处理程序等,并能与 Excel 很方便的联用,基本消除了人为输入的出错率,极大地缩短了资料处理时间,提高了资料的质量。

3　结语

激光法已经是现行《河流泥沙颗粒分析规范》中泥沙颗粒分析的一种方法,该方法主要优点是分析范围宽,速度比其他方法快,并且重复性和准确性好。缺点是结果受分布模型影响较大,仪器价格相对于其他分析方法高。

含沙量测验分析目前主要还是传统方法,但与非烘干称重方法比较,精度较高的还是光学方法,如 LISST – 100X 现场激光测沙仪本身就是激光粒度分布仪,它可测试出水体中泥沙的颗粒级配分布,当测验河段水体泥沙的中值粒径基本一致时,可通过体积转换常数将体积浓度转换为重量浓度,即含沙量。而声学方法是通过回波强度来识别水体中的含沙量,但非泥沙的悬浮物声学方式是不能分辨的,这样会导致测量精度的降低。对于水体中非悬浮物较小的河段,声学多普勒剖面流速仪有着快速施测断面含沙量的优势。

总之,在泥沙分析仪器的选择上,还需要根据测验河段水沙特性及选择合适的仪器进行泥沙测验,特别是采用非取样方式施测含沙量来作为水文基本泥沙资料的收集,还需根据不同河流的水沙特性做很多相关比测工作。

参 考 文 献

[1] 王文坚. 新型现场激光测沙仪[J]. 水利水电快报,2001(16).
[2] 田淳,高健,胡国栋. ADCP 应用于泥沙测验探索[J]. 水利水文自动化,2005(4).

【作者简介】　韦立新(1967—),男,江苏镇江人,高级工程师,从事河道泥沙测验及其研究。E – mail:xyweilx@163. com。

三门峡库区典型断面深层淤积泥沙物理特性分析[*]

常晓辉[1]　郑　军[2]　高连生[3]　尹章华[3]

(1.水利部黄河水利委员会,郑州　450003;

2.黄河水利委员会黄河水利科学研究院,郑州　450003;

3.黄河水利委员会三门峡库区水文水资源局,三门峡　472000)

摘　要　针对传统取样技术无法获取库区水下深层样品的问题,本文采用低扰动柱状库区深层取样设备,在三门峡库区黄淤15~黄淤26断面开展现场取样工作,获取了深层淤积泥沙样品,通过样品土工试验,得到了深层淤沙物理特性参数,对比常规表层取样与深层取样数据,发现深层取样数据显示粗沙含量较高,且中数粒径D_{50}均大于表层样品,同时粗沙含量总体呈现沿库区水流方向从上游向下游逐步递减趋势。

关键词　淤积泥沙物理特性;低扰动柱状深层取样;三门峡库区

The analysis of the physical properties of the deep sediment in Sanmenxia reservoir area's typical section

Chang Xiaohui[1]　ZhengJun[2]　Gao LianSheng[3]　Yin ZhangHua[3]

(1. The Yellow River Water Conservancy Commission, Zhengzhou　450003;

2. The Yellow River Hydraulic Research Institute, Zhengzhou　450003;

3. Sanmenxia reservoir area of hydrology and Water Resources Bureau, Sanmenxia　472000)

Abstract　This paper uses the lower turbulent, columnar and deep sampling equipment, instead of the traditional sampling techniques, which cannot obtain the deep reservoir water sample, to get the deep sediment samples from No. 15 to No. 26 section in Sanmenxia reservoir area. According to soil test, we get the deep sediment's physical properties, compared with the data of conventional surface sampling, and find the former has the higher Coarse sand content, and average particle diameter D_{50} is larger than the latter one. Besides, sand content shows gradually decreasing trend along the direction of flow from upstream to downstream.

Key words　the physical properties of sediment; the lower turbulent, columnar and deep sampling; Sanmenxia reservoir area

＊基金项目:水利部公益性行业科研专项(201201085,201301024)。

1 引言

黄河是世界上泥沙含量最高的河流,致使黄河水库泥沙淤积严重,水库有效库容逐年减小,缩短了水库使用寿命,泥沙淤积问题成为黄河治理的症结所在。水库淤积泥沙组成与容重是水库泥沙设计中的一项重要参数,要想处理好库区泥沙问题,必须获取可靠的泥沙淤积资料[1]。目前,库区现有取样方法按照水文泥沙测验规程规范[2]使用锚式采样器和横式采样器,仅能采集表层5~10 cm厚的泥沙样品。而库区泥沙深层取样多以钻孔取样为主,但受到设备的使用限制,仅能在滩地进行取样。由于缺乏主槽深层淤积泥沙水下取样设备,这方面资料极为匮乏。

针对传统取样技术无法获取库区水下深层样品的问题,黄河水利科学研究院首次研制出低扰动柱状库区深层取样设备[3],其具有取样深度大、样品扰动性低及密封性好等优点,能够用于主槽淤积泥沙样品的获取,相对于传统的取样方式,该设备能够采集深层泥沙样品,能够为进一步开展库底淤积泥沙的物理特性、化学特性及其污染物情况等研究提供支撑。本试验采用上述设备,在三门峡库区开展了现场取样工作,获取了深层淤积泥沙样品,通过样品土工试验,探讨深层淤积泥沙的物理特性,并与主槽河床质取样测验数据对比,分析三门峡库区深层泥沙淤积特点。

2 取样设备原理

借鉴深海淤积物保真取样原理,改造并研制出基于重力式活塞技术的低扰动柱状深水库区取样设备,主要由导流装置、触发装置、取样装置等部分组成,具体结构如图1所示。取样原理:当取样器下放到距离河底还有一段距离时,重锤先触及库区底部,释放机构动作,松开主缆,使得低扰动取样器在自重作用下插入库底淤积泥沙中,取样管主体自由下落,在自重和惯性的作用下插入淤积泥沙中,由于活塞产生的吸力使取样管内壁与样品之间的摩擦力平衡抵消,因此在取样管内便充满了低扰动的淤积泥沙样品。

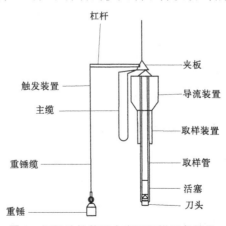

图1 低扰动柱状深水库区取样设备结构

3　三门峡库区淤积情况及测点分布

三门峡水库是黄河上修建的第一座大型水利枢纽工程,于1960年开始投入运用。据《2012年黄河泥沙公报》[4],1960～2012年的53年间,三门峡水库共淤积64.108亿 m³ 泥沙,其中潼关以下淤积27.233亿 m³,占总淤积量的42.5%。

2013年9～10月,在三门峡库区开展了现场取样试验工作。根据当时水沙特性、水位深浅、船只操作安全等影响因素,最终选取黄淤15～黄淤26断面之间的6个断面作为典型取样断面,断面布置情况见图2。每个取样断面首先开展水下地形测量,分析水下地形现状。通过分析比选,选择地形较为平坦、水流变化较为稳定的主槽位置作为取样点,以利于提高取样效率和成功率。

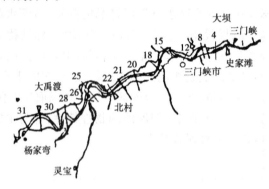

图2　库区黄淤断面布置

4　样品检测试验

样品检测试验依据《土工试验规程》(SL 237—1999)[5]进行,通过颗粒分析试验、密度试验、含水率试验、比重试验等,获取淤积泥沙颗粒组成、干容重、湿容重、含水率、比重等参数,以分析沿河流方向及河床深度方向淤积泥沙颗粒的粒径分布、干容重、比重等变化规律。

由于各断面地形情况、水沙特点等取样工况不同,取样管中取得样品长度不一,根据每个样品自身长度(即取样深度),选取若干个取样点进行试验分析,基本原则为沿样品长间隔0.5 m取一个测验点以保证试验数据的代表性。

5　库区淤积泥沙物理特性试验结果分析

5.1　深层取样与表层取样试验对比

本文依据三门峡库区水文水资源局2013年10月获得的表层河床质测验数据,分析各断面表层泥沙淤积物理特性,并与本次低扰动取样检测数据相比较,对深层取样数据进行补充分析。三门峡库区各断面表层河床质泥沙粒径变化情况见表1。

从表层取样数据总体趋势上看,常规测验主槽表层泥沙粒径≥0.075 mm的粗颗粒淤积泥沙所占比重较小,主要在0.5%～18.3%,其中多数比重在5.5%以下,表明在此区间库段淤积泥沙以粉粒和细粒为主。

深层取样数据显示粗沙含量较高,深层泥沙粒径≥0.075 mm的粗颗粒淤积泥沙所占比重较大,主要在10.4% ~56.9%,且多在36%以上。对比分析两次取样试验淤积泥沙中数粒径及粒径≥0.075 mm的泥沙含量发现,在相同或者相近断面,深层样品比表层样品粗颗粒所占比重更高,且中数粒径D_{50}均大于表层样品,是其2~6倍。由此看出,目前常规水文测量中获取的表层泥沙样品的代表性值得商榷。

表1 三门峡库区典型断面表层与深层取样数据对比

主槽表层河床质取样(取样深度0~0.1 m)				主槽深层泥沙低扰动取样(取样深度0.5 m)			
取样位置	中数粒径(mm)	泥沙含量(%)		取样位置	中数粒径(mm)	泥沙含量(%)	
		≥0.075 mm	≥0.005 mm			≥0.075 mm	≥0.005 mm
黄淤15	0.008	1	64.3	黄淤15	0.048	36.5	84.2
黄淤19	0.012	0.5	72.2	黄淤18	0.072	42.6	95.2
				黄淤20	0.071	47.8	95.2
黄淤22	0.037	18.3	91.8	黄淤22	0.087	56.9	97.9
黄淤26	0.012	3.8	70	黄淤26	0.054	10.4	94.1

按照从上游到下游的流向关系,粒径≥0.075 mm的深层粗颗粒淤积泥沙占淤积泥沙总量的百分比,总体呈现沿库区水流方向从上游向下游逐步递减。这是由于受水库回水的顶托,库区流速减缓,粗颗粒相比细颗粒更容易落淤,粗颗粒率先落淤下来,而细颗粒流向更远的下游淤积下来。

5.2 淤积泥沙沿深度变化情况

考虑不同深度位置淤积泥沙的来源时期不同,选择0.5 m作为取样间隔距离能较好地体现不同时期的淤积状况,由于取样器取样时在上端和下端对样品扰动较大,因此两端分别舍弃0.2 m的样品,以避免扰动对试验数据的干扰。对样品进行室内试验分析,统计不同断面淤积泥沙颗粒组成情况见表2。图3、图4为沿深度方向淤积泥沙的干容重和比重的变化情况。

表2 三门峡库区各断面主槽深层淤积泥沙颗粒组成情况

取样位置	样品深度(m)	中数粒径(mm)	泥沙含量(%)	
			≥0.075 mm	≥0.005 mm
黄淤15	0.5	0.048	36.5	84.2
黄淤15	1.0	0.045	35.5	82.5
黄淤18	0.5	0.072	42.6	95.2
黄淤18	1.0	0.068	40.5	94.2
黄淤20	0.5	0.071	47.8	95.2
黄淤22	0.5	0.087	56.9	97.9
黄淤22	1.0	0.060	24.1	98.8
黄淤22	1.5	0.051	23.4	96.6

续表 2

取样位置	样品深度(m)	中数粒径(mm)	泥沙含量(%)	
			≥0.075 mm	≥0.005 mm
黄淤 24	0.5	0.169	96.7	99.7
黄淤 26	0.5	0.054	10.4	94.1
黄淤 26	1.0	0.057	16.1	94.1
黄淤 26	1.5	0.048	10.0	94.1

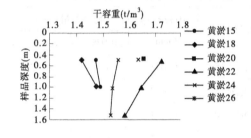

图 3　主槽不同深度层的干容重分布　　　　图 4　主槽不同深度层的比重分布

由图 3 及表 2 分析可知,淤积泥沙干容重与泥沙颗粒粒径的分布规律呈现相关性,所在部位落淤泥沙的粗细程度决定了该处淤积物干容重的大小,粗中细颗粒级配均匀的样品,一般形成的干容重较大。如,黄淤 22 断面,样品深度 0.5 m 处粗颗粒占比较大且级配较均匀,样品干容重较大达到 1.73 t/m³;样品深度 1.0 m 和 1.5 m 处粗颗粒占比较小且级配不均匀,样品干容重达到 1.65 t/m³ 和 1.59 t/m³,均小于 0.5 m 处样品的干容重。

比重的大小取决于土颗粒的矿物成分,天然土含有不同矿物组成的土粒,它们的比重一般是不同的。土的比重范围为 2.6~2.8,粗粒土值偏小,细粒土值偏大。由图 4 及表 2 分析可知,本次深层淤积泥沙的比重为 2.68~2.73,说明颗粒组成粗、中、细颗粒兼有之,且粗粒中大粒径的颗粒较少,绝大多数颗粒粒径≤0.25 mm,比重值和泥沙颗粒粒径组成呈明显相关性。

由主槽不同埋深泥沙干容重、比重分布趋势看,同一取样点不同深度干容重的变化,表面上是埋深在影响,实质上是淤积泥沙密实沉降的时间长短起主要作用。

6　结论

本文首次采用低扰动柱状深水库区取样设备,对三门峡库区淤积泥沙进行取样试验,取得了一些初步成果,得到了深层淤积泥沙物理特性,并将常规表层取样与深层取样数据进行对比分析。结果表明:①深层淤积泥沙样品粗沙含量较高,中数粒径 D_{50} 均大于表层样品,是其 2~6 倍;②从淤积泥沙沿程变化情况看,粗沙含量总体呈现沿库区水流方向从上游向下游逐步递减趋势;③从主槽不同埋深泥沙干容重分布趋势看,同一取样点不同深度样品干容重的变化,受淤积泥沙密实沉降的时间长短影响较大;④淤积泥沙干容重和比重,都与泥沙颗粒粒径的分布规律是呈相关性的。本次研究可为今后河工模型的构建、泥沙运动数值模拟等研究提供依据和数据支撑。

参 考 文 献

［1］焦恩泽. 黄河水库泥沙［M］. 郑州：黄河水利出版社，2004.

［2］水利部长江水利委员会水文局. 水库水文泥沙观测规范（SL 339—2006）［S］. 北京：中国水利水电出版社，2006.

［3］杨勇，郑军，陈豪. 深水水库低扰动取样器机械设计［J］. 水利水电科技进展，2012，32（S2）：18-19.

［4］2012 年黄河泥沙公报. 郑州：黄河水利委员会，2013.

［5］南京水利科学研究院. 土工试验规程（SL 237—1999）［S］. 北京：中国水利水电出版社，1999.

【作者简介】 常晓辉（1974—），男，河南新乡人，高级工程师，从事水利科技管理工作。E - mail：changxiaohui@ yrcc. gov. cn。

基于 GIS 的黑龙江省降雨量三种空间插值方法研究[*]

龚文峰[1]　张　静[1]　梁晰雯[2]

（1. 黑龙江大学水利电力学院，哈尔滨　150086；

2. 东北林业大学林学院，哈尔滨　150040）

摘　要　基于地理信息系统软件 ArcGIS10 的统计分析模块，对黑龙江省地区 31 个气象站点的降水量数据进行处理，在此基础上完成反距离权重法、样条函数法和普通克里金法的空间内插，并随机选取实际的降雨量对插值结果进行交叉检验，以确定最佳插值方案并研究该区域的降水空间分布特征。表明：等降雨量线规则、平滑，误差最小的样条函数法插值效果最佳，普通克里金法和反距离权重法不太适合用于黑龙江省地区的研究，由于黑龙江省降雨量受地形的影响，多集中于小兴安岭和长白山地区。平原地区由于受山地阻挡水汽的侵入，降雨量较少。样条函数法最优，适合于该区域。该结果为定量分析黑龙江省的水位水量、自然灾害评估提供了气候资料。

关键词　降雨量；空间插值；交叉检验；黑龙江省

The study of three spatial interpolation methods based on GIS used in rainfall in heilongjiang Province

Gong Wenfeng[1]　Zhang Jing[1]　Liang Xiwen[2]

（1. College of hydraulic and electric engineering, Heilongjiang university, Harbin　150086；

2. College of forestry, Northeast forestry university, Harbin　150040）

Abstract　Based on the geographic information system software ArcGIS10 statistical analysis module, processing the precipitation data for the 31 weather stations of Heilongjiang province, and completing the spatial interpolation of the inverse distance weighting method, spline function method and ordinary kriging method on this basis, the interpolation results are randomly selected from the actual precipitation cross test to determine the optimal interpolation scheme and research precipitation spatial distribution characteristics of the region. The results show that: isohyet lines are rule and smooth spline function method of minimum error interpolation effect best, ordinary kriging and inverse distance weighting method is not suitable for use in research area in Heilongjiang

[*]基金项目：黑龙江省自然基金（D201410）和黑龙江省教育厅（12531513）。

province, due to the precipitation affected by terrain in Heilongjiang province, more focused on the area of Changbai mountain and small Xing anling. Due to the invasion of the mountains block moisture, the precipitation in Plain region is less. Optimal spline function method is suitable for the area. The quantitative analysis results of water yield, water level and natural disaster assessment in Heilongjiang province provide climate data.

Key words rainfall spatial interpolation; crosscheck; Heilongjiang Province

1 引言

随着现代生态学研究的发展,越来越多的区域蒸散和生态系统生产力模型被开发出来[1],对空间化的气象要素数据的要求也越来越高。通过空间插值来生成所需区域的气象数据成为一种主要的解决途径[2]。由于经济和人力的原因,气象观测站点的数量是有限的,特别是具有长期观测记录的站点,且站点的空间分布也是不均衡的[3]。如何利用有限的资料得到科学的气象要素的空间分布规律,一直是气象学、生态学研究者关注的热点[4]。区域降水量是重要的环境变量,是一个地区气候变化最直接、最敏感的因素,也是影响区域植被分布格局与覆盖变化的关键因子[5,6]。降水量的空间化信息对于区域水文、水资源分析以及区域水资源管理、旱涝灾害管理、生态环境治理都具有重要意义[7,8]。降水量空间数据蕴含着复杂的非线性动力学机制,在时空分布上具有纷杂多变的时空特征,对降水量的空间插值必然有很大的不确定性[9,10]。针对这一问题,国内外学者做了大量的研究改进,研究思路大致可以分为 2 类:一类是方法和数据上的改进,增加与气象要素相关的地理信息或者对插值模型进行改进以提高插值精度[11-14];另一类是在站点稀疏区域增加模拟站点以提高原观测数据的空间信息量,以达到更好的插值效果[15]。例如:孟庆香等[16]分别采用反距离权重法(Inverse Distance Weighted, IDW)、普通克里金法(OrdinaryKriging, OK)和协同的克里金法(Co-Kriging, CK)对黄土高原的降水量和年均温等气象要素进行空间插值研究。研究结果表明:降水量插值以 OK 法最优;年均温则以考虑高程影响的 CK 法较好。徐超等[17]对山东省年平均降水量和温度进行空间插值分析,发现 OK 法具有更为理想的插值效果。朱芮芮等[18]对日降水量的时空变异特征进行分析,得出 OK 法和 IDW 法总体效果较好。

本文从三种空间插值方法中,筛选出最适合黑龙江地区的空间插值方法,基于地理信息系统软件 Arcmap10 的地统计分析模块,对黑龙江省地区 31 个气象站点的降水量数据进行一定的处理,基于反距离权重法、样条函数法和普通克里金法,进行了空间内插。并随机选取实际的降雨量对插值结果进行交叉检验,以确定最佳插值方案并研究该区域的降水空间分布特征。为无测站区提供可靠的数据支持,为更进一步研究该区域水文特征及生态与环境关系奠定基础,同时也为改进降水插值方法提供新思路。

2 研究区域概况

黑龙江位于中国最东北部,中国国土的北端与东端均位于省境。介于北纬43°26′~53°33′,东经121°11′~135°05′,面积 46.9 万 hm^2,是中国最接近北极圈的地方,北、东部与俄罗斯毗邻,南下为我国吉林省,西部与内蒙古自治区以大兴安岭为界。气候为温带大陆性季风气候,冬季漫长寒冷,夏季短促,西北端没有夏天。全年平均气温 -4 ~ -6 ℃,年降水量 417 mm。全年无霜期多为 90 ~ 120 d。地势大致是西北部、北部和东南部高,东北部、西南部低;主要由山地、台地、平原和水面构成,盛产大豆、小麦、玉米、马铃薯、水稻等粮食作物以及甜菜、亚麻、烤烟等经济作物,此外研究区域林业资源丰富,主要分布在大小兴安岭、长白山脉和完达山。

3　数据处理

3.1　数据来源

各台站的经度、纬度、降雨量等资料来源于各省、市、自治区气候资料处理部门逐月上报的《地面气象记录月报表》的信息化资料。本研究主要从中取出黑龙江省 2013 年 8 月降雨量的数据。

3.2　数据处理

利用 ARCGIS 平台,对站点降雨量数据插值处理前,首先要将降雨量数据根据坐标生成降雨量插值点的矢量图层文件,同时根据站点坐标值定义矢量图层的坐标系,本研究中的坐标数据是经纬度坐标,故定义坐标系为 WGS84 坐标系,然后将导入数据导出为 SHP 格式的点图层。

利用 ARCGIS10 中的 Spatial Analyst Tool 中的 Interpolation 工具,分别进行 IDW、Spline、Kriging 三种插值计算。

4　插值结果与分析

4.1　插值结果

4.1.1　IDW 插值结果

由图 1 和表 1 可知,绥化北部、黑河南部、伊春雨量覆盖面积达到 9.89%,属于高降雨量区。大庆地区的肇州和大兴安岭地区的呼玛是低降雨量区。这两个地区 8 月雨量覆盖面积仅有 1%,平均降雨量的插值一般都小于 890 mm。绥化的海伦地区和黑河的孙吴地区是降雨量中心,虽然雨量覆盖面积小,但降雨量的插值都大于 2 000 mm。

表 1　IDW 插值结果重分类后面积范围表

编号	雨量范围(mm)	面积(km²)	百分比(%)
1	486 ~ 490	30.9	0.01%
2	490 ~ 890	4 046.6	0.89%
3	890 ~ 1 290	133 352.3	29.42%
4	1 290 ~ 1 690	180 376.3	39.80%
5	1 690 ~ 2 090	84 682.7	18.68%
6	2 090 ~ 2 490	44 802.7	9.89%
7	2 490 ~ 2 890	5 400.7	1.19%
8	2 890 ~ 3 290	525.7	0.12%

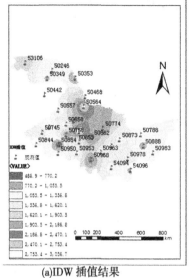

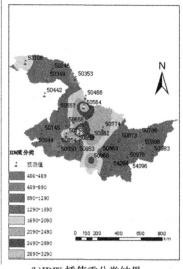

(a)IDW 插值结果　　　　　(b)IDW 插值重分类结果

图 1　IDW 插值结果与重分类结果

4.1.2　Kriging 插值结果

由图 2 和表 2 可知,由于考虑到变异函数和结构分析,绥化、北安、伊春等地区是高降雨区,覆盖面积占 15.3%。大庆市地区,牡丹江东南部、漠河西南端是低降雨区,降雨量插值都不大于 1 413 mm。降雨量以绥化为中心向四周递减。跨度在 100 mm 左右。

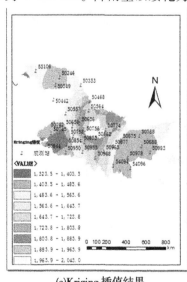

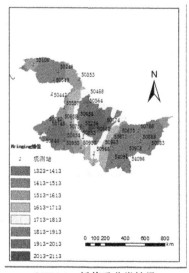

(a)Kriging 插值结果　　　　　(b)Kriging 插值重分类结果

图 2　Kriging 插值结果与重分类结果

表 2　Kriging 插值结果重分类后面积范围表

编号	雨量范围(mm)	面积(km²)	百分比(%)
1	1 323 ~ 1 413	29 322.9	6.46
2	1 413 ~ 1 513	193 617.0	42.67
3	1 513 ~ 1 613	60 429.6	13.32
4	1 613 ~ 1 713	54 021.1	11.90
5	1 713 ~ 1 813	44 400.9	9.78
6	1 813 ~ 1 913	39 936.8	8.80
7	1 913 ~ 2 013	29 540.4	6.51
8	2 013 ~ 2 113	2 532.3	0.56

4.1.3　Spline 插值结果

由图 3 和表 3 可知,大庆附近是低降雨量中心,覆盖范围达 3.76%,降雨量小于 530 mm。北安、伊春、绥化是高降雨区中心,降雨量都不少于 3 530 mm,覆盖面积达 2.92%。这个插值结果具有明显的曲面特征,降雨量值从这两个中心依次向四周降低或者升高。

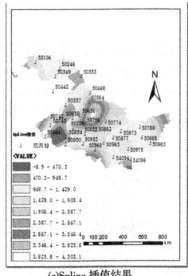
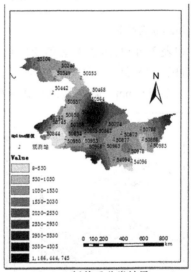

(a)Spline 插值结果　　　　　　　(b)Spline 插值重分类结果

图 3　Spline 插值结果与重分类结果

表3　Spline 插值结果重分类后面积范围

编号	雨量范围(mm)	面积(km²)	百分比(%)
1	8 ~ 530	16 826.0	3.76
2	530 ~ 1 030	63 580.3	14.19
3	1 030 ~ 1 530	162 828.5	36.34
4	1 530 ~ 2 030	85 761.9	19.14
5	2 030 ~ 2 530	56 295.7	12.56
6	2 530 ~ 3 030	21 585.2	4.82
7	3 030 ~ 3 530	28 070.7	6.27
8	3 530 ~ 4 505	13 101.5	2.92

4.2　三种插值结果比较分析

4.2.1　误差分析

将上面 3 种方式的插值结果与 6 个未参与空间插值的气象站点的降雨量数据进行比较,用于验证插值精度,得表4。由表4 可知,Spline 插值具有比较好的稳定性,误差波动性最小,效果最好,而 IDW 插值的平均误差最大。

表4　3 种插值方案直接与实测结果比较

站点	实测值	预测值					
		IDW	误差	Kriging	误差	Spline	误差
53106	1 793	1 271.875	− 521.124	711.672	− 1 081.33	1 304.019	− 488.98
50246	1 135	1 203 789	68.789	1 284.724	149.724	1 148.176	13.176
50349	1 011	1 352.676	341.676	1 532.34	512.34	1 399.033	388.033
50353	794	1 667.121	873.121	1 554.17	760.17	1 589.299	795.299
50442	1 865	1 251.703	− 613.296	1 711.546	− 153.453	1 184.811	− 680.188
50468	1 727	2 195.177	468.177	1 414.825	− 312.147	2 057.349	330.349

表5 为运用3 种空间插值方法的 RMSE 与 MAE。

表5　3 种插值方案的 RMSE 和 MAE

评价指标	IDW	Kriging	Spline
RMSE	550.916	601.383	530.712
MAE	18.913	− 13.930 9	− 2.971

由表5 可知,对 MAE 取绝对值大小顺序:18.913 > 13.930 9 > 2.971;MAE 值的大小顺序:IDW 插值 > Kriging 插值 > Spline 插值;RMSE 值的大小顺序:Kriging 插值 > IDW 插值 > Spline 插值。所以可以看出,Kriging 插值方法更适宜对黑龙江省降雨量进行插值,

极端误差最少,预测的准确性最高。而其他两种插值方法的 RMSE 与 MAE 都远远大于 Kriging 插值。

4.2.2　300 mm 等雨量线分析

因为三种插值方法考虑因素以及插值的条件不同,所以为了使这三种方法有一定的比较指标,进一步处理三种插值方法生成的图像,生成 300 mm 等雨量线,如图 4 所示。由图可知,Spline 方法的插值效果较好,图像的等雨量线规则且密集,较适合黑龙江地区降雨量的研究;而 Kriging 图像的数据间跨度太大,等雨量线较少;IDW 图像多处出现闭合状曲线,等雨量线凌乱不规则。

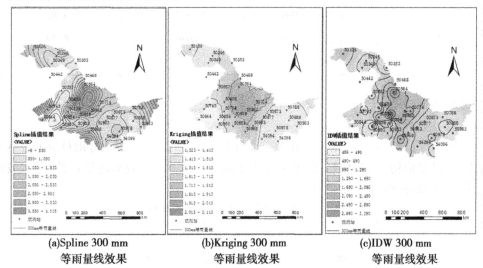

(a)Spline 300 mm
等雨量线效果　　　　　　(b)Kriging 300 mm
等雨量线效果　　　　　　(c)IDW 300 mm
等雨量线效果

图 4　3 种插值方法 300 mm 等雨量线效果

5　结论

本文基于地理信息系统软件 Arcmap10 的地统计分析模块,对黑龙江省地区 31 个气象站点的降水量进行空间内插,并对研究的结果进行分析,可以得出如下结论:

通过对黑龙江省 31 个气象站点的降雨量进行 3 种不同插值方法的误差分析后,发现 Spline 插值精度最高。IDW 的图像出现了两个牛眼形状的峰值,等雨量线比较凌乱不规则,且多处出现闭合状曲线;而 Kriging 的图像没有出现牛眼状区域,等雨量线较少,数据间跨度太大;Spline 的图像只出现了一个牛眼状峰值,等雨量线密集且规则。3 种方法的插值图像均显示研究区域的降水从中部向四周阶梯状减少。从地形来看,降雨量和地形关系密切,小兴安岭降水量最高,三江平原及长白山地区次之,松嫩平原降雨量较少,黑龙江西部比较干旱。

综上所述,Spline 插值方法是 Kriging、IDW、Spline 三种插值方法中最适合黑龙江地区的,能较好模拟黑龙江省自然表面的实际情况,变化连续、误差小、精度高。IDW 和 Kringing 插值方法误差较大,不太适合用于降雨量插值计算。黑龙江中部小兴安岭地区为山地,人类活动较少,植被丰富,所以降雨量较丰富。三江平原和松嫩平原人类活动较多,植被较少,所以降雨量较少。其中松嫩平原,三面环山,阻挡了部分海洋水汽的侵入,所以导致降雨量更少。

参 考 文 献

[1] 李忠武,蔡强国,唐政洪,等.作物生产力模型及其应用研究[J].应用生态学报,2002,13(9):117-1178.

[2] 徐超,吴大千,张治国.山东省多年气象要素空间插值方法比较研究[J].山东大学学报,2008,43(3):1-5.

[3] 尚宗波,高琼,杨奠安.利用中国气候信息系统研究年降水量空间分布规律[J].生态学报,2001,21(5):689-694.

[4] 潘耀忠,龚道溢,邓磊,等.基于 DEM 的中国陆地多年平均温度插值方法[J].地理学报,2004,59(3):366-374.

[5] 孙鹏森,刘世荣,李崇巍.基于地形和主风向效应模拟山区降水空间分布[J].生态学报,2004,24(9):1910-1915.

[6] 辛渝,陈洪武,张广兴,等.新疆年降水量的时空变化特征[J].高原气象,2008,27(5):993-1003.

[7] 朱会义,贾绍凤.降雨信息空间插值的不确定性分析[J].地理科学进展,2004,23(2):34-42.

[8] 蔡福,于慧波,矫玲玲,等.降水要素空间插值精度的比较:以东北地区为例[J].资源科学,2006,28(6):73-79.

[9] 冯锦明,赵天保,张英娟.基于台站降水资料对不同空间内插方法的比较[J].气候与环境研究,2004,9(2):261-277.

[10] 许家琦,舒红.降水数据空间插值的时间尺度效应[J].测绘信息与工程,2009,34(3):29-30.

[11] Marqunez J, Lastra J, Garca P. Estimation models forprecipitation in mountainous regions：the use of GIS and multi-variate analysis[J]. Journal of Hydrology,2003,270(1):1-11.

[12] 孙鹏森,刘世荣,李崇巍.基于地形和主风向效应模拟山区降水空间分布[J].生态学报,2004,24(9):1910-1915.

[13] Hofierka J, Parajka J, Mitasova H, et al. Multivari-ate interpolation of precipitation using regularized spline withtension[J]. Transactions in GIS, 2002, 6(2) : 135-150.

[14] Wong K W, Wong P M, Gedeon T D, et al. Rainfall pre-diction model using soft computing technique [J]. Soft Computing,2003,7(6): 434-438.

[15] 辜智慧,史培军,陈晋.气象观测站点稀疏地区的降水插值方法探讨——以锡林郭勒盟为例[J].北京师范大学学报:自然科学版,2006, 42(2):204-208.

[16] 孟庆香,刘国彬,杨勤科.基于 GIS 的黄土高原气象要素空间插值方法[J].水土保持研究, 2010,17(1):10-14.

[17] 徐超,吴大千,张治国.山东省多年气象要素空间插值方法比较研究[J].山东大学学报(理学版),2008,43(3):1-5.

[18] 朱芮芮,李兰,王浩,等.降水量的空间变异性和空间插值方法的比较研究[J].中国农村水利水电,2004,(7):25-28.

【作者简介】 龚文峰,男,河南南阳人(1976—),博士,主要从事 3S 技术在资源环境监测上的应用研究。E-mail:hss_qipeng@ 126.com。

基于 MSP430 智能遥测终端大容量数据存储的实现

覃朝东　　江显群

（珠江水利科学研究院，广州　510611）

摘　要　水利行业智能遥测终端需要采集并长时间存储雨量、水位及现场图像信息，对大容量数据存储且能够快速检索对智能终端的运行非常重要。本文介绍了基于 MSP430 单片机的智能遥测终端中大容量 Flash 存储的实现，通过对开源 Fatfs 文件系统的移植及应用，实现数据可靠存储及快速检索。

关键词　MSP430F5438；遥测终端；大容量数据存储；Fatfs

Implementation of large capacity data storage on intelligent telemetry terminal based on MSP430

Qin Chaodong　　Jiang Xianqun

（Pearl River Water Resources Scientific Research Institute，Guangzhou　510611）

Abstract　Information of rainfall，water level and monitor image need to be collected and stored for a long time by intelligent telemetry terminal in water sector. Large-capacity data storage and fast retrieval operation is very important for intelligent terminals. This article describes the implementation of flash memory-based large-capacity data storage in intelligent telemetry terminal based on MSP430 microcontroller. Porting the open source file system（Fatfs）to achieve reliable data storage and fast retrieval.

Keyw words　MSP430F5438；Telemetry Terminal；High Capacity Data Storage；Fatfs

1　引言

水利遥测终端多采用 GPRS 等无线通信方式和服务器中心进行数据交互，数据不一定能够实时上报，因此要求终端本地可存储至少一年的雨量及水位数据，以及最近时间的图像信息。MSP430 单片机系统的大容量数据存储可使用 SD 卡、NAND Flash 芯片等硬件实现方法。终端长期在野外工作，多使用电池供电，基于 MSP430、AVR 等低功耗单片机系统进行设计，无法使用数据库等技术实现高性能的数据存储及检索功能。因此，在资源有限的单片机系统上通过应用 Fatfs 文件系统并采用简单快捷的目录管理算法，大大提高数据管理的效率。

2　硬件设计

终端主处理器采用 TI 公司超低功耗 16 位 RISC 单片机 MSP430F5438，最高主频可达 18 MHz，多种内部和外部时钟源，最大可使用 GPIO 约 83 个，该处理器具有 16 KB 的 RAM 空间和 258 KB 的程序存储空间，以及 512B 的信息存储空间。还集成了 12 位快速模数转换模块、4 路 USCI（可配置为 UART、SPI）等数据通信接口。SD 卡内部由 NAND FLASH 和管理芯片组成，由管理芯片完成擦除、读写、坏块管理、ECC 校验以及均衡存储等操作。相对于直接使用 NAND FLASH 进行存储，采用 SD 卡实现数据存储，可以大大减轻主处理器的压力，提高系统可靠性。SD 卡容量可根据实际应用进行灵活配置。SD 卡支持 SD 模式和 SPI 工作模式。MSP430F5438 和 SD 卡之间采用 SPI 数据通信方式，接口电路简单可靠。MSP430F5438 支持三线和四线 SPI 方式，本文使用 4 线 SPI 总线（SIMO、SOMI、CLK、TE），电路如图 1 所示：

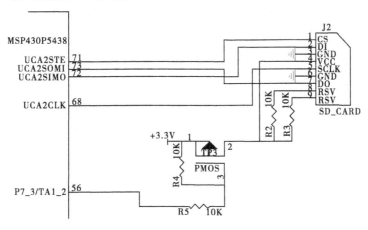

图 1　MSP430F5438 和 SD 卡接口电路图

MSP430F5438 工作在主模式下时，SIMO 为数据输出信号，SOMI 是数据输入信号，CLK 是时钟输出信号，STE 是片选信号。时钟频率及数据传输速率可通过编程选择，最高数据传输速率可达 4 Mb/S。

3　Fatfs 文件系统

在 SD 卡上应用文件系统，可以简化数据存储和检索操作，同时 PC 机可以直接读取 SD 卡上的数据，便于系统维护。Fatfs 是通用的 FAT 文件系统模块，支持 FAT12、FAT16 和 FAT32 文件系统。代码和工作区占用空间非常小，最小配置仅占用 1 KB 的 RAM 空间和 10 KB 左右的程序存储空间。Fatfs 模块不依赖于平台，具有非常好的层次结构，容易在各种类型单片机上移植。文件系统应用的结构如图 2 所示。

图 2

应用层程序不必了解 FatFs 核心模块的内部结构,只需要调用 FatFs 提高的接口函数如 f_open、f_read、f_write、f_close 等,非常方便实现文件读写操作。FatFs 核心模块独立于具体的平台,在 MSP430F5438 上使用时,必需提供 FatFs 模块所需要的 SD 卡操作相关的硬件接口函数。这些接口函数集中在文件 diskio. c 中。

FatFs 移植到 MSP430F5438 单片机上,需要改写接口层文件 diskio. c 中的 disk_initialize、disk_status、disk_read、disk_write 和 disk_ioctl 五个函数。函数 disk_initialize 首先检测 SD 卡是否存在,然后对 SD 卡进行初始化。函数 disk_status 返回 SD 卡当前状态。函数 disk_ioctl 实现对 SD 卡的各种控制命令,至少需要实现 CTRL_SYNC、GET_SECTOR_COUNT、GET_BLOCK_SIZE 三个命令,分别对应 SD 卡的同步状态、可用的扇区数目和块大小,供 FatFs 核心代码使用。函数 disk_read 和 disk_write 分别实现 SD 卡的读、写操作。

4　数据存储算法

对雨量、水位及图像数据的存储要求记录原始数据,定期上报,并提供历史数据查询。数据按类型、日期进行归类存储。保存新数据时,查询 SD 卡剩余容量,在容量低于一定值时,删除旧文件。算法程序流程见图 3、图 4。

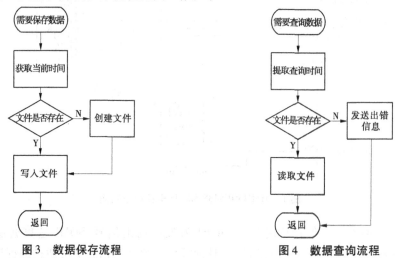

图 3　数据保存流程　　　　　　图 4　数据查询流程

采集到有效数据时,系统 SD 卡上按规则建立目录,在目录下生成一个存储数据文件,进行实时数据存储。SD 卡建立三个目录:雨量、水位、图像,然后按照时间分别生成子目录及数据文件名:YYYY \ MM \ DDXX. log。如:水位 \ 2014 年 \ 3 月 \ 1501. log,表示在 2014 年 3 月 15 日第一个数据文件。目录结构如图 5 所示。

根据用户配置,可以按照一定时间间隔采集并保存数据,因此存储文件头部信息应包含相应信息。程序中定义了以下数据结构进行描述:

```
Struct FileHead{
    Byte type；    //0 - 雨量;1 - 水位;2 - 图像
    Byte startTime；   //起始时间
    Byte endTime；   //结束时间
```

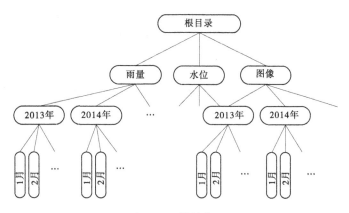

图 5 目录结构

Byte interval;   //数据采集时间间隔

Byte length;   //每个数据占用字节

}

文件头信息中描述了文件记录的数据类型、开始时间、结束时间、数据采集间隔和每一条数据占用字节数。存储文件采用简单压缩存储算法,最大节省存储空间,同时不需要消耗系统宝贵资源。对于雨量数据,文件记录时间范围内无降雨时,数据记录值为0,经过简单数据压缩后,数据文件中仅用一个字节表示。有降雨时,文件信息部分记录降雨开始时间、结束时间、采集时间间隔等信息,数据部分仍是按顺序存储,方便数据查找。由此节省大量存储空间,例如数据采集间隔为 5 min,则一年的雨量数据占用 102 KB 的存储空间,SD 卡的读取以扇区(512 字节)为单位,读取全年数据需要读取 204 个扇区;如果全年降雨时间为 120 h,采用压缩存储方式,仅占用 1.4 kB 存储空间,读取全年数据仅需要读取 3 个扇区。

终端设置了一个定时任务,检查 SD 卡剩余存储容量,当低于设定的阈值时,开启删除旧文件操作。为了提高执行的效率,删除以目录为单位,按时间进行排序,删除最早建立的目录。数据存储时间周期可根据 SD 卡容量灵活调整。

5 结束语

在 MSP430 智能遥测终端中使用 SD 卡可以实现大容量数据存储,并可根据应用进行容量扩充。在系统中引入 FatFs 文件系统,并对数据存储文件进行分类管理,可以对历史数据进行快速检索上报,满足了水利信息自动化系统的要求。

参 考 文 献

[1] 祁善军,周腊吾,宋文娟,等.基于 GPRS 的水文遥测终端机设计[J].计算机测量与控制,2009,17 (3).

[2] 邹锦坤,陈星,徐承深.基于单片机和 nandflash 芯片的嵌入式文件系统[J].自动化与信息工程, 2007,3.

[3] 余靖娜,秦丽,许卫星,等.NAND Flash 在 MSP430 嵌入式系统中的应用[J].微计算机信息,2007, 23(2).

［4］　TEXAS INSTRUMENTS，MSP430x5xx and MSP430x6xx Family User's Guide（Rev. N），2014.

［5］　丁武锋，庄严，周春阳. MCU 工程师炼成记：我和 MSP430 单片机［M］. 北京：机械工业出版社，
　　　2013.

【作者简介】　覃朝东（1975—），男，广西横县人，工程师，从事遥测终端硬件研究。
E - mail：qinchaodong@ tom. com。

水库冰面变形微观观测研究 *

贾 青[1] 李志军[2] 杨 宇[3] 于 奎[1] 谷 欣[1]

（1. 黑龙江大学水利电力学院，哈尔滨 150086；
2. 大连理工大学海岸和近海工程国家重点实验室，辽宁 大连 116024；
3. 沈阳工程学院基础教学部，沈阳 110136）

摘 要 围绕与水库冰面热膨胀力有关的冰面变形观测，利用自行开发研制的可自动连续旋转的非接触式激光测距仪，针对冰面不同位置固定点进行冰面微观变形的测量，通过对结果的全面分析，获得了冰面等效应变速率的合理取值，该成果能为寒区水库工程中设计冰力学参数的合理取值提供可靠的参考依据。

关键词 冰；变形；微观；应变速率

Observed on microscopic deformation of Reservoir ice

Jia Qing[1] Li Zhijun[2] Yang Yu[3] Yu Kui[1] Gu Xin[1]

（1. College of Water Conservancy and Hydropower, Heilongjiang University,
Harbin 150086；2. State Key Laboratory of Coastal and Offshore Engineering,
Dalian University of Technology, Dalian 116024；
3. Department of Basic Sciences, Shenyang Institute of
Engineering, Shenyang 110136）

Abstract The deformation was observed which related to the thermal expansion force of Reservoir ice. A new apparatus for the deformation of ice was developed based on the automatically rotation non-contact laser range-finders. The microscopic deformation was measured according to different fixed point on the reservoir ice. The reasonable value of equivalent strain rate were achieved by the analysis of the results. The results derived from this study can provided the scientific data for the design ice parameters of Reservoir engineering in cold region.

Key words ice；deformation；microcosmic；strain rate

1 引言

在冰层冻结期，冰层由于受到周围结构物的约束，当温度变化时，水库冰层内将产生

* **基金项目**：国家自然科学基金资助项目（41376186；51221961）；黑龙江省教育厅科学技术研究项目（12531509）；辽宁省教育厅科学研究一般项目（L2013497）。

温度膨胀力。冰层热膨胀力是对水库结构物的主要作用力之一[1]。当冰层达到一定的厚度值以后,如果温度快速升高,冰层将产生很大的热膨胀力。如果护坡的强度较高,并且冰层产生的热膨胀力超过了冰与护坡之间的冻结力时,在热膨胀力作用下冰层与护坡间的连接将被剪断,从而产生冰层爬坡现象[2]。如果护坡的强度不能抵抗冰层产生的热膨胀力,就会产生冰害,有的工程甚至可以毁坏水库堤坝[3]。

　　国际上关于冰热膨胀力方面的研究也已经做了较多的工作[4],甚至考虑了由于冬季水位变化,冰对水库周边结构物的作用力产生的影响[5],这些研究成果应用于水库冬季的运行管理,具有很重要的意义。本文通过对水库冰面上六个固定观测点的冰面变形随近表层冰温变化的现场观测结果分析,确定冰面热膨胀等效应变速率随观测距离的变化情况,获得了冰面等效应变速率范围,最后给出可供工程中设计冰力学参数选取的等效应变速率取值。

2　冰面变形观测装置及观测方法

　　为找出冰面变形和温度、风向、风速等气象要素的关系,在 2011 年春季冰层爬坡期间,在水库安装气象观测架附近的冰面上设置变形观测点。冰面微观变形观测采用非接触式激光跟踪测试技术代替接触式,消除了使用接触式测量时接触材料距离短、材料同步热胀冷缩变形对测量值的影响。由于是在低温环境下使用,在仪器型式选择时选取最低工作温度能够达到 -40 ℃的激光测距仪。通过在激光测距仪下面增加一个由电机带动的底座,使其能够在 360°范围内每隔一定时间间隔自动旋转一周(见图 1),实现了一台测距仪就可以同时进行多方向多点的测量,消除以往使用多个传感器测量对数据结果带来的系统误差。经过改造后的观测变形装置,能够以 0.5 h 的时间间隔连续测量中心点到目标靶的距离,记录冰面微观变形,可以连续观测并且通过连接的电脑自动记录存储数据。

图 1　非接触式激光测距仪

　　现场以激光测距仪所在位置为中心,每隔 60°布置一个测点,一共布置六个测点(a、b、c、d、e、f),激光测距仪和目标靶的现场位置如图 2 所示。

　　根据试验安排,对冰面不同距离和方向的固定点位移连续观测,激光测距仪到这六个固定点的实测距离分别为 4.9 m、7.9 m、10.8 m、13.9 m、16.9 m 和 19.9 m。因为通过冬季在现场的观测显示,冰面上存在大量裂缝,非接触式激光测距仪的量程可以达到 50 m,完全可以将裂缝对冰面变形影响的因素考虑进去。

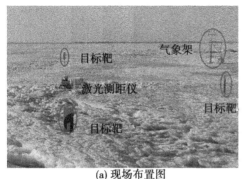
(a) 现场布置图

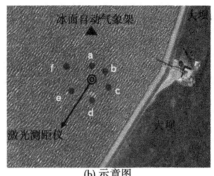
(b) 示意图

图 2　激光测距仪及目标靶布置

3　观测结果及分析

对所获取的冰面变形数据进行分析,图 3 为选取 2011 年 3 月 8 日至 3 月 13 日期间观测距离为 19.9 m 的冰面变形及近表层冰温的测量结果。图 3 中线 1 代表观测点位移的变化过程,图中线 2 为周期为 5 的观测点位移移动平均线,线 3 代表近表层冰温的变化过程。根据图 3 位移峰值出现点与冰温峰值点在时间上的差异进行对比分析,可以发现冰面的变形滞后于冰温的变化为 0.5 ~ 2 h。

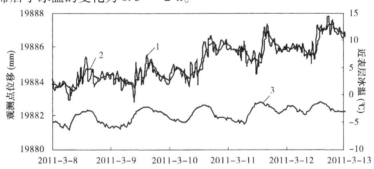

图 3　观测点位移和近表层冰温的变化过程

在 2011 年 3 月 4 日 ~ 3 月 13 日现场观测期间,对应每日升温阶段观测点位移的变化量与观测距离的比值,再除以所经历时间,即可以得出冰面热膨胀时对应的等效应变速率。图 4 中选择六个固定观测点中有代表性的两个观测点(观测距离为 4.9 m 和 19.9 m)的应变速率观测结果及对应该时段内现场气温的变化过程。

通过选取六个观测点每日观测到的等效应变速率的最大值,可以得出冰面热膨胀等效应变速率随观测距离的变化情况,见图 5。

由图 5 可以看出,通过现场冰面微观变形观测结果,可以看出观测距离同等效应变速率之间存在一定的关系,等效应变速率随观测距离的增加而减小。当冰面观测距离小于 14 m 时,该段冰面的裂缝分布不能代表整个水库冰面的裂缝分布情况;大于 14 m 观测距离以内的裂缝分布能够代表水库冰面大尺度冰面裂缝的分布。因此,可以选取观测距离 19.9 m 时的等效应变速率作为确定设计冰力学参数的依据。

结合现场的温度观测结果分析,得出观测距离为 19.9 m 时冰层升温速率与等效应变

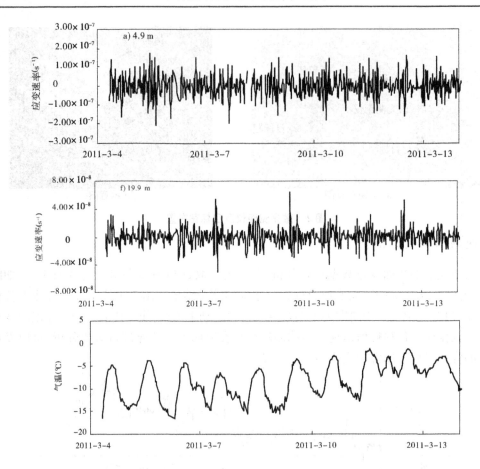

图4　2011年3月4日~3月13日六个观测点应变速率及气温变化过程

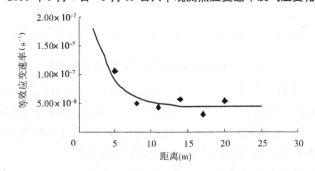

图5　等效应变速率与观测距离的变化过程

速率的关系曲线(见图6),画出其最大包络线,对应爬坡时最大升温率2.3 ℃/h的等效应变速率 6.7×10^{-8} s^{-1}。从冰力学试验的结果可知,在韧性区,随着应变速率的增大,强度也增大。为安全考虑,建议选择等效应变速率 6.7×10^{-8} s^{-1} 作为选择冰力学参数的依据。

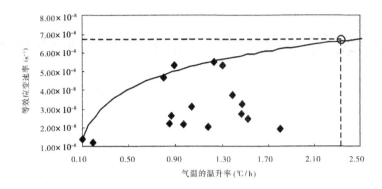

图6 冰层升温速率与等效应变速率的关系(图中圆圈位置)

4 结论

通过对冰面裂缝的观测,只有在尺寸2 m范围内的冰块没有裂缝存在。由于春天冰层热膨胀变形首先去填补裂缝空间,因此冰面裂缝的存在直接影响到冰面变形速率值的大小。根据现场的微观变形观测结果,使用19.9 m距离的等效应变速率$6.7 \times 10^{-8} s^{-1}$作为大面积冰面应变速率的代表值,该结果为寒区水库工程设计中冰力学参数值的确定提供可靠依据。

参 考 文 献

[1] 孙江眠,那文杰,李桂兰. 寒区水库边岸护坡构筑物结构问题研讨[J]. 低温建筑技术,1997(4): 11-12.

[2] 王军,郭力文,赵慧敏,等. 冰盖下的输冰量计算分析[J]. 水科学进展,2009,20(2):293-297.

[3] 张晓鹏. 冰与混凝土间冻结强度的试验模拟[J]. 大连理工大学学报,1993,33(4):385-389.

[4] Azarnejad A., Hrudey T. M. A numerical study of thermal ice loads on structures[J]. Canadian Journal of Civil Engineering,1998,25(3): 557-568.

[5] Stander E. Ice stresses in reservoirs: effect of water level fluctuations[J]. Journal of Cold Regions Engineering,2006,20(2):52-67.

【作者简介】 贾青(1971—),女,黑龙江,博士,副教授。E – mail:jiaqing6912@ sina. com。

基于无线传感器网络的水质监测系统研究*

张慧 黄跃文 郭亮

(长江水利委员会长江科学院 仪器及自动化所,武汉 430010)

摘 要 针对现阶段我国水质监测存在人工采集,采样间隔时间长,难以连续监控水质等缺点,提出了基于无线传感器网络的水质监测系统,该系统将无线传感器网络节点布置于所监测水域,利用传感器协议实时采集和传输数据,使用网关进行协议转换后,通过互联网把采集数据传输到用户监控中心,全面提升了监测自动化水平,能够实现水质监测数据的实时采集、实时处理和发布,对水质进行评价和预测,为管理决策提供了科学依据。

关键词 无线传感器网络;水质监测;传感器节点

Research on water quality monitoring system based on wireless sensor network

Zhang Hui Huang Yuewen Guo liang

(The Changjiang River Scientific Research Institute Instruments and automation Institute, WuHan 430010)

Abstract At present stage, manual collection which causes long sampling interval and discontinuous monitoring is still using for water quality monitoring in China, water quality monitoring system based on wireless sensor network is proposed. In this system, the wireless sensor network nodes will be placed in the monitored area for realtime data collection and transmission. After gateway protocol conversion, the collected data will be transmitted to user control center. The system enhances the level of automatic monitoring, it can achieve realtime water quality monitoring data acquisition, realtime processing and publication. The evaluation and prediction of water quality provide scientific basis for management decisions.

Key words Wireless sensor network; Water quality monitoring; Sensor nodes

1 引言

目前,我国的水质监测体系的自动化程度和信息化程度不足,随着计算机网络、通信及自动化技术的飞速发展,设计并建立全方位水质信息实时监测系统有着重大意义[1]。

---

*基金项目:长江科学院技术开发和成果转化推广项目(CKZS2014004/YQ)。

无线传感器网络具有快速灵活部署、成本低、功耗低、节点体积小、抗干扰性强,适用于实时连续监测等优点,克服了传统方法主观性强、监测范围小和难以应对突发性水污染事件等缺点,能够提供更快的实时响应,缩短信息传播周期,实现数据的共享[2,3]。因此,无线传感器网络适合应用于水质监测系统。

本文研究的基于无线传感器网络的水质监测系统由传感节点和协调器组成。传感节点按照某种算法置于需要检测的区域内。传感节点所具有的自组织能力使之能够自动进行配置和管理。通过拓扑控制机制和网络协议自动形成转发水质监测数据的多跳无线网络系统。

2 系统原理

2.1 国内外概况

国外无线传感器网络起步较早,较为著名的有美国加州大学伯克利分校、新加坡南洋理工大学、澳大利亚墨尔本大学和詹姆斯库克大学和美国哈佛大学[3]。我国在无线传感器网络的研究起步较晚,应用于水质监测的成功案例较少。典型的应用是无锡中科传感器网络信息技术中心的基于无线传感器网络的水质监测系统,将以太湖作为应用示范对象,主要研发水环境监测传感器及其无线传感网络系统,利用传感器网络的技术优势实现对蓝藻污染的及早发现,为进一步从整体上实现太湖水质的现代化监测体系奠定坚实的基础[4]。

2.2 无线传感器网络

无线传感器网络 WSN(Wireless Sensor Network)包括传感器节点、IP 网关、互联网、路由器、用户管理端,大量的传感器节点被部署在监测区域内,它们通过自组织和多跳的方式构成的分布式网络,传感器节点采集到的数据信息经过网关发送至路由器,路由器通过互联网或卫星等方式将所有数据信息发送给用户管理端[5,6]。无线传感器网络具有可快速部署、无人值守、功耗低和成本低等优点,其无线传感器网络结构图如图 1 所示。

无线传感器网络的网络通信协议与 Internet 中的 TCP/IP 协议有相似处,它也是由多层体系组成:物理层、数据链路层、网络层、传输层与应用层,如图 2 所示。

其中,物理层负责数据信息的收发,其传输介质有多种形式,但目前大部分是采用无线射频方式。数据链路层负责信道介入、数据检测和差错控制等,以保证节点之间的连接。网络层负责路由请求和维持,以构成一个无线多跳式的网络。传输层负责数据流的传输控制,并将网络采集到的数据发送到外部网络。应用层基于检测任务是否发生,在应用层上用户可自行开发所需的软件。另外,WSN 通信协议还需要其他功能的支持,如拓扑管理、QoS(服务质量管理)、安全机制管理、能源管理、网络管理等。

3 系统设计

3.1 硬件设计

美国 GLOBALWATER 公司生产的专门应用于水环境测量的 WQ 系列水质传感器具有很高的精度和测量准确性,安全可靠,而且价格比其他公司生产的水质传感器要低,满足水质监测的需要。因此,本系统选用 WQ 系列的水质传感器,所选用的传感器的部分型号和参数如表 1 所示。

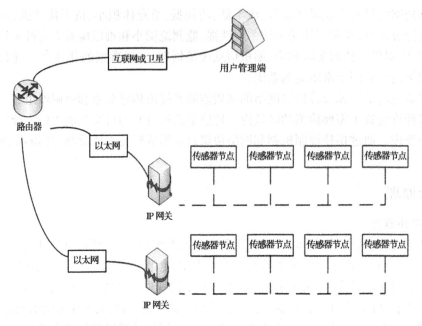

图 1　网络结构

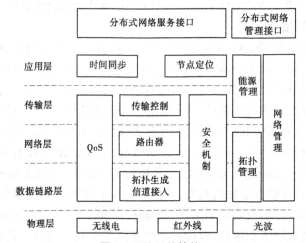

图 2　网络通信协议

表 1　部分传感器参数表

名称	输出信号(mA)	量程
温度	4 ~ 20	-50 ~ 50 ℃
浊度	4 ~ 20	0 ~ 1 000 NTU
溶解氧	4 ~ 20	0 ~ 100%
pH 值	4 ~ 20	0 ~ 14
电导率	4 ~ 20	0 ~ 5 000 μS

传感器节点主要由传感器模块、信号调理电路、信号处理与射频模块组成。传感器节点硬件框图如图 3 所示。

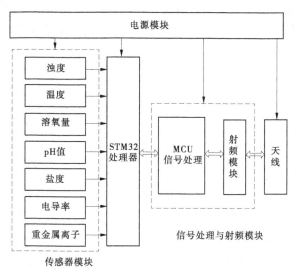

图3 传感器节点硬件框图

传感器输出的信号为模拟电流信号,这些信号需要经过信号调理电路的滤波、放大后转换为电压信号,A/D 转换器转换为数字信号。信号处理与射频模块采用 CC2530 芯片,它是应用于 IEEE802.15.4 无线网络传感器和 RF4C 的片上系统解决方案。该芯片集成了高性能的 RF 收发器,符合工业标准的增强型 8051 控制器,在系统可编程的 flash 和多达 8 KB 的 RAM。

本设计网关硬件框图如图 4 所示,主要由 STM32 处理器、DTU 和无线网络传感器无线模块组成。

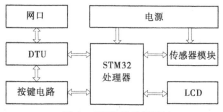

图4 网关硬件框图

STM32 处理器拥有 32 位的 Cortex – M3 内核,最高工作频率达到 72 MHz。内部集成了 512 Kbytes Flash 存储器和 64 Kbytes SRAM,并且拥有丰富的外设。强大的处理能力能够满足无线网络传感器协议与 TCWIP 协议之间的转换。ENC28J60 是兼容 IEEE802.3 标准的以太网控制器,内部集成 MAC 和 10 BASE – T PHY,8 KB 发送/接收数据包双端口 SRAM,最高可达 10 Mb/s 的 SPI 端口。ENC28J60 通过 SPI 接口与处理器进行数据交换。无线网络传感器模块是装有无线网络传感器通信协议的 CC2530 的最小系统。无线网络传感器模块通过 UART 接口与处理器进行数据交换。

3.2　软件设计

　　无线网络传感器网络协议采用 Z - stack 协议栈,完成无线网络传感器网络维护和节点与节点之间的数据通信。数据采集触发条件限定为:定时器时间间隔到达;接收到数据采集命令,可以在满足数据采集要求的前提下减少数据采集的次数,最大限度节约能量,数据采集流程图如图5所示。

　　无线网络传感器与以太网通过 UC/OS—II 提供的消息队列进行通信,完成无线网络传感器协议到 TCP/IP 协议之间的数据交换,与无线网络传感器通信相关的 Task( )和与以太网通信相关的任务 Ethernet Task( ),两个任务通过串口进行数据交互,其流程如图6所示。

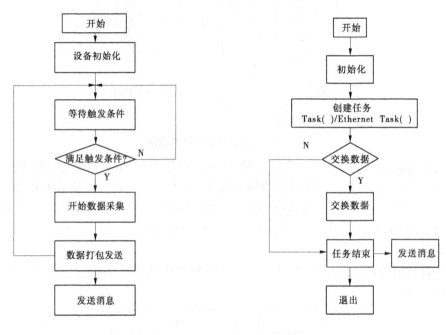

　　图5　数据采集流程　　　　　　　　　　图6　数据交换流程

4　结语

　　高性能低价位的处理器的不断推出也为水质监测系统终端数据采集的发展提供了动力和保障,本文对现阶段我国水质监测存在人工采集,采样间隔时间长,难以连续监控水质等缺点,提出了基于无线传感器网络的水质监测系统,该系统将无线传感器网络节点布置于所监测水域,利用传感器协议实时采集和传输数据,使用网关进行协议转换后,通过互联网把采集数据传输到用户监控中心,全面提升了监测自动化水平,能够实现水质监测数据的实时采集、实时处理和发布,对水质进行评价和预测,为管理决策提供了科学依据。

参 考 文 献

[1] 孙利民,等. 无线传感器网络[M].北京:清华大学出版社, 2005.

[2] 张旭,陈锋. 分布式水质监测的无线传感网络协议研究[J]. 仪表技术,2011(08).

［3］孙雷霸. 基于无线传感器网络的水环境多参数监测系统的研究与实现［D］. 镇江：江苏大学,2009.

［4］李媛. 基于 ZigBee 无线环境监测系统的设计研究［D］. 长沙：湖南大学,2009.

［5］Cao X H,Chen J M,Zhang Y. Development of an integrated wireless sensor network micro-environmental monitoring system［J］. ISA Transactions,2008.

［6］巩振飞. 在线标准化浊度仪的研究. 东北电力学院. 基于无线传感器网络的水质在线监测系统研究［J］. 传感器与微系统. 2011(05).

【作者简介】 张慧（1983—）,女,湖南凤凰人,硕士研究生,工程师,主要从事水利水电测试计量技术研究及电子监测仪器研发。E－mail:diudiuzh@163.com。

水位自动采集设备选型及处理方法的分析研究

史东华　陈　卫

（长江水利委员会水文局，武汉　430010）

摘　要　本文主要对常用水位测量设备适应性条件、数据接口特点以及数据后处理方法进行分析总结，旨在揭示实现水位自动采集时如何比选测量设备和处理水位数据。

关键词　水位自动采集；数据接口；通信协议

Analysis of automatic water level acquisition equipment selection and processing methods

Shi donghua　Chen wei

（Bureau of Hydrology，CWRC，Wuhan　430010）

Abstract　This paper analyzes and summarizes the using conditions, data interface characteristics and the data processing methods of the common automatic water level acquisition equipment, and reveals the method of selecting the measuring equipment and processing the water level data in the automatic water level acquisition.

Keywords　automatic water level acquisition；Data interface；Communication protocol

1　引言

目前，各种水位测量设备广泛应用于水位自动监测，作为自动监测的前端传感设备尤为重要。选择合适的水位测量设备，针对不同通信协议和输出接口的接入方法，水位数据的后处理等问题直接决定了水位自动采集的可靠性和准确性，本文结合工作实践，对不同水位测量设备的采集和处理方法予以分析总结。

2　水位自动采集设备适用条件分析

每个水位监测站点都有具体的水位采集要求，每种仪器设备又都有特定的适用条件。泥沙淤积、边坡地质环境、雷击因素、水流特性、水面漂浮物、水位变幅等监测站环境因素与传感器适用条件息息相关。因此，需要对不同传感器设备的适用条件予以分析研究，才能选择出适合水位监测站的传感器。

目前广泛应用于水位自动监测的传感器设备主要有浮子式、压阻式、气泡式、雷达和激光等。现有水位传感器的精度一般都能满足测量要求,但量程、适用范围等却不尽相同,各类传感器适用范围、技术特点和注意事项见表1。

表1 水位传感器技术特点及适用范围对照表

水位传感器	适用范围	技术特点	注意事项
浮子水位计	必须有水位测井	量程可达80 m,技术成熟、运行稳定、维护方便	1. 测井内泥沙淤积影响精度; 2. 水位变率快且波浪大时会使钢丝绳打滑
压阻水位计	湖泊、水库等相对稳定的水体	量程可达70 m以上,安装简便	1. 泥沙淤积和流速影响精度; 2. 气压、温度零漂影响精度; 3. 雷电干扰会损坏传感器; 4. 污水腐蚀影响传感器寿命; 5. 存在线性误差,需根据 $y = kx + c$ 率定 k、c 值,修正误差
气泡水位计	相对稳定的水体和水位变率不大的环境	量程可达50 m,安装简便,水位计和水体没有电气上的联接,相对安全	1. 泥沙淤积和流速影响精度,需要安装静水装置; 2. 气管长度受限制,一般不超过150 m; 3. 水密度和重力加速度影响精度,需根据 $y = kx + c$ 率定 k、c 值,修正误差; 4. 如果使用气泵式气泡压力水位计,干燥系统和采集频率会影响使用寿命
雷达水位计	需要特定平台或陡坡环境	测量精度高(毫米级),量程大(70 m以上),可靠度高	1. 水面漂浮物和波浪影响精度; 2. 固定要求高,需要垂直水面; 3. 雷达波向下发射时有特定的波束角,波束角范围内有遮挡物会影响数据采集
激光水位计	需要特定平台	测量精度高(毫米级),量程大(90 m以上),可靠精度高	1. 水面漂浮物影响精度; 2. 需要安装和固定反射面; 3. 要定期率定

通过对各类水位传感器的分析比较,每种传感器都有自身的优势和特点,也有使用的局限性,使用时需要综合比选。

3 水位采集设备接口分析研究

各类水位传感器都有特定的输出接口和供电范围,自动测控设备必须具备相应的接入能力。目前,几乎所有的水位自动监控站均采用太阳能浮充蓄电池直流供电方式,电源一般为12 V输出。当前使用的各类传感器供电方式一般有两种(12 V和24 V),且功耗不尽相同,这就要求自动测控设备必须具备相对应的电源输出接口,同时还需要电源受控和具有相应的承载能力。

水位传感器的输出接口大致可分为串行、并行和模拟量,主要表现形式有 RS232、RS485、SDI - 12、4 ~ 20 mA、0 ~ 5 V、格雷码等。各种输出接口都有自身特点和连接要求。

（1）并行接口（格雷码）。

格雷码是一种无权码,采用绝对编码方式,典型格雷码是一种具有反射特性和循环特性的单步自补码,它的循环、单步特性消除了随机取数时出现重大误差的可能。格雷码属于可靠性编码,是一种错误最小化的编码方式。格雷码在浮子水位计上得到了广泛应用,其传输距离可以达到 1 km,但是并行接口在目前使用的自动测报系统中应用很少,因此,在使用时需要做转换。

（2）串行接口（RS232、RS485、SDI - 12）。

RS232、RS485、SDI - 12 等都是国际标准的串行通信标准,使用条件和特点各不相同。

①RS232 是目前最常用的一种串行通信接口,一般为三线制,实现点对点的通信方式,不能实现联网功能,传输距离一般不超过 50 m,适用于近距离且传输速率要求不高的场合。

②RS485 一般为二线制,可以实现联网功能（即一个接口可以接入多台设备）,传输距离可以达到 1 km 以上,适用于远距离传输。

③SDI - 12 通信标准是近年来欧美国家广泛使用的一种串行数据通信接口协议,除电源外为单线制,一般情况下可以同时接入 10 台设备,传输距离一般不超过 70 m,其使用的波特率为特定的 1 200 bps。

综上,在传感器接入时需要综合考虑传输距离、传输速率等因素。

（3）模拟量接口（4 ~ 20 mA、0 ~ 5 V）。

应用于水位自动监测的传感器模拟量输出接口主要有 4 ~ 20 mA、0 ~ 5 V,此输出方式要求信号线尽量短,且对自动监控设备模数转换电路要求高。线长直接影响信号的衰减、模数转换电路的基准电压和位数也直接影响采集的精度,因此,在使用此类传感器时需要特别注意采集精度。

4　水位数据处理方法分析研究

除浮子式水位计外其他各类水位传感器在水位采集时基本为瞬时值或短时间区间内的一个平均值,基本不能反映真实情况。

当传感器测量正赶上水波波峰时,测量水位偏高;赶上水波波谷时,测量水位偏低;当水波幅度很大时,测量的水位值将严重失真,失去可信度。雷达式、气泡式和压阻式均存在同样的问题。

针对以上问题,为了能采集到准确的水位信息,单次测量并不能满足要求,需要多次采样平均,最终计算出真实水位。即在一个采样周期内（根据水位传感器特性确定周期时间）,每隔一段时间采集一组数据,一般采集 10 次,去掉最大值和最小值,计算剩下数据的平均值,实践表明,采用这种简单的软件滤波方法,可以很好地解决水位偏离真实值的问题,测量结果和真实值基本吻合。

　　雷达式、激光、气泡和压阻式等水位传感器本身有线性误差,工作实践表明,在传感器测量范围内越接近最大值误差越大,且成线性增大。同时,气泡压力水位计的线性误差与气管长度也有关系,因此,为保证水位采集的准确性,需要对传感器进行实验性率定,通过修正参数来加强水位数据采集的准确性。图 1 和图 2 分别为同一台水位计在使用 150 m气管和 100 m 气管时率定的参数。

　　综合以上分析,使用雷达式、激光、气泡和压阻式水位计时不仅需要软件滤波,还需要对每台设备进行室内率定,确定其修正参数。

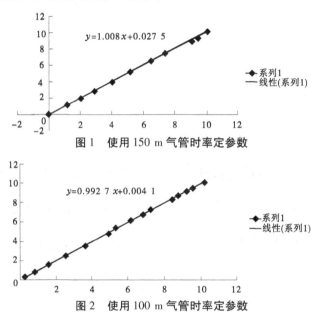

图 1　使用 150 m 气管时率定参数

图 2　使用 100 m 气管时率定参数

5　结语

　　通过对各类水位传感器的设备适应性条件、技术特点、输出接口方式、供电特性以及数据的软处理分析研究,需要综合考虑水位传感器的物理和电气特性,并加强采集数据的后处理才能更好地应用于工程实践。

参 考 文 献

[1] 王俊,熊明. 长江水文测报自动化技术研究[M]. 北京:中国水利水电出版社,2009.
[2] 刘乐善. 微型计算机接口技术及应用[M]. 武汉:华中理工大学出版社,2000.

【作者简介】　史东华(1979—),男,湖北当阳人,高级工程师,从事水文自动测报技术研究。E - mail:13971657518@ 139. com。

通用比降面积法流量测验系统软件设计与实现

周 波 张国学 李 雨

(长江水利委员会水文局,武汉 430010)

摘 要 比降面积法利用水位及断面资料,采用水力学公式计算河道瞬时流量,无需流速传感器即可对流量进行实时监测,具有经济、简便、安全、迅速等特点。长江水利委员会水文局在需求分析及功能设计的基础上,研发了通用的比降面积法流量测验系统。该系统界面美好、通用可靠,可应用于河道站、渠道站的水文水资源监测。

关键词 比降面积法;流量在线监测;软件开发;水资源监控

The design and implementation of a common slope area method real-time discharge monitoring system software

Zhou Bo Zhang Guoxue Li Yu

(The Bureau of Hydrology, Changjiang Water Resources Commission, Wuhan 430010)

Abstract Slope area method is a method of calculating river instantaneous discharge using hydraulics formulas. This method has an economic, simple, safe, fast characteristics. The Bureau of Hydrology, Changjiang Water Resources Commission has developed the Common Slope Area Method Real-time Discharge Monitoring System Software. It can be used in river stations, channel stations, to monitor real-time discharge datum.

Key words Slope area method; Real-time discharge monitoring; software development; water resources monitoring

1 引言

比降面积法依据水位、断面等资料,用水力学公式计算河道瞬时流量。当水文测站测验河段基本顺直、无明显收缩或扩散、河床稳定、无冲淤变化、水位等要素与糙率有较好的相关关系时,此法可作为一种常规流量测验方法[1]。由于比降面积法无需流速传感器即可对流量进行实时监测,因此具有经济、简便、安全、迅速等特点。但目前尚无通用的比降面积法流量测验软件,制约了该法的使用。在此背景下,长江水利委员会水文局开发了通用的比降面积法流量测验系统软件。

2 系统需求分析

2.1 功能需求

（1）采用比降面积法进行流量计算，关键需要自动完成测验河段实时比降计算、糙率计算及断面水力要素的计算。

（2）流量计算可采用上、中、下三个比降断面，也可采用上、下两个比降断面的方案。

（3）水流在洪水峰顶和水流平稳期，需按恒定非均匀流流态计算流量；洪水涨水和落水过程，需按非恒定流流态计算流量。

（4）可任意添加、删减测站，同时完成多个水文站点的流量计算。

（5）系统需将计算成果实时入库，并可自动完成水位、流量的月年均值及统计特征值计算。

2.2 可靠性需求

由于该系统软件需 24 小时不间断运行，因此必须运行可靠，应充分考虑各种干扰、通信故障、数据异常等因素，加入稳健的容错机制，保证系统正常运行。

2.3 接口需求

系统运行时，需三个数据输入接口：

（1）水位接口，用于计算测验河段瞬时比降。

（2）糙率接口，用于计算断面平均流速。

（3）断面水力要素接口，用于计算水力半径、过水面积等。

3 系统概要设计

以需求分析为基础进行概要设计，系统包括平台配置、测站管理、流量计算及数据管理等 4 个模块，其逻辑结构见图 1。

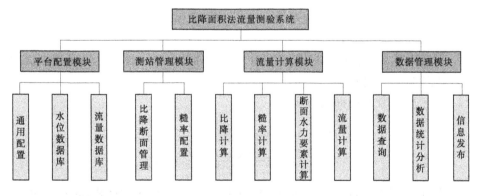

图 1 系统逻辑结构

4 系统功能设计

4.1 平台配置模块

平台配置模块完成通用设置、数据库连接参数设置等功能。在通用设置界面中，可设置分中心名称、水位数据采样时间间隔、系统扫描水位数据库时间间隔、主界面中显示数据个数等;水位、流量数据库连接参数界面中可设置数据连接参数,水位数据库连接参数界面还可灵活地设置水位数据表名及各字段名。

4.2　测站管理模块

测站管理模块可完成测站的添加、删除与修改。测站设置向导界面见图2,可添加测站或修改现有测站属性。在该向导界面中,可完成测站基本信息的配置、比降断面的配置、河段糙率的设置。

(a) 基本信息设置界面　　　　(b) 比降断面设置界面　　　　(c) 河段糙率设置界面

图2　测站设置向导

4.2.1　比降断面管理

在图2(b)所示的界面中,可设定计算流量采用的比降断面数、断面平面形态、断面距离、断面收缩或扩散系数 ξ 、动能校正系数 α 及配置各比降断面的大断面。

4.2.2　设置河段糙率

利用比降面积法计算流量需建立水位—糙率相关关系,并将其节点数据录入图2(c)所示的界面中。在建站初期或无实测资料的情况下,用户可参照相关规范的糙率取值录入若干个节点数据,系统根据录入的数据自动进行线性插补。

4.3　流量计算模块

流量计算模块可完成比降、糙率、断面水力要素及流量计算。

4.3.1　恒定流流量计算

洪水峰顶和水流平稳期。根据比降断面个数不同,可分为只有上、下比降断面的情况及有上、中、下比降断面的情况。

(1)仅有上、下比降断面的情况。

$$Q_s = \frac{\bar{K}S^{\frac{1}{2}}}{\sqrt{1 - \frac{(1-\xi)\alpha\bar{K}^2}{2gL}\left(\frac{1}{A_u^2} - \frac{1}{A_l^2}\right)}} \tag{1}$$

式中: Q_s 为恒定非均匀流流量,m^3/s;A_u、A_l 为比降上、下断面过水面积,m^2;g 为重力加速度,一般取 $9.81,m/s^2$;L 为比降上、下断面间距,m;ξ 为断面沿程收缩或扩散系数;α 为动能校正系数。

(2)有上、中、下比降断面的情况。

当上比降断面到中比降断面河段收缩,中比降断面到下比降断面河段扩散时,流量计算采用如下公式:

$$Q_s = \frac{\overline{K}S^{\frac{1}{2}}}{\sqrt{1 - \dfrac{\alpha\overline{K}^2}{2gL}\left[\left(\dfrac{1}{A_u^2} - \dfrac{1}{A_l^2}\right) - \xi\left(\dfrac{1}{A_m^2} - \dfrac{1}{A_l^2}\right)\right]}} \tag{2}$$

式中:A_m 为中断面过水面积,m^2。

当上比降断面到中比降断面河段扩散,中比降断面到下比降断面河段收缩时,流量计算采用如下公式:

$$Q_s = \frac{\overline{K}S^{\frac{1}{2}}}{\sqrt{1 - \dfrac{\alpha\overline{K}^2}{2gL}\left[\left(\dfrac{1}{A_u^2} - \dfrac{1}{A_l^2}\right) - \xi\left(\dfrac{1}{A_u^2} - \dfrac{1}{A_m^2}\right)\right]}} \tag{3}$$

4.3.2　非恒定流流量计算

与恒定流流量计算不同的是,非恒定流流量计算不仅要考虑水面比降,还要考虑加速比降的影响。因此,在洪水涨水和落水过程,测验河段内形成非恒定流时宜采用非恒定流流量计算公式进行计算。

(1)只有上、下比降断面的情况。

$$Q_f = \frac{\overline{K}(S_f - S_w)^{\frac{1}{2}}}{\sqrt{1 - \dfrac{(1 - \xi)\alpha\overline{K}^2}{2gL}\left(\dfrac{1}{A_u^2} - \dfrac{1}{A_l^2}\right)}} \tag{4}$$

式中:Q_f 为非恒定流流量,m^3/s ;S_f 为非恒定流时的实测水面比降;S_w 为加速比降,其值为 $\dfrac{1}{g}\dfrac{\partial v}{\partial t}$。涨水坡取正号,落水坡取负号。

(2)有上、中、下比降断面的情况。

当上比降断面到中比降断面河段收缩,中比降断面到下比降断面河段扩散时,流量计算采用如下公式:

$$Q_f = \frac{\overline{K}(S_f - S_w)^{\frac{1}{2}}}{\sqrt{1 - \dfrac{\alpha\overline{K}^2}{2gL}\left[\left(\dfrac{1}{A_u^2} - \dfrac{1}{A_l^2}\right) - \xi\left(\dfrac{1}{A_m^2} - \dfrac{1}{A_l^2}\right)\right]}} \tag{5}$$

当上比降断面到中比降断面河段扩散,中比降断面到下比降断面河段收缩时,流量计算采用如下公式:

$$Q_f = \frac{\overline{K}(S_f - S_w)^{\frac{1}{2}}}{\sqrt{1 - \dfrac{\alpha\overline{K}^2}{2gL}\left[\left(\dfrac{1}{A_u^2} - \dfrac{1}{A_l^2}\right) - \xi\left(\dfrac{1}{A_u^2} - \dfrac{1}{A_m^2}\right)\right]}} \tag{6}$$

4.4　数据管理模块

数据管理模块可完成数据查询、数据统计及数据展示。数据查询界面可查询选定站、选定时段的所有计算数据;数据统计界面可完成月水位、流量均值及极值的统计,并可生成逐日平均水位、逐日平均流量 Excel 报表;数据展示界面以二维地图为基础,根据各站经纬度信息标识站点位置,并实时显示最新时刻的水位、流量数据。

5　典型应用

本系统目前已成功应用在辽宁省中小河流水文监测二期项目中,该项目有99个水文站采用此法,每站设置上、下两个比降断面。各断面水位数据通过自动监测方式传输到各所属的水文勘测局,通过与数据库的联接,自动生成断面流量。通过实践应用证明,本系统具有运行可靠、灵活通用、界面直观等特点。

6　结论与展望

比降面积法监测流量具有经济、简便、安全、迅速等特点。长江水利委员会水文局根据《水工建筑物与堰槽测流规范》(SL 537—2011)的相关要求,采用先进的软件开发技术研发了通用的比降面积法流量测验系统。系统计算成果符合水利行业的要求,可同时完成多个水文站的流量在线监测,灵活地选择两比降断面或三比降断面流量计算方案,同时提供恒定流、非恒定流流量计算成果,实时统计月水位、流量均值及特征值,界面美好、通用可靠,可应用于测验河段满足要求的中小河流水文监测中。同时,本系统还可广泛地应用于渠道站,对取水量实行实时监控,积极服务于最严格水资源管理。

参 考 文 献

[1]　中华人民共和国水利部.SL 537—2011 水工建筑物与堰槽测流规范[M].北京:中国水利水电出版社,2013.

【作者简介】　周波,男,工程师,主要从事水文测验技术研究。E-mail:zhoub@ cjh. com. cn。

GPS－RTK 技术在山洪灾害调查中的应用

邓长涛　范光伟　林　威

（珠江水利科学研究院，广州　510611）

摘　要　随着现代科技的飞速发展，GPS－RTK 技术应用越来越广泛，随着 GPS－RTK 技术的出现，测量方式实现了由点线测量到面测量的飞跃。本文主要结合山洪灾害调查中的外业测量工作论述了 GPS－RTK 技术在山洪灾害调查中的应用。
关键词　GPS－RTK 技术；山洪灾害调查；外业测量

Application of GPS－RTK technology in flood hazard survey

Deng Changtao　Fan Guangwei　Lin Wei

（Pearl River Water Resources Research Institute，Guangzhou　510611）

Abstract　With the rapid development of modern science and technology，GPS－RTK technology is used more and more widely，Measurement method realized by the point and line to plane surveying measurement leap. This paper combined with the surveying work in outside measurement of flood disaster survey，discusses the application of GPS－RTK technology in flood hazard survey.
key words　GPS－RTK technology；Flood hazard survey；Outside measurement

1　引言

　　山洪灾害调查的各项内容可以根据专业性质和工作要求主要分为：山洪灾害防治区基本情况调查、水文气象资料收集、野外测量（历史洪水调查、河道断面测量、地形测量等）。其中，野外测量是山洪灾害调查的重中之重，也是山洪灾害调查的难点，它为后续的山洪灾害分析评价（防洪现状评价、预警指标分析、危险图绘制）提供基础数据。山洪灾害调查野外测量可根据测区不同地形环境，选择最适合的测量方法。一般情况下 GPS－RTK 联合全站仪测量，在测区范围内利用 RTK 布设控制点、在 GPS－RTK 不容易到达或局限性较大的地方可在附近布设控制点再利用全站仪进行测量，这样可以快速完成各种测量任务且精度也可保证。

2 GPS – RTK 测量技术

2.1 GPS – RTK 简介

GPS – RTK(Real Time Kinematic)为实时动态测量技术,它是基于无线电技术、数字通信技术、计算机技术和 GPS 测量定位技术的组合系统。GPS – RTK 利用卫星发射的两个载波 L1(1 575.42 MHz)和 L2(1 227.60 MHz),以载波相位测量为根据的实时差分测量技术。RTK 定位精度高,可以全天候作业,每个点的误差均为不累积的随机偶然误差。其水平标称精度为 10 mm + 2 ppm,垂直标称精度为 20 mm + 2 ppm。它能够满足山洪灾害调查中测量的精度要求,是 GPS 测量技术发展中的一个新突破。

一般情况下,有一个基准站和一个以上的流动站。基准站可设在已知点也可在未知点上,利用已测的 WGS – 84 坐标和已知的地方坐标可求出坐标转换的参数,在求得转换参数后,利用基准站实时测得站点坐标信息与流动站测得的实时坐标信息,两站之间的基线向量来求出流动站的实时坐标。在工程测量中,求未知点时可直接通过已知地方坐标系中的坐标求解,在不同的 RTK 设备中求解的参数要求略有不同。

2.2 工作原理

GPS – RTK 系统由基准站、若干个流动站及无线电通信系统三部分组成。基准站包括 GPS 接收机、GPS 天线、无线电通信发射系统、供 GPS 接收机和无线电台使用的电源(12 V 蓄电瓶)及基准站控制器等部分。流动站由以下几个部分组成:GPS 接收机、GPS 天线、无线电通信接收系统、供 GPS 接收机和无线电使用的电源及流动站控制器等部分。用框图表示如图 1 所示。

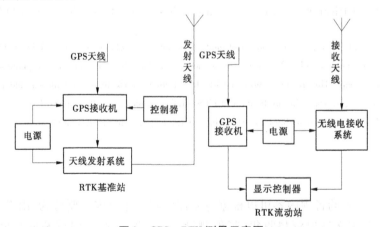

图 1 GPS – RTK 测量示意图

GPS 系统包括三大部分:地面监控部分、空间卫星部分、用户接收部分,各部分均有各自独立的功能和作用,同时又相互配合形成一个有机整体系统。对于静态 GPS 测量系统,GPS 系统需要二台或二台以上接收机进行同步观测,记录的数据用软件进行事后处理可得到两测站间的精密 WGS – 84 坐标系统的基线向量,经过平差、坐标转换等工作,才能求得未知的三维坐标。现场无法求得结果,不具备实时性。因此,静态测量型 GPS 接收机很难直接应用于具体的测绘工程,特别是地形图的测绘。

RTK 实时相对定位原理如图 2 所示。基准站把接收到的所有卫星信息(包括伪距和载波相位观测值)和基准站的一些信息(如基站坐标天线高等)都通过无线电通信系统传递到流动站,流动站在接收卫星数据的同时也接收基准站传递的卫星数据。在流动站完成初始化后,把接收到的基准站信息传送到控制器内并将基准站的载波观测信号与本身接收到的载波观测信号进行差分处理,即可实时求得未知点的坐标。数据流程如图 3 所示。

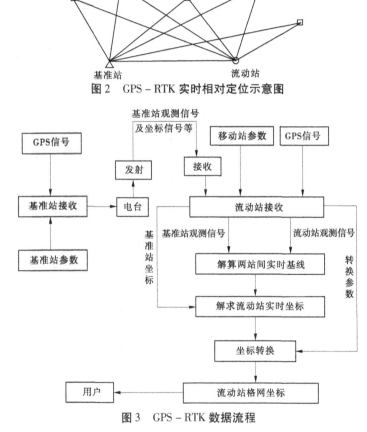

图 2　GPS - RTK 实时相对定位示意图

图 3　GPS - RTK 数据流程

测量时,用户可用装有 CORS 卡的 GPS - RTK 采集样点,测量完毕后,将数据下载至计算机,并发往省 CORS 管理中心,省 CORS 中心将数据转换后方可成图使用。

3　GPS - RTK 在山洪灾害调查中的应用

3.1　河道断面测量

山洪灾害调查中对影响重要城(集)镇、沿河村落安全的河道进行控制断面测量,以满足小流域暴雨洪水分析计算,防洪现状评价,危险区划定和预警指标分析的要求。控制断面测量成果要反映河道断面形态和特征,标注历史最高洪水位、成灾水位等。

3.1.1　断面测量的一般技术要求

(1)每个自然村落、重要集镇和重要城镇测量 1 个纵断面和 2 ~ 3 个横断面(其中横穿居民区的横断面为控制断面),如有多条支流汇入,每条支流应加测 1 个纵断面和 2 ~ 3 个横断面。见图 4。

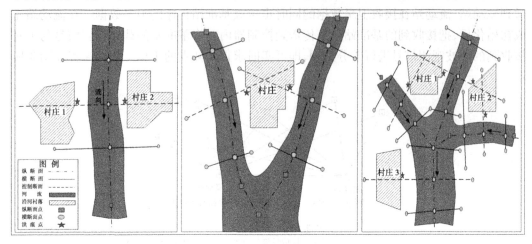

图 4　沿河村落控制断面位置选择示意图

(2)断面线在遇到房屋时,应测过房屋达到要求的宽度,断面遇水塘时要测出塘底高程。横断面的断面点间距以能正确反映断面形状为原则,陆上平地点距一般不得大于 30 m,在堤顶、堤脚、坎上、坎下、沟边、沟底等坡度变化处应加密测点。水下部分断面点间距应小于 3 m,变化较大处 1 ~ 2 m。

(3)测量桥梁断面时,如有桥墩可移位至墩外平行桥梁测量,桥两侧岸上断面按所接道路中心线测量。航道内桥梁应在上游 5 m 左右加测一条河床断面。

3.1.2　测量精度

断面测点精度,纵向平面位置中误差水下不得超过 1.5 m,陆上不得超过 1.2 m。高程中误差不得超过 0.3 m。

3.1.3　主基点布设

主基点统一布设在河道的左岸或右岸,在地形图上按 200 m 间距设计好断面线,断面线与河道中心线的垂直偏差应小于 ±5°,利用 GPS - RTK 技术测量基点。主基点的标志可用有测钉的 5 cm × 5 cm × 30 cm 木桩,在坚硬地面可用刻有"十"字的钢筋,要确保主辅点间相互通视。

3.1.4　断面测量工序控制

设计好断面的方向,测放断面的基准点桩,严格保证断面线垂直于河道中心线。利用 GPS - RTK 与测深仪观测断面水下点时,应该保证 GPS - RTK 与水深采集的同步性,解决方法是利用导航软件设计好测深仪水下采集的间隔及 GPS - RTK 数据的采集间隔。在断面测量中应尽量选择风平浪静的天气进行观测,以保证观测的精度和安全。

3.2　地形图测量

地形测量方法可采用 GPS - RTK 与全站仪联合测量,地形图测量在山洪灾害调查中很关键,也是非常重要的一项,之后的山洪灾害风险分析取决于它的准确性和可靠性,它和很多因素有关,如:数据来源不同、时间不同及控制点的完备性,甚至和人员也有关系等等。

3.2.1　平面控制测量

平面控制测量直接影响到成图的精度和速度。若选择正确,就可以逼真地反映地形现状,保证工作精度要求。平面控制测量常用的方法有导线测量、相对定位测量及已有控制点坐标转换等。一般规定如下:

(1)尚未完成 CORS 站建设的省(市)的重要城镇和集镇需布设测区基本平面控制网。

(2)平面控制网等级分为四等和五等两个级别,面积小于 10 km^2 的城镇和集镇布设五等平面控制网,面积大于 10 km^2 的城镇和集镇布设四等平面控制网。

(3)平面控制网精度应符合表 1 中的规定。

表 1　平面控制网的精度

等级	最弱点点位中误差(cm)	相对于邻近点点位中误差(cm)	最弱边相对中误差
四等	≤10	≤15	1/40 000
五等	≤15	≤20	1/20 000

(4)平面控制点数量应满足拟合重要城镇和集镇所在区域的似大地水准面的需要,并符合表 2 中的规定。

表 2　平面控制点数量

等　级	四　等	五　等
控制点数量	10 ~ 16	2 ~ 10
测区	重要城镇	重要集镇

(5)测区内已有控制点的数量不满足表 2 的要求,且其坐标系为 CGCS2000 或者 WGS - 84 的,本测区宜采用导线测量、相对定位测量加密控制点。

(6)测区 50 km 以内已有控制点,且其坐标系与本技术要求一致的地区,平面控制测量宜采用静态定位测量。

(7)测区 50 km 以内没有控制点的,平面控制测量可与 C 级、D 级或其他 GPS 控制网络联测。

3.2.2　碎部测量

碎部测量采用 GPS - RTK 施测图根控制点,再利用全站仪测量 GPS - RTK 不能作用的测区。GPS - RTK 和全站仪测量碎部点的方法,能快速完成野外作业,两种作业方法能互相补充,取长补短,最大可能地发挥各自的优势。

碎部点应选择地物和地貌特征点(即地物和地貌的方向转折点和坡度变化点)。

地物特征点一般是选择地物轮廓线上的转折点、交叉点,河流和道路的拐弯点,独立地物的中心点等。连接这些特征点,便得到与实地相似的地物的中心点等。连接这些特征点,便得到与实地相似的地物形状和位置。测绘地物必须根据规定的测图比例尺,按测量规范和地形图图式的要求,经过综合取舍,将各种地物恰当地表示在地图上。最能反映地貌特征的是地性线(亦称地貌结构线,它是地貌形态变化的棱线,如山脊线、山谷线、倾斜变换线、方向变换线等),因此地貌特征点应选择在地性线上。例如:山顶的最高点,鞍部、山脊、山谷的地形变换点等。

4 结论

GPS – RTK 技术的强大功能与潜力尚未充分发掘,与 GIS 集成、实时控制、综合自动化作业是其未来的发展方向。随着科技的不断进步,精度更高,初始化速度更快,环境限制性更小,抗干扰更强的 GPS – RTK 系统将会很快出现。GPS – RTK 在地形测量、控制测量方面的应用将更广泛。因此,对于测绘行业,GPS – RTK 的应用将成为今后很长一段时间内的主流方向。GPS – RTK 的全面应用,不仅提高了精度,方便省时,同时也降低了工程成本。随着全球定位系统的不断改进,硬、软件的不断完善,应用领域正在不断地开拓。GPS – RTK 在隐蔽地区测量的研究将成为以后 RTK 技术研究的重点。

参 考 文 献

[1] 李青岳. 工程测量学[M]. 北京:测绘出版社,2008.

[2] 朱晓原,张留柱,姚永熙. 水文测验实用手册[M]. 北京:中国水利水电出版社,2008.

[3] 余小龙. GPS RTK 技术的优缺点及发展前景[J]. 测绘通报,2007(10).

[4] 张继帅. GPS 在海洋精密定位及水深测量中的应用[J]. 科技实践,2008(24).

[5] 许斌锋. GPS RTK 技术在水下地形测量中的应用研究[J]. 科技创新导报,2010(5).

[6] 梁怀标. 浅谈 RTK 配合测深仪在水下地形测量中的应用[J]. 地理空间信息,2007(5).

[7] Yu Bo,Liu Yanchun,Zhai Guojun. Magnetic Detection Method for Seabed Cable in Marine Engineering Surveying[J]. Geo-Spatial Information Science,2007(3).

[8] Song Jinming. A New Biogenic Sulfide Chemical Sensor Formarine Environmental Monitoring and Survey [J]. Chinese Journal of Oceanology and Limnology,2001(2).

[9] 山洪灾害调查技术要求(试行)[S]. 全国山洪灾害防治项目组,2014.

【作者简介】 邓长涛(1983—),男,福建三明人,工程师,从事水利信息化、水利工程测量、防灾减灾等方向研究。E – mail:dctcat2008@163. com。

农灌机电井地下水监测仪的分析与设计[*]

齐 鹏[1,2] 戴长雷[1,2] 彭 程[3] 罗 章[4] 王家丹[2]

(1. 黑龙江大学寒区地下水研究所,哈尔滨 150080;
2. 黑龙江大学水利电力学院,哈尔滨 150080;
3. 山东黄河河务局,济南 250011;
4 华东师范大学河口海岸科学研究院,上海 200062)

摘 要 农灌机电井地下水监测仪经过实践证明有很强的实用性,其构造简单,主要的设计思路是在原有简单水位测量仪的基础上增加一些简单实用的功能,实现集测量水位、pH 值、水温、语音播报以及全程可视化的五位一体全新机电井地下水监测仪。

关键词 地下水;机电井;水位;pH 值;水温;语音播报;可视化

Analysis and design of instrument for monitoring groundwater in electromechanical wells of agricultural irrigation

Qi Peng[1,2] Dai Changlei[1,2] Peng Cheng[3] Luo Zhang[4] Wang Jiadan[2]

(1. Institute of Groundwater in Cold Region, Heilongjiang University, Harbin 150080;
2. School of Hydraulic & Electric-power, Heilongjiang University, Harbin 150080;
3. The Yellow River Engineering Bureau in Shangdong Province, Jinan 250011;
4. The scientific Institute of Estuary and Coast, East China Normal University, Shanghai 200062)

Abstract Instrument for monitoring groundwater in electromechanical wells has proven to have very strong practicability, which has a simple structure. Its main design ideas is to increase the number of simple and practical function on the basis of the original simple water level measuring instrument, which realizes the measure of water level, water temperature, pH, voice broadcast and visualization. It has became a kind of new instrument of monitoring groundwater.

Key words Groundwater; Electromechanical Wells; water level; pH; water temperature; voice broadcast; visualization

* **基金项目:**国家科技支撑计划项目（NO. 2014BAD12B01）;水利部公益性行业科研专项项目（NO. 201301096 - 03）;黑龙江省水利厅节水型社会建设项目（NO. 2012230101000958）。

1　问题的提出

地下水监测工作在社会经济可持续发展过程中具有非常重要的作用。我国政府对地下水监测工作非常重视[1,2]。随着社会的快速发展,水资源的需求量也大幅度增加,对地下水资源的过度开发利用,导致地下水位下降,水源枯竭,有些地区还形成了严重的地下水漏斗[3]。基于这些问题和以往的实践经验,作者制作了一款简单实用的农灌机电井地下水位监测仪(以下简称监测仪),该仪器不但可以测量地下水位,而且人在地面便可看清井下的情况,另外还可以测量一些水质的参数,经过实践证明,该监测仪简单方便,成本低廉。

2　功能与结构设计

2.1　功能设计

2.1.1　地下水位测定

在监测仪的前端加了一个浮子,当监测仪到达井水面的时候,浮子碰到水面,由于浮力的作用,浮子上浮线路连通,形成回路,地面装置发出警报,此时记录有刻度的绳子的度数,即为地下水面到地面的距离,另外已知地面高程或者用 GPS 现场进行高程测量,地下水位就等于两者之差,简单、直观、方便[4]。

2.1.2　掉泵打捞

由于长时间的浸泡、腐蚀、生锈的原因,掉泵的情况时常发生。监测仪的前端安装了一个夜视摄像头,地面上方有视频接收装置,人在地面可以清楚地看到井下的情况[5],这就为打捞掉泵提供了方便。

2.1.3　温度测量

地下水的温度也是需要采集的重要参数之一[6],如果通过工具将地下水打捞到地面测量,地下水在上升到地面的过程中温度会有所改变,误差很大。为了解决这个问题,在仪器的前端加了一个DS18B20 温度传感器芯片,信息采集之后通过显示器在地面呈现[7],工作原理如图1。

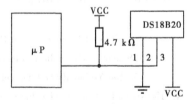

图1　温度传感器

2.1.4　语音播报

设计采用美国 ISD 公司生产的高集成度、高性能的 ISD1420 语音录放芯片,ISD1420芯片内部 128 KB 的 E2PROM 用于存放语音信息,最多可以分为 160 段,每段存储 0.125 s的语音信息,语音信息的分界靠 A0 ~ A7 地址线的选择来实现。ISD1420 的 PLAYE(低电平有效)、PLAYL(负脉冲有效)均是放音键,二者只需要连接一个引脚到单片机[8,9]。

根据播报测量得到的实时温度的需要,将录制的语音分成 15 个音节,即"正、负、零 ~十、点、度",通过软件控制,可以组合数据并播出。如 10.5 度,播报为"正、一、十、点、五、度",每段语音的录制时间约为 1 s[9]。

通过增加语音播报功能从听觉上为水温测量的记录提供方便,弥补野外测量时视觉上记录的不足。

2.1.5 pH 测定

地下水水质监测是非常重要的工作[10],本仪器在探头前端加了一个 pH 计,用于地下水酸碱度测定。PHG－210FS 型工业 pH 计是工业酸度计的智能化升级产品,可连续测量 pH 值,具有温度自动补偿或手动补偿、pH 高限报警及低限报警、迟滞量自由调整等功能,可采用密码管理仪器,防止非专业人员误操作。其测量范围为 pH(0~14),准确度为 ±0.02pH。

2.2 结构设计

仪器的结构主要设计为三个部分,即探头、数据传输线路和接收装置[5]。

2.2.1 探头设计

探头前方是一个等边三角形,外接圆半径为 5 cm,满足一般井径的要求,以二龙涛农场灌区为例,设计布置地下水监测井 20 眼,统测井 33 眼,井最深可达 18 m,大部分井深分布在 12~16 m,均未到基岩,井径大部分为 6 寸,滤水管为 2~3 m。在圆盘的下方安装浮子、pH 计探头、温度感应器探头,在三角盘的中间连接一个长 0.5 m、半径 2.5 cm 的重物钢管,钢管的作用是探头从井口下放的过程中产生一个下拉的作用力,使探头能够顺利地下降到地下水水面,在钢管的外侧加一个夜视摄像头,人在地面通过视频接收装置能够清楚地看清井下的情况,具体实体图如图 2 所示。

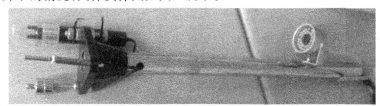

图 2　仪器探头

2.2.2 导线设计

浮子、pH 计探头、温度感应器和夜视摄像头都分别连接一根导线,四根导线都从钢管中穿过延伸至接收装置。由于线路较多,很容易混乱,因此用橡胶塑料将四根导线束缚到一起,因此在外表看来只有一根导线,具体实物如图 3 所示。

2.2.3 辅助承重绳索设计

考虑到电线承重能力较低,因此在测量水位的时候另外配备了一个在探头下放时能够承重的绳索,并且要求绳索在受到拉力的情况下伸缩性较小,满足误差要求。为了简化地下水位的测量在绳索上标注刻度,此外给绳子系上一个挂钩,挂钩和探头钢管相连,安装和拆卸都比较方便,具体实物如图 4 所示。

2.2.4 接收装置设计

接收装置主要分为四个部分,即视频接收装置、温度接收装置、警报提醒装置和 pH 计接收装置。各部分分工合作,完成整个测量过程。此外特别制作了一个塑料外壳,将各接收装置安装在塑料外壳之中,美观而且能对各个装置起到保护的作用,如图 5 所示。

　　图3　导线　　　　　　　　图4　绳索　　　　　　　图5　接收装置

2.3　材料设计

2.3.1　信息采集端

　　信息采集端用到的材料主要有温度传感器探头、pH 计探头、浮子、外接圆半径 5 cm 的等边三角形的铸铁片、半径 2.5 cm 长 0.5 m 的钢管和夜视摄像头。

2.3.2　信息传输

　　信息传输用到的材料主要是电线、每根导线束缚到仪器的橡胶塑料、挂钩以及带有刻度的绳子。

2.3.3　信息接收端

　　信息接收端主要材料有充电电瓶、视频接收器、温度显示器、pH 计显示器、警报器、语音播报装置以及保护这些装置的塑料外壳。

3　仪器集成与调试

3.1　仪器集成

　　监测仪基于传统的简易水位计,除了测量水位的传统功能,还增加了水温测量、pH 测量、语音播报和可视化功能。能够准确地测量地下水水位、水的 pH 值和水的温度,而且本仪器结构简单,造价比较低廉。

3.2　仪器调试

3.2.1　浮子调试

　　线路连接完成之后,电源打开,指示灯显示正常,慢慢的将仪器探头放入水中,浮子遇水浮起,线路连通,警报声响起,表示工作正常,如果浮子没有浮起或者浮子浮起之后警报铃声没响,说明浮子有问题或者线路连通有问题,应重新组装或者检查线路,直到正常工作为止。

3.2.2　视频调试

　　线路接通之后,打开电源,观看视频接收器是否有由摄像头传输过来的影像,如果有则表示线路接通正常。再将探头从井口下放到井中,从视频观看井中的情况,需要观察的主要有两点:一是观察从视频接收器的屏幕上是否能看到暗井中的情况,二是观察摄像头所对应的角度是否满足所要观察的角度,以上两点如果有任何问题皆需重新安装调试,直到满足要求为止。

3.2.3 温度测量装置调试

当仪器连通之后,打开电源开关,首先查看温度读数显示器是否亮起,如果亮着并显示读数,表示正常,否则查找原因,重新连接。如果显示器正常,接下来将仪器探头放入有水的水桶中等到读数稳定,记录下读数,然后再用准确的温度计测量该水桶中水的温度,如果在误差允许的范围内吻合,则说明温度测量装置满足要求且能够正常工作,如果差异较大,则校准调试直至达到满足要求。

3.2.4 pH 计调试

在连通线路之前首先对 pH 计进行清洗,清洗掉电极上的污染物,然后接通线路。如果显示器正常工作,则继续下一步调试,否则查找原因直到正常工作为止。接下来对 pH 计进行校准,具体的校准方法如下:

(1)测量标准缓冲液温度,查表确定该温度下的 pH 值,将温度补偿旋钮调整到该温度下。

(2)用纯水冲洗电极并甩干。

(3)将电极浸入缓冲溶液晃动后静止放置,待读数稳定后,调节定位按钮使仪器显示该标准溶液的 pH 值。

(4)取出电极冲洗并甩干。

(5)测量样品温度,并将 pH 计温度补偿旋钮调节至该温度值。

4 结论与讨论

农灌机电井地下水监测仪在原有简单水位测量仪的基础上增加了一些简单实用的功能,并保证测量一些水质水位的基本参数的精度,其中可视化功能还可广泛地用于例如掉泵打捞等其他方面,另外,语音播报功能也是本仪器的一大特色。

该设计所用硬件、附件在市场上均有大量销售,且价格低廉,性价比高。适合教学、试验、科研等相关应用。

(1)关于功能。监测仪与市场上其他的一些构造简单仪器的功能比较如表 1 所示。

表 1 功能比较

仪器名称	仪器功能
钢尺水位测量仪	主要用于地下水位的监测
水下电视摄像机	主要用于水下环境中获取图像
农灌机电井地下水监测仪	语音播报、水位监测、获取井中图像、水温测量、pH 测量

(2)关于结构。仪器的结构也相对简单,与其他仪器的比较如图 6、图 7、图 8 所示。

图 6 钢尺水位测量仪　　图 7 水下电视摄像机　　图 8 农灌机电井地下水监测仪

（3）存在的问题及改进建议：以上功能如果都能够准确的实现，还有一些需改进的地方。例如仪器不能高度集成，造成装置体积较大，携带不太方便，可以考虑信息采集端和信息接收端高度集成；另外，不能对采集的信息进行自动记录存储，需要人工的配合才能达到预期的效果。如果可以解决以上问题，此仪器会有更大的利用空间。

参 考 文 献

[1] 戴长雷,迟宝明.地下水监测研究进展[J].水土保持研究,2005(2):86-88.

[2] 肖航.浅议地下水监测[J].河南水利与南水北调,2013(12):24-25.

[3] 罗兰.我国地下水污染现状与防治对策研究[J].中国地质大学学报(社会科学版),2008(2):72-75.

[4] 史云,陈实,冯苍旭.智能化监测仪器在地下水监测中的应用[A].周光召.全面建设小康社会:中国科技工作者的历史责任—中国科协2003年学术年会论文集(上)[C].北京:中国科学技术出版社,2003,385.

[5] 张磊.地下水动态自动监测仪的研制[D].长春:吉林大学,2013.

[6] 中国地质调查局.水文地质手册[M].2版.北京:地质出版社,2012:549-567.

[7] 杨效春.基于MSP430F427单片机高精度智能语音数字温度计的设计[J].机电信息,2010(30):134-136.

[8] 陈莉.基于单片机的地下水监测系统研究[D].保定:河北农业大学,2007.

[9] 陈永康,黄家柱,闾国年.三维可视化集成技术在地下水研究中的应用[J].南京师范大学学报(工程技术版),2001(1):30-35,53.

[10] 杨倩,马陈宜.地下水的水质监测[J].科技信息,2012(22):410.

【作者简介】 齐鹏(1989—),男,黑龙江青冈人,硕士研究生,主要从事寒区地下水监测方向的学习和研究。E - mail:hss_qipeng@126.com。

大深度基础混凝土防渗墙
施工质量检测技术应用研究*

邓中俊[1,2]　　姚成林[2]　　贾永梅[2]　　杨玉波[2]　　张贵宾[1]

（1. 中国地质大学（北京），北京　100083；
2. 中国水利水电科学研究院，北京　100038）

摘　要　从防渗墙检测技术对比分析出发，研究适合于大深度混凝土防渗墙的检测技术，确定使用综合超声波和钻孔电视相结合的综合检测技术来实现检测深度的突破，并在某150 m深防渗墙开展现场检测试验。通过验证，结果表明，应用该综合检测技术，可以实现大深度防渗墙的检测，该检测技术准确度高，检测结果准确可靠。

关键词　大深度基础防渗墙；检测；应用研究

Study on quality testing of deep foundation
concrete diaphragm wall

Deng zhongjun[1,2]　　Yao chenglin[2]　　Jia yongmei[2]
Yang yubo[2]　　Zhang guibin[1]

（1. China University of Geosciences（Beijing），Beijing　100083；
2. China Institute of Water resource and Hydropower Research，Beijing　100038）

Abstract　This paper has done some research to find the suitable method for quality testing of deep foundation concrete diaphragm wall from the contrast analysis of several quality testing technology. Through the study, this paper found a method by using comprehensive ultrasonic and borehole television to realize the detection depth breakthrough. Through the field test in a 150 m deep cut – off wall, the result results show that, the application of comprehensive detection technology, can realize the detection of deep cut – off wall, and this technology has high precision, more reliable and correct result.

Key words　Deep foundation concrete diaphragm wall；Testing；Application study

1　引言

在混凝土防渗墙施工过程中，需对墙体的浇筑质量进行检验与评价，对防渗墙墙体的

*基金项目：中国水利水电科学研究院青年专项（技集1108）。

抗压强度、渗透系数、弹性模量、墙体连续性、墙体入基岩深度及槽段间有无夹泥层等进行综合检查,通常的防渗墙检测的方法主要有钻孔取芯法、墙体开挖和无损检测法。随着近年来国内超过 100 m 深的大深度混凝土防渗墙不断出现,钻孔取芯和墙体开挖法实施起来十分困难,传统的钻孔、开挖、围井等有损方法费时费力,局限性大,此外由于墙体形状的特点,通常的地球物理方法的检测难以达到墙体质量评价所需要的深度和精度[1-3],而且检测深度均不超过 70 m,截止到目前,针对这种大深度基础混凝土防渗墙,尚没有形成一套可靠的检测技术,因此开展大深度混凝土防渗墙检测技术研究显得十分必要。

　　为此,笔者从常用的防渗墙无损检测技术对比分析出发,研究适合于大深度混凝土防渗墙的检测技术手段,并在某最大深度超过 150 m 的混凝土防渗墙开展现场检测试验,并对检测结果进行钻孔取芯和压水试验,试验结果表明,该项技术检测结果可靠。

2　防渗墙检测技术对比分析

　　防渗墙质量检测需要解决的主要问题包括:防渗墙体连续性、墙体架空、蜂窝、离析、裂隙、局部充泥、槽段间墙体接缝检测等,目前比较常用的检测方法主要是地球物理方法,但各种不同的检测方法各有优缺点,且检测深度与检测精度成反比,笔者将各种检测方法的优缺点做了对比分析,详见表 1。

表 1　常用的防渗墙检测无损检测方法的对比分析

序号	检测方法	优势	不足
1	高密度电法	防渗墙与周围介质存在一定的电性差异,适合于防渗墙检测;探测精度高,抗干扰能力强	探测深度较浅,要求探测场地较平坦、开阔,无强电场、磁场干扰,地表具有一定的导电性,能用以产生人工电场。有效探测深度 40 m
2	瞬变电磁法	位置分辨率高,探测深度大,深层分辨率较高,应用广泛	易受探测目标体内金属和盐类物质的干扰,或受环境电磁干扰,浅部存在盲区。有效探测深度小于 60 m
3	瑞雷面波法	抗干扰能力强,位置分辨率高	由于激震能量有限,瑞雷波传播过程中存在的衰减等因素,测试进度缓慢,测试费用高,有效探测深度小于 40 m
4	探地雷达法	位置分辨率高,检测速度快,经济、快捷、高效,结果准确	易受外界电磁场和强反射体的干扰,有效探测深度小于 40 m
5	CSAMT	探测深度大,地形影响小,且易于校正	用视电阻率值来评价墙体质量,精度相对不高,有效探测深度小于 70 m
6	弹性波 CT	频带宽,精度高,可反映墙体介质分布的均匀性	进行检测时需将防渗墙挖开,检测深度由挖开深度决定。有效检测深度小于 20 m
7	超声波法	工作效率高,缺陷识别率高,检测深度由灌浆管深度决定,检测深度可达 150 m 以上	需要钻孔或预埋灌浆孔
8	钻孔电视成像	直观,成像精度高,结果准确,检测深度仅与孔深相关	需要钻孔,不能有套管

对比分析常用的防渗墙质量检测方法,在超过70 m的大深度混凝土防渗墙检测中,一般的地球物理方法无法达到墙体质量评价的深度和精度,只有超声波法和钻孔电视成像法可以不受检测深度的限制,而且大多数基础混凝土防渗墙在施工过程中,为了便于后续的灌浆,墙体中一般都预埋有灌浆孔,因此,可利用这些灌浆管作为声测管,这样便在不影响现场施工进度的情况下对墙体质量进行超声波检测[4,5]。

3 大深度混凝土防渗墙质量检测技术方法研究

根据上述检测技术对比分析,在大深度混凝土防渗墙质量检测中,可利用防渗墙中的灌浆孔和检查钻孔,采用超声波法和钻孔电视成像两种技术手段来进行综合检测,根据超声波发射和接收的不同方式,又可将超声波法分为跨孔超声波检测、超声波 CT 法和单孔超声波检测三种。

3.1 跨孔超声波法

跨孔超声波法是利用在防渗墙中预埋的灌浆管或检测孔作为声测管,将超声波发射换能器和接收换能器同时置于声测管中,管中注满清水,检测时,超声脉冲通过两声测管间的混凝土,这种检测方式的有效范围是从发射换能器到接收换能器之间的部分。随着两换能器沿着墙体的纵轴方向同步升降,实际检测中,先将发射探头和接收探头放入检测管管底,确保发射探头和接收探头处在同一深度位置。待仪器正常工作后,将发射探头和接收探头同步上提,直到检测管顶,从而得到声参数沿墙纵剖面的变化数据[6]。

3.2 超声波 CT 法

跨孔超声波法的检测原理决定了其只能识别缺陷区域在墙体中的垂直位置,而无法判别缺陷位于两孔之间的具体水平位置。为了更准确地确定缺陷所在位置,可采用超声波 CT 检测技术,检测方式为:将发射探头固定,接收探头从下往上移动,可以得到一组跨孔超声波数据,再将发射探头向下移动一定距离后固定,再次移动接收探头……重复上述过程,再利用射线追踪计算,就可以得到该不均匀区域在水平方向的分布图,并且能估算不均匀区域的实际大小,确定缺陷在两检测孔之间分布的具体位置。

3.3 单孔超声波法

单孔超声波检测中,发射和接收的换能器置于一个孔中,换能器间采用专用隔声材料(或专用的一发双收换能器)。跨孔超声波法检测时须具备两根声测管,而由于施工等各方面的原因,灌浆管一般容易堵塞,实际检测时需进行扫孔,当两个声测管的扫孔深度不一致时,跨孔法的检测深度由深度较小的测管深度决定,而单孔法则没有这样的限制,但相比跨孔法而言,单孔法检测的范围较小,一般的有效检测范围是孔周 50 cm 区域。

3.4 钻孔电视成像法

钻孔电视成像是一种以照片或视频图像的方式直接提供钻孔孔壁的图像的新型检测技术。这种方法应用了数字技术并使之具有形成、显示和处理这些图像的能力,得到的图像数据不但可以被用于定性地识别钻孔内的情况,还可以被用来定量地分析孔中的地质现象。在防渗墙施工完成后,施工单位会按照一定比例进行钻孔自检,这样便形成了很多钻孔,为了进一步获取更多有关墙体质量的检测数据,在大深度混凝土防渗墙质量检测中,除运用超声波检测外,还可运用钻孔电视成像仪对墙体质量进行进一步检测。

表2对适合于大深度混凝土防渗墙质量检测的几种方法作了对比分析。

表2　大深度混凝土防渗墙质量检测技术对比分析

序号	检测方法	优势	不足
1	跨孔超声波	检测效率高,检测面积大,垂向分辨率高	需要两个检测孔,检测深度受限于两检测管的深度,单孔深度较大时只能检测浅部
2	单孔超声波	仅需一个检测孔,垂向分辨率高	检测面积较小,检测结果是孔周围墙体质量的综合反映,无法定位缺陷的方位
3	超声波CT	检测精度高,缺陷定位准确	工作量较大,效率低,只能进行局部区域的检测
4	钻孔电视成像	检测结果直观,准确,能准确直接反映深部墙体的质量情况	必须钻孔,且孔中为清水时才能检测

在实际应用中,为了提高检测结果的准确率,上述三种方法可以相互配合使用。除以上四种间接检测手段以外,还可配合采用非破坏性压水试验和芯样抗压强度检测等手段对墙体局部区域进行直接检测。

4　现场检测应用

下面以实际检测应用为例,介绍利用综合检测技术对大深度防渗墙进行施工质量检测的检测结果。在某槽段中某桩号处预埋了灌浆管,管内径100 cm,管净间距2.94 m,槽段施工深度152 m,声测管扫孔深度142 m。检测时先采用跨孔超声波法进行全面检测,根据检测结果再利用超声波CT和单孔超声波法进行疑似缺陷部位的详查,最后根据综合的检测结果,确定钻孔位置进行验证。

4.1　跨孔超声波法检测

首先采用跨孔超声波法进行整个槽段平行检测,得到波列影像图和波速曲线。部分波速异常区域的波列影像图和波速曲线如图1~图4所示。

通过波速曲线,在深度21.0~21.5 m和34.1~35.2 m的部位存在波速异常区域,超声波波形畸变,推断在以上两个部位均存在缺陷区域,且34.1~35.2 m范围内缺陷区域体积较大。

4.2　超声波CT检测

根据跨孔超声波检测结果,着重对上述两个部位进行了局部的超声波CT检测,检测结果如图5和图6所示。

根据超声波CT检测图,显示与跨孔超声波检测的结果一致。

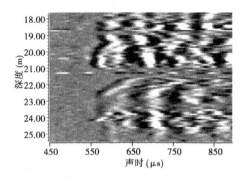

图1　波速异常区域Ⅰ波列影像

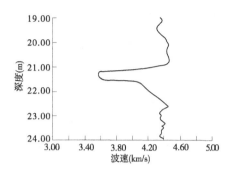

图2　缺陷部位Ⅰ波速曲线

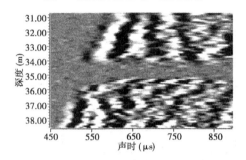

图3　波速异常区域Ⅱ波列影像

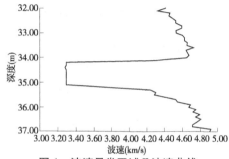

图4　波速异常区域Ⅱ波速曲线

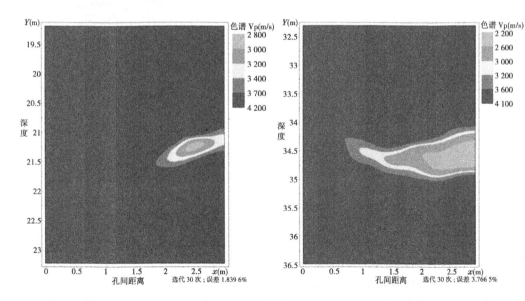

图5　19.5～23.0 m 超声波 CT 检测结果　　图6　32.5～36.0 m 超声波 CT 检测结果

4.3　单孔超声波检测

根据超声波 CT 的检测结果图,显示两个不均匀区域均偏向于接收端一侧,为了进一步验证以上结果,在接收孔内进行了单孔超声波测试,检测结果如图7、图8所示,图7、图8的检测结果显示,在以上两个部位均发现了超声波波形畸变,且34.1～34.8 m 范围内波形衰减较 21 ~ 21.6 m 范围内严重,此结果与跨孔法和超声波 CT 的检测结果一致。

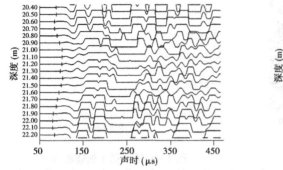 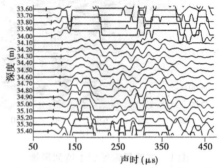

图 7　深度 20.4 ~ 22.2 m 单孔超声波检测结果　　　图 8　深度 33.6 ~ 35.4 m 单孔超声波检测结果

4.4　钻孔电视成像检测

为了验证上述检测结果,我们在两检测管之间靠近接收孔一侧(桩号:0 + 651.76)进行了钻孔取芯检测。并对孔壁进行了钻孔电视成像,结果如图 9 ~ 图 11 所示。

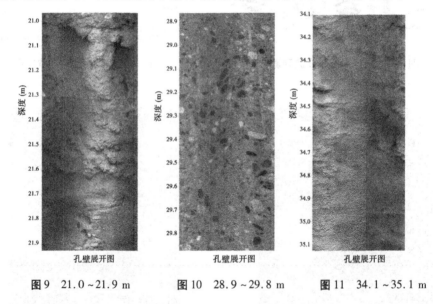

图9　21.0 ~ 21.9 m　　　图 10　28.9 ~ 29.8 m　　　图 11　34.1 ~ 35.1 m

对比分析图 9 ~ 图 11,显示在深度 21 ~ 21.6 m 范围和 34.1 ~ 34.8 m 范围两个部位出现了混凝土不密实的现象,证明了缺陷区域的存在。

4.5　压水试验及芯样检测

根据《水利水电工程混凝土防渗墙施工技术规范》(SL 174—96)规定,以上检测结果不能作为最终判别墙体质量的依据,需要对墙体进行非破坏性压水和芯样的抗压强度检测。我们按照 0.3 MPa、0.4 MPa、0.5 MPa 的三级压力对上述钻孔电视成像的区段分别进行了分段压水试验和芯样抗压强度试验。试验结果统计表见表 3。

表3 部分区段压水试验结果

序号	试验位置		分段长度（m）	试验次数	平均吕荣值（Lu）
	起始位置（m）	终止位置（m）			
1	20.0	25.0	5.0	20	0.07
2	25.0	30.0	5.0	20	0.03
3	30.0	35.0	5.0	22	0.09

根据超声波检测和压水试验的检测结果，在22.0～23.0 m、28.0～29.0 m 和33.0～34.0 m 分别抽取了三组有代表性的混凝土芯样进行抗压强度试验，实验结果见表4。

表4 芯样描述及抗压强度统计

区域（m）	试块编号	试块描述	抗压破坏荷载（KN）	抗压强度（MPa）	平均强度（MPa）
22.0～23.0	1－Ⅰ	砂浆，基本无骨料	136.0	21.9	33.2
	1－Ⅱ	砂浆，基本无骨料	202.7	32.6	
	1－Ⅲ	砂浆，基本无骨料	280.0	45.0	
28.0～29.0	2－Ⅰ	芯样表面较完整	199.5	32.8	37.4
	2－Ⅱ	芯样表面较完整	236.1	38.8	
	2－Ⅲ	芯样表面较完整	247.6	40.7	
33.0～34.0	3－Ⅰ	芯样表面凹凸不平	197.2	32.4	27.5
	3－Ⅱ	芯样表面凹凸不平	130.6	21.5	
	3－Ⅲ	芯样表面凹凸不平	174.4	28.7	

综合分析压水试验和抗压强度检测结果，不难发现：在22.0～23.0 m、28.0～29.0 m 和33.0～34.0 m 三个区段的芯样180 d 抗压强度基本都满足C20 的设计强度，但由于33.0～34.0 m 处存在蜂窝状缺陷，导致其抗压强度值明显偏低，其渗透系数偏大，满足设计要求；22.0～23.0 m 区段内存在混浆区，渗透系数介于两者之间，上部区域无法取出芯样，无法进行抗压强度试验，下部区域虽然不含骨料，但抗压强度值依然较高；28.0～29.0 m 区段内混凝土质量较好，渗透系数和抗压强度检测值均较好。

5 结语

本文介绍采用多种手段综合检测技术对某水利枢纽大深度基础混凝土防渗墙进行施工质量检测的试验性探索，通过将无损检测结果与压水试验和钻孔取芯等直接检测手段进行比对，结果表明，采用综合无损检测技术可以实现对大深度基础混凝土防渗墙质量的无损检测，检测结果一致，说明该综合检测法是一种有效、可行的方法，检测准确度高，不均匀区域定位准确，结果可靠。

但在检测应用过程中,也存在几个需注意的问题:

(1)在应用跨孔波法对大深度防渗墙检测时,要尽量利用已有的灌浆管作为声测管。这样不仅不耽误工期,而且可以节约综合成本。

(2)现场检测时,在检测前必须对灌浆管进行清孔,并且保证孔壁的清洁,否则孔壁附着物会直接影响到超声波的声学参数的判读。

(3)与跨孔法检测相比,超声波 CT 法检测的分辨率较高,但检测效率低;单孔超声波法只能综合反映孔周围 50 cm 以内的墙体质量,无法对不均匀区域进行定位。在实际检测时,几种检测方法可以配合使用,以便高效、准确地评价大深度混凝土防渗墙的施工质量。

参 考 文 献

[1] 薛云峰. 混凝土防渗墙质量控制及检测技术研究[D]. 长沙:中南大学,2005.

[2] 邓凯斌. 几种无损检测技术在防渗墙质量检测中的应用[J]. 水利水电科技进展,2007,27(2):50-54.

[3] 苏全,梁国钱,刘超英. 超声波综合检测技术在防渗墙质量检测中应用[J]. 中国农村水利水电,2007(06):83-85.

[4] 邓中俊,姚成林,等. 超声波 CT 技术在混凝土防渗墙质量检测中的应用[C]// 第十一届全国水工混凝土建筑物修补和加固技术交流会论文集. 2011(09):146-149.

[5] 邓中俊,姚成林,等. 超声波法在大深度基础混凝土防渗墙质量检测中的应用[J]. 水利水电技术,2011,11:69-73.

[6] 白玉慧,冷爱国. 地下防渗墙快速无损检测技术研究[J]. 水运工程,2006(03):102-105.

[7] 蒋振中,高钟璞,等. 混凝土防渗墙施工及检测技术研究[J]. 水力发电,1998(03):32-35.

【作者简介】 邓中俊(1982—),男,湖北武汉人,工程师,博士研究生,从事工程物探研究。E – mail:dengzj@ iwhr. com。

核磁共振法在山区找水

贾永梅[1]　　姚成林[1]　　邓中俊[1]　　房纯纲[1]　　杨玉波[1]　　张　荣[2]

（1. 中国水利水电科学研究院，北京　100038；
2. 山西省水文水资源勘测局，太原　300001）

摘　要　核磁共振法是目前世界上唯——一种直接找水的地球物理方法。核磁共振仪只接收地下水中氢离子产生的核磁共振信号，不受地层其他因素影响，具有分辨率高、信息量丰富和探测结果唯一等优点。因而能够直接找水，特别是找淡水。本文介绍核磁共振仪的基本原理及采用核磁共振法、激发极化法等综合物探法在山西找水的成果。

关键词　核磁共振法；找水；山区

Underground water detection with Nuclear Magnetic Resonance in Mountainous Regions

Jia Yongmei[1]　　Yao Chenglin[1]　　Deng Zhongjun[1]
Fang Chungang[1]　　Yang Yubo[1]　　Zhang Rong[2]

（1. China Institute of Water resource and Hydropower Research，Beijing　100038；
2. Shanxi Hydrographic and Water Resources Survey Bureau，Taiyuan　300001）

Abstract　Nuclear magnetic resonance method is the only geophysical methods for direct detection of groundwater in the world. Nuclear Magnetic Resonance spectrometer（NMR）only receives NMR signals generated by hydrogen ions in groundwater, and is not effect by other factors of stratum, has the advantages of high resolution, information rich and unique detection result etc. Thus this method can detect groundwater directly, espically fresh water. This paper introduced the basic principle of NMR, and the products of detecting water in Shanxi Province with the methods of nuclear magnetic resonance method and induced polarization.

Key words　Nuclear Magnetic Resonance method；detecting water；mountainous regions

1　引言

在地下水勘测方法中，较为成熟的是地球物理的直流电法勘探，应用该方法在确定地层岩性、含水层部位以及富水性方面，从理论到实践都比较成熟；可控源音频大地电磁法可在地形条件较为复杂的山区使用。电法和电磁法的原理是利用地下水与地层电阻率的差异找水。然而,采用以上方法在地面检测地下水和地层的电阻率时,检测结果会受土质、黏粒含量、水中离子种类及含量等多种因素影响,有时会对结果的解读产生较大偏差。

核磁共振找水仪的优点是只检测地下水中存在的氢离子,检测结果不受其他因素影响,表现出独特的优越性,极大地提高了检测结果的准确性。

山西省地处黄河中游,山区面积占全省总面积的四分之三,地表水资源贫乏,已经成为制约山西国民经济发展和建设、农村脱贫致富的重要因素。科学开发地下水资源,是解决山西水资源困难的根本途径。为此,作者采用核磁共振法和激发极化法等仪器设备进行综合物探法找水,发挥不同仪器的优点。

2　核磁共振找水仪工作原理

2.1　核磁共振找水仪的特点

核磁共振技术(Nuclear Magnetic Resonance,NMR)是目前世界上唯一一种直接找水的地球物理方法。该技术应用核磁共振原理,通过由小到大地改变激发电流脉冲的幅值和持续时间,探测由浅到深的地下含水层的赋存状态。

核磁共振技术具有如下优点:核磁共振找水方法的原理决定了该方法不受地层其他因素影响,接收信号强度只受地下水中氢离子含量影响,因而能够直接找水,特别是找淡水。在该方法的探测深度范围内,只要地层中有自由水存在,就有核磁共振信号响应,反之则没有响应。这些优点使得核磁共振技术可用在淡水电阻率与其赋存空间介质的电阻率无明显差异的情况下,直接探测出淡水的存在。

与现在普遍采用的电法和电磁法检测结果的多解性比较,核磁共振找水方法具有探测结果唯一性的优点。核磁共振法的这个优点决定了该方法具有广泛应用前景。

核磁共振技术可以解决以下与地下水有关的技术问题:

(1)区分储水构造内是否有水及含水量;

(2)在核磁共振方法确定的有水范围内,结合ρ(电阻率)异常的特点确定井位;

(3)探测海水入侵范围,利用电阻率值的大小来区分出咸水或淡水;

(4)结合激发极化法异常特点,圈定烃类(含有氢核)污染水的污染范围和污染程度;

(5)评价堤坝和工程地质中地下水的活动情况;

(6)滑坡监测、考古等。

2.2　核磁共振找水仪的工作原理

核磁共振是一种量子效应,当具有非零磁矩的原子核置于恒定的外磁场中时,能量简并解除,分裂为一系列子能级。如果有外界电磁场存在,在外界电磁场作用下,就会产生共振吸收现象。地下水中的氢核具有一定的顺磁性,又由于氢核具有一定的动量矩,在稳定的地磁场作用下,它会沿着地磁场方向进动,其进动频率与氢核所处的地磁场强度成正比,该频率称为拉莫尔(Larmor)频率。拉莫尔频率计算公式如下:

$$f_0 = 0.042\ 576\ 375H_0 \approx 0.042\ 58H_0 \tag{1}$$

式中:f_0为拉莫尔频率,Hz;H_0为测点处空气中的地磁场强度,nT。

当在地层中施加一个与地磁场(磁感应强度,B_0)方向不同的外磁场(磁感应强度,B_1)时,氢核磁矩将偏离地磁场方向,一旦B_1消失,氢核将绕B_0旋进,其磁矩方向恢复到地磁场方向,在这个短暂的恢复过程中,将产生一个逐渐衰减的旋进磁场。一个氢核所产生的旋进磁场很微弱,在地面测量到的旋进磁场强度是在测量范围内所有氢核产生的旋进磁场的总和。所测旋进磁场强度与地层中氢核的数量和分布有关。设旋进频率(拉莫尔圆频率)为 ω_0,氢核的磁旋比为 γ,则:

$$\omega_0 = \gamma B_0 \tag{2}$$

通过施加具有拉莫尔圆频率的外磁场,再测量氢核的共振信号,便可实现核磁共振法测量地下水。图 1 显示核磁共振测量原理示意图,图中所示为一种特例,即施加的拉莫尔圆频率的外磁场 B_r 方向垂直于地磁场 B_0 方向。

核磁共振找水法是通过测量不同深度地层内氢核的密度,显示地层中不同深度断面的含水量分布图像,由此而获得所测地层断面中不同深度地层含水量的二维图像。

图 2 表示核磁共振找水仪布置及工作原理示意图。开始工作时,向铺在地面上的线圈输入频率为拉莫尔频率的电流脉冲,交变电流脉冲的包络线为矩形(见图 3)。该电流信号在地下形成交变电磁场,在交变电磁场激发下,地下水中氢核形成宏观磁矩。这一宏观磁矩在地磁场中产生旋进运动,其旋进频率为氢核所特有拉莫尔频率。当切断激发电流脉冲后,用同一线圈接收被激发的所有氢核产生的宏观核磁共振信号,该信号的包络线呈指数规律衰减,衰减速度与水中氢质子的数量有关,即核磁共振信号的幅值与所探测空间内自由水含量成正相关。这就是核磁共振找水方法的原理。采用不同强度激发脉冲矩,可以检测不同深度地层含水量。仪器由小到大自动改变激发脉冲矩强度,由此检测由浅到深地层的自由水含量。

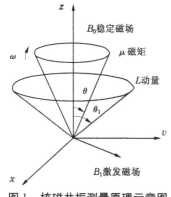

图 1   核磁共振测量原理示意图

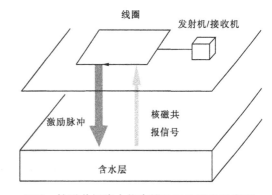

图 2   核磁共振找水仪布置及工作原理示意图

图 3 表示核磁共振找水仪激发信号与接收信号流程示意图,图中 PMR 信号振幅直接反映地下水的含水量;衰减时间反映地下水岩层的平均孔隙度;信号相位反映岩层电阻率。

核磁共振找水方法原理指出,在有地下水活动的地段,就有核磁共振信号响应,利用核磁共振找水仪检测到水分子逐渐衰减的旋进磁场信号,并由系统配备的软件对采集的信号进行处理和解释,就可得出各含水层的深度、厚度。图 4 表示核磁共振找水仪接收到的水分子逐渐衰减的旋进磁场信号。图 5 表示不同深度地层对激发信号的响应。图 6 表示含水层反演结果。在没有地下水活动的地段,核磁共振探测结果无响应信号。

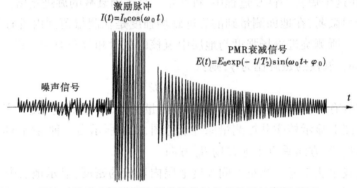

图3 核磁共振找水仪激发信号与接收信号流程示意图

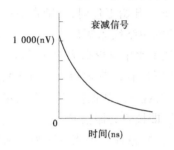

图4 水分子逐渐衰减的旋进磁场信号

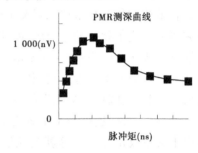

图5 不同深度地层对激发信号的响应

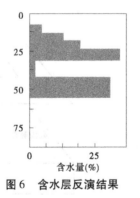

图6 含水层反演结果

3 现场找水试验

山西省地处黄土高原,在黄土地区,地球物理方法找水的主要目标是在大面积黄土层中寻找含淡水的透镜体及砂砾石含水层。但是,由于黄土层的电阻率较低,厚度较大,而相对高阻的含水层规模较小,电阻率异常反映不明显,单纯采用电阻率法往往不能很好地反映含水层的存在。因此,采用核磁共振法找水具有独特优越性。

作者采用核磁共振法、直流电法和可控源音频大地电磁法等仪器设备进行综合物探找水。几种方法组合对比勘测可明显提高对薄层含水层的识别能力。电法勘探能够分辨出电性层,与地层资料基本吻合;核磁共振找水灵敏度强,直接反映含水层信息,解译的含水层层位与水量和实际钻探相当接近。

试验选择在干旱与半干旱的山西省忻州市和大同市阳高县进行。主要含水地层大致可分为边山洪积层、盆地内冲洪积地层和河流附近第四系的沟谷堆积及河漫滩地层。共完成勘探任务10个,已经施工成井9眼。

3.1 忻州市某村东南灌溉井

某村位于忻州市西部边山区,地层中洪积物较多,山前侧向补给较好,可以用于灌溉用水开发。但如果井位选择不好,将会造成出水量的明显差异。试验在该村1号灌溉井进行。

3.1.1 核磁共振探测成果

工作中采用$100\text{ m}\times100\text{ m}$线圈进行发射和接收,当地大地磁场强度为54 405 nT,换算成拉莫尔频率为2 317.7 Hz,有效探测深度接近100 m。反映线圈内100 m范围内的地层含水量情况。

图7为核磁共振勘测成果图,横坐标为地层含水量(%),纵坐标为探测深度(m),色标表示$T1*$,为信号衰减时间,反映地下水的自由程度。从图中可以看出,忽略表层电磁干扰形成的异常高值,从14 m开始直到100 m,整套地层基本都有$1.5\%\sim6\%$程度的含水性,说明含水层分布较均匀。不足的是红色表示的衰减时间在150 ms以内,含水的自由程度和地层平均孔隙率不理想。但由于厚度大,钻孔出水量仍然较好。

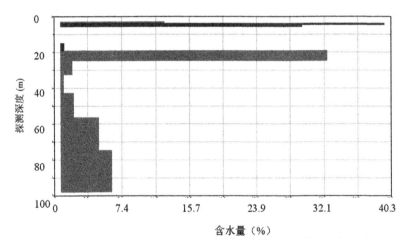

图7 忻州市某村1号灌溉井核磁共振勘测成果图

3.1.2 激发极化法勘测成果

在相近的地方采用传统的激发极化法仪器进行找水试验,结果如图8所示。由图可见,虽然采用不同原理的仪器,检测参数各不相同,而获得的结果却很接近。

检测结果显示,电阻率为KQ型,最大$AB/2=180$ m。测量和计算电阻率值均较高,说明地层中粗颗粒的砂卵石较多。从激电参数看,120 m以前的数值均较高,反映富水性良好,尤其是深度在$45\sim120$ m较为富水。

电法测量结果和核磁共振探测成果基本相符,验证良好。井位施工128 m成功后,水量可达65 t/h。验证了两种方法测量资料的可靠性。

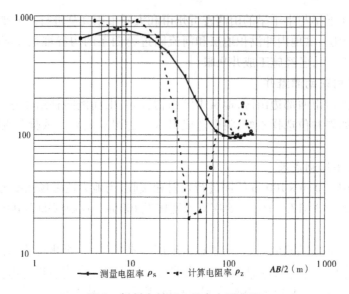

图8　忻州市某村1号点电测曲线

3.2　阳高县某村

该村位于阳高县北部边山。由于水位下降及干旱缺水,以前多次施工均由于水量小而失败。在本次试验前,当地电测队伍开展过勘探,但由于使用的技术方法只是寻找可能的含水地层,难以确定水量和具体层位,造成失败。

本次试验同时采用核磁共振找水仪和大功率激电测深仪进行对比勘探,确定的井位施工后成功出水,彻底解决了该村的人畜饮水问题。

3.2.1　核磁共振勘测资料分析

检测时采用100 m×100 m线圈进行发射和接收,当地大地磁场为55 054 nT,换算成拉莫尔频率为2 345.3 Hz。有效探测深度接近100 m,反映线框100 m范围内的地层含水量情况。

检测结果绘于图9,横坐标为含水量(%),纵坐标为深度(m),色标表示T1*,为信号衰减时间,反映地下水的自由程度。由图可以看出:地层深度在9 m以上存在区域性电磁干扰,造成测值异常。在周围地区核磁共振信号正常地点不出现这一现象,表明该地区地层都不富水。但考虑到低成本就近解决人畜饮水,认为虽然不富水,但图表反映40～70 m存在比例不到0.7%的弱含水层。这也能解释当地多次施工失败无水的原因。

3.2.2　大功率激电资料分析

结合当地已有的地质地层资料,根据现场踏勘的地形条件,综合分析核磁共振探测成果后,有选择地布置大功率激发极化法进行比对探测验证。成果如图10所示。

从测量数据和图表分析,电阻率曲线为Q型,最大$AB/2 = 120$ m。该类曲线为连续下降型,单凭电阻率测量数据很难确定地层的含水性,必须结合激电参数加以分析。

如图10所示,测量和计算电阻率较高的山前洪积层位于18 m以上,含水性参数反映其粗颗粒地层全部在地下水位以上,无水。下部含水层位于44～97 m,主要在67～97 m,反映含水孔隙的极化率M和半衰时TH显示高值,但衰减度D和偏离度R反映弱含水。

电法勘探成果与核磁共振探测成果比较,除探测含水层深度上有一定差异外,结论基

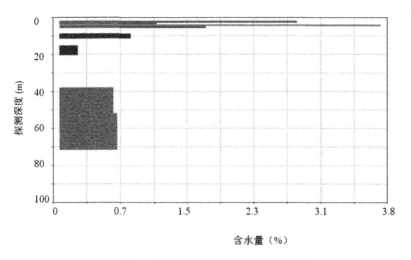

图 9　阳高县某村核磁共振勘测成果

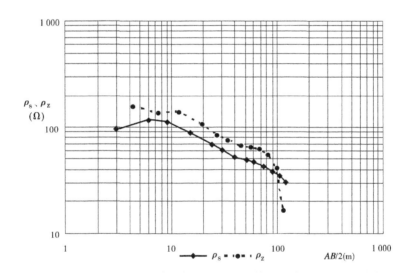

图 10　阳高县某村 1 号电测结果

本一致,都是反映弱含水。钻探结果证明了探测的准确性。施工深度 80 m,水量不足 18 t/h,但能解决当地人畜饮水需求。

4　结论

（1）核磁共振技术是目前世界上唯一的直接找水的地球物理新方法。可以探测由浅到深的含水层的赋存状态。

（2）核磁共振找水仪抗环境电磁干扰能力较差,目前探测深度最大可达 150 m。

（3）采用核磁共振法、直流电法和可控源音频大地电磁法等仪器设备进行综合物探法找水,可明显提高对薄层含水层的识别能力。电法勘探能够分辨出电性层,与地层资料基本吻合;核磁共振找水灵敏度强,直接反映含水层信息。

（4）此次检测结果解译的含水层层位与水量和实际钻探结果相当接近,验证了检测结果的准确性。

参 考 文 献

[1] 李振宇,唐辉明,潘玉玲.地面核磁共振方法在地质工程中的应用[M].中国地质大学出版社,2006,12.

[2] 邹家衡.核磁共振找水方法[J].铀矿地质,1999,1.

[3] 林君.核磁共振找水技术的研究现状与发展趋势[J].地球物理学进展,2010,4(25).

【作者简介】 贾永梅(1975—),女,山东临朐人,高级工程师,从事水利水电工程无损检测技术研究。E - mail:jiaym@ iwhr. com。

冻土墒情野外试验分析与设计[*]

祝岩石[1,2]　　伍根志[1,2]　　商允虎[1,2]　　戴长雷[1,2]

（1. 黑龙江大学寒区地下水研究所，哈尔滨　150080；
2. 黑龙江大学水利电力学院，哈尔滨　150080）

摘　要　分析了土壤在融冻过程中墒情的影响因素、相关参数及融冻机理，确定了试验场地功能区及仪器。以室外试验场地为核心，室内试验场为对比，设计了冻土墒情试验；引入传感器直接探测技术，将墒情传感器和温度传感器埋置于地下不同深度，基于 GPRS 网络，实现了冻土墒情数据的远程采集和存储。

关键词　冻土；墒情；试验场；分析与设计；寒区；呼兰

Analysis and design of frozen soil moisture field experiment

Zhu Yanshi[1,2]　　Wu Genzhi[1,2]　　Shang Yunhu[1,2]　　Dai Changlei[1,2]

（1. Institute of Groundwater in Cold Region, Heilongjiang University, Harbin　150080；
2. School of Hydraulic & Electric-power, Heilongjiang University, Harbin　150080）

Abstract　The paper analyzed the influence factors, related parameters and the mechanism of freezing soil moisture in the process of freezing. It determined functional areas and equipment of the test site. The outdoor test site was used as the core, the indoor testing ground was used as contrast. Frozen soil moisture test was designed. The test introduced sensor detection technology directly. The soil moisture sensor and temperature sensor embedded in different depth underground. Based on the GPRS network, frozen soil moisture remote data acquisition and storage can be achieved.

Key words　Frozen soil; soil moisture content; proving ground; planning; design; cold region; Hulan

1　引言

冻土在我国东北广泛分布，由于气象因素的周期性变化，导致土水体系的季节性冻

* **基金项目**：国家自然科学基金（NO. 41202171）；冻土工程国家重点实验室开放基金（NO. SKLFSE201310）。

融。冻层是指季节性冻土区,由于天然的降温形成的连续冻结的土层,一般存在于土壤的包气带中[1]。冻土墒情是融冻过程中的土壤墒情。墒,指土壤适宜植物生长发育的湿度。墒情,指土壤湿度的情况。

冻土墒情在我国农业方面的影响意义十分重大,由于冻土引起的春涝等灾害带来的经济损失也不容忽视。冻融过程中冻层土壤墒情的研究可为越冬期冻土层持水量(冻土保墒)、越冬期地表水对潜水补给量、春季融雪期河渠/灌溉入渗补给量等的计算提供依据,也可应用于融雪入渗量的计算中,为融雪径流量的计算、融雪洪水预报等提供依据[2]。土壤的冻融是一个非常复杂的过程,由于土中水冻结成冰,土壤冻结过程还伴随着体积膨胀,因此对冻土墒情的测定就变得尤为困难[3]。基于此,本文系统地分析设计了野外冻土墒情综合试验,并初步确定了试验方法、特征参数、场区划分和仪器的选取。

2　典型试验场(黑龙江大学呼兰校区冻土墒情试验场)特征分析

论文研究题目"冻土墒情野外试验分析与设计",根据典型试验场选择原则:

(1)地理位置位于寒区;

(2)有相对完整的冻层水分、热量及发育情况监测资料;

(3)已经进行过冻土墒情相关研究试验;

(4)交通便利,地形地貌及环境因素相对熟知。

本研究试验场地选择位于典型寒区的黑龙江大学呼兰校区呼兰综合试验场,黑龙江大学呼兰校区位于黑龙江省哈尔滨市呼兰区东府路呼兰火车站附近,北纬45°49′~46°25′,东经126°11′~127°19′,地处黑龙江省南部,松花江北岸,呼兰河下游。呼兰区属松嫩平原,大部分为新生界第四纪形成,主要土壤有黑土、黑钙土、草甸土、沼泽土、砂土、盐土等。试验区土壤类别为黑钙土,土层厚度一般在 50~80 cm,pH 值为 6.5~7.5,土壤容重 1.35 g/cm³,田间持水量25%,入渗速度 13.5 mm/h,土壤较肥沃。历年平均冻深为 1.2~1.5 m,地下水位埋深介于 5~10 m。本试验场 2013 年已经进行了"冻层持水性质对寒区冻土保墒的影响研究",与该试验有相似的监测目标和监测内容,试验条件成熟。

3　冻土墒情野外试验的主要目标分析和特征参数选定

3.1　主要试验目标分析

冻土保墒是季节性冻土区特有的一种水文现象,在我国东北寒区有一句谚语"十涝九丢、十旱九收",其机理和影响因素的分析对合理高效地利用有限的土壤水资源量有重要的意义[4]。冻土保墒机理为:一方面冻层的弱透水性或不透水性阻碍了融雪水和上层土壤水的入渗,使这部分水分保留在农作物主要生长的耕作层中;另一方面冻层自身也在融化,这也为非饱和的耕作层提供了一定量的水分[5]。耕作层水分在春季为植物发芽、生长提供了较好的水分来源。而这部分水分如果过多则会造成"春涝"现象。目前有关于此类冻土墒情测定的野外试验还存在一定的空白,因此,本次论文的目的主要归结为两点:

(1)对仪器的梳理,试验场地功能区的划分和设计;

(2)为今后对冻土墒情机理的进一步研究提供基础。

3.2 特征监测参数选定

土壤的冻结实质是土壤中水分的冻结,故冻层土壤冻融过程中土壤墒情的变化实质上是土壤含水量的变化。影响冻土墒情的因素也就是研究影响土壤水分的变化因素[7]。本文在以土壤含水率和温度为主要的特征监测参数的同时,还需要考虑的因素有冻深、冻胀量、土壤孔隙率、土壤容重、容水度、给水度、持水度、渗透系数、含冰率、地温、气温、降水、蒸发、径流、太阳辐射、土壤颗粒级配、地下水埋深等。

4 野外试验场的区划与设置

4.1 总体区划

试验场地分为室外试验场和室内试验场两大部分。室外试验场地分为气象数据监测区、冻深监测区、墒情监测区、温度监测区。室内试验场地是对比(室内)监测区。其中室外试验场占地 100 m²,室内试验场占地 85.25 m²。规划布局如图 1、图 2 所示。

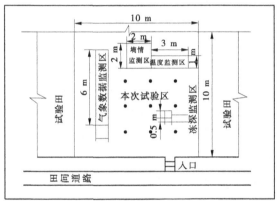

图 1 呼兰校区室外试验场地功能区分布

4.2 气象数据监测区

气象数据监测区布置为 1 m×6 m,内部布置有雨量筒、蒸发桶、温度传感器,主要用以观测和统计室外试验场地的日气温、降雨雪量、蒸发量等。其中温度是影响冻土含水量的主导因素,从 10 月末 11 月初,气温骤降,土壤开始逐渐冻融,到了 12 月至次年 1月中旬,形成了稳定的冻结期,随后又开始慢慢融化,5 月中下旬冻层开始消失。通过雨量筒和蒸发桶便可计算得到当地的降雨雪量和入渗量的情况,为探讨冻土墒情的机理提供理论基础。

4.3 冻深监测区

冻深监测区采用人工监测冻深的丹尼林冻深器测量冻土层厚度,用分层冻胀仪测

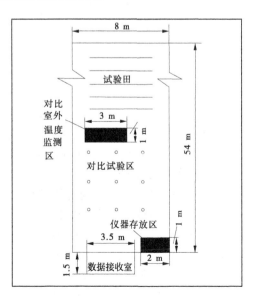

图 2 呼兰校区室内试验场地功能区分布

量冻胀量,然后利用观测的冻土层厚度减去地表冻胀量即可得到冻深。

丹尼林冻深器布置:先用取土钻自地表向下钻取 1.5 m 深,将 2 m 长的塑料管插入,再将装有土壤溶液的橡皮管(长 2 m,带刻度)下端固定后放入管中。上端露出 50 cm 长的管,管口用橡胶管固定,并封住管口。

4.4 墒情监测区

墒情监测区采用埋置在地下 10 cm、40 cm、80 cm 深的墒情传感器(土壤水分传感器),分别对不同深度的土壤含水率进行长期检测并将数据传输到温室内的数据接收室。

墒情传感器为最新引进高科技产品,但是它也有弊端。由于冬季冻土土壤是由土壤水和部分结冰体组成,而这类墒情传感器只能监测到土壤中的土壤水,对已结冰的水体没有感知。因此墒情监测区必须配合其他监测区共同完成对冻土土壤水分的监测。

4.5 温度监测区

这里的温度监测是指对地下温度的监测,由于低温的不确定性,测定极其困难,精确度较低等原因,本次试验场采用了 3 种仪器对其测量:

(1)地下温度传感器。在温度监测区内部埋置 6 只地下温度传感器,分别埋置在地表、地下 10 cm、20 cm、40 cm、60 cm、80 cm 深度处。其另一端连接在数据接收室,可以长时间不间断地传递出数据,这样便可绘出地下温度变化情况。

(2)自制式地温计。自制式地温计采用 PVC 管与温度计相结合的方法(见图 3)。首先选取 5 根长度分别为 10 cm、20 cm、40 cm、60 cm、80 cm 的 PVC 管,常用温度计 5 根,与温度计直径略大一些的铝制管 5 根,用取土钻在温度监测区内打相应深度的孔,将 5 根 PVC 管插入,用浮土埋好,将温度计和铝质插管组合好,插入对应深度的 PVC 管内,将管的上方封住。

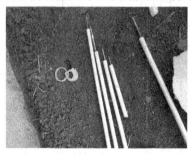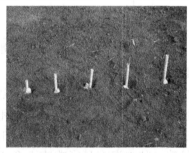

图 3   自制式地温计

(3)嵌入式电子地温计。选取嵌入式电子地温计 5 个,将其探头分别埋置在与自制式地温计相对应深度的位置,并将其显示屏留在地面处便于读数。

4.6 对比(室内)监测区

设置对比(室内)监测区的目的是与室外试验场进行同步检测,获得一系列相同时段和相同时间间隔的特征参数。由于室内暖棚平均气温在 22 ℃以上,这样的土壤就不会被冻结,在实验中能够起到很好的对比作用。其内部布置同室外温度监测区布置相同。但由于室内地下温度变化幅度小且容易测定,考虑到经济和工程量等因素,室内温度监测区没有布置地下温度传感器。监测区内还设置了专门的仪器存放区,主要存放的仪器有:烘干箱、取土钻、地钻、水钻、电子秤、干燥器、铝盒、环刀、湿度计、蒸发桶、雨量筒、丹尼林冻深仪、负压计、温度传感器、太阳能电池板、墒情传感器、嵌入式电子地温计等。

对比监测区内还有负责接收数据的接收室,数据接收室内部设有数据处理系统,包括遥测终端 RTU,它可以将室外的墒情传感器和温度传感器传输的信号转变成数据(见图4),内部还设有蓝牙模块和 GPRS 通信模块,其作用是将 RTU 的数据进行远程传送(例如通过手机蓝牙或计算机等),然后通过远程操控存储数据,并可以将实时数据显示在显示屏上如图5所示。室内安装一台台式计算机,目的是存储远程计算机传递出的数据并可长时间将数据汇总介以分析,表1为部分土壤墒情监测数据。在数据接收室旁树立一个太阳能面板,面板将电量储存在蓄电池内,用以供电给遥测终端 RTU、蓝牙模块和 GPRS 通信模块。

图 4　传感器简略工作原理　　　　图 5　土壤墒情传感器数据接收装置

表 1　2014 年呼兰校区试验场部分冻土墒情监测数据

时间	土壤 10 cm		土壤 40 cm		土壤 80 cm	
	墒情(%)	温度(℃)	墒情(%)	温度(℃)	墒情(%)	温度(℃)
2014 − 02 − 28 11:22	6.44	− 4.74	6.79	− 2.38	8.1	− 2.33
2014 − 02 − 28 11:33	6.46	− 4.74	6.9	− 2.48	8.14	− 2.43
2014 − 02 − 28 11:33	6.40	− 4.74	6.77	− 2.48	8.08	− 2.43
2014 − 02 − 28 11:35	6.43	− 4.64	6.78	− 2.48	8.17	− 2.33
2014 − 02 − 28 11:40	6.44	− 4.74	6.76	− 2.38	8.06	− 2.33
2014 − 02 − 28 11:45	6.48	− 4.74	6.76	− 2.48	8.26	− 2.43
2014 − 02 − 28 11:54	6.48	− 4.74	6.78	− 2.48	8.13	− 2.43
2014 − 02 − 8 11:55	6.52	− 4.84	6.74	− 2.48	8.1	− 2.53
2014 − 02 − 28 12:00	6.44	− 4.64	6.84	− 2.48	8.1	− 2.43
2014 − 02 − 28 12:05	6.52	− 4.64	6.79	− 2.48	8.05	− 2.43
2014 − 02 − 28 12:10	6.50	− 4.64	6.82	− 2.58	8.07	− 2.53
2014 − 02 − 28 12:15	6.49	− 4.64	6.77	− 2.48	8.06	− 2.53
2014 − 02 − 28 12:20	6.50	− 4.64	6.84	− 2.48	8.04	− 2.53
2014 − 02 − 28 13:44	6.62	− 4.24	6.79	− 2.68	8.13	− 2.53
2014 − 02 − 28 17:35	6.79	− 3.24	6.81	− 2.78	8.01	− 2.33
2014 − 02 − 28 17:35	6.82	− 3.14	6.82	− 2.78	7.98	− 2.33

5　结论

冻土墒情野外试验分析与设计是针对北方土壤融冻过程中土壤水分变化特点研究与

设计的试验。通过对冻土墒情的简要分析和对试验场地、试验器材的合理布局规划,为今后对冻土墒情机理的探寻奠定了基础。本文以室外试验场地为核心,室内试验场作为对比,更好地体现了设计的合理性。此外,还引进了传感器直接探测技术,将墒情传感器和温度传感器埋置于地下不同深度,通过远程操控,将测得的数据进行汇总和分析。这又与古老的对土样烘干后分析的方法进行对比,各取利弊更加有利于今后试验的进行。

由于国内外关于冻土墒情野外试验方面的资料有限甚至无从参考,此次冻土墒情野外试验分析与设计还有一定的局限性,而且本文设计的内容也不是很广泛,还有诸多方面的问题未得到解决。本文主要提出以下两点建议:

(1)由于冻土墒情野外试验是对室外试验场地和室内试验场地进行对比分析,但是因为技术和环境的复杂性,室内温度条件的控制还有待加强。

(2)仪器设备有待更新。试验场地内大部分仪器都比较旧,且灵敏度和性能参数等都会相应的降低。

参 考 文 献

[1] 戴长雷,孙思淼,叶勇.高寒区土壤包气带融雪入渗特征及其影响因素分析[J].水土保持研究,2010(3):35-43.

[2] 卢路,刘家宏,叶睿,等.华北地区暴雪覆盖与土壤墒情关系初探——以邯郸市为例[J].节水灌溉,2011(1).

[3] 戴长雷,李治军.寒区闭流区土壤水分垂向渗流系统物理模拟试验装置分析与设计[J].黑龙江水专学报,2008(4):23-30.

[4] 常龙艳.冻层持水性质对寒区冻土保墒的影响研究[D].哈尔滨:黑龙江大学硕士学位论文,2014:16-35.

[5] 吕雅洁.哈尔滨地区冻层土壤水热参数监测试验研究[D].哈尔滨:黑龙江大学硕士学位论文,2014:34-44.

[6] 陈军锋.不同地表条件下季节性冻融土壤入渗特性的试验研究[D].太原:太原理工大学,2006.

[7] 杨振宁.万家冻土水文试验布置图设计[D].哈尔滨:黑龙江大学学士学位论文,2014:7-21.

[8] 刘畅,陈晓飞,范杰,等.冻结条件下土壤水热耦合迁移的数值模拟[J].水电能源科学,2010(5):345-350.

[9] 范洪奎,刘长远.关于旱情与旱灾等级标准划分的探讨[J].吉林水利,2003(3):20-40.

[10] 崔丽洁,徐宝林.吉林省中西部地区土壤墒情实验研究[J].吉林水利,2003(1):32-35.

[11] 刘海昆,黄树祥,王慧.论冻土对土壤水分动态的影响[J].黑龙江水利科技,2002(3):20-27.

[12] 郑秀清,樊贵盛.土壤含水率对季节性冻土入渗特性影响的试验研究[J].农业工程学报,2000(6).

[13] 宋迪.冬灌条件下土壤冻融过程的试验研究[D].沈阳农业大学,2009.

[14] 何志萍.冻融土壤水分入渗规律的试验研究[D].太原:太原理工大学,2003:10-13.

[15] 张立伟.呼兰冻土水文试验布置图设计[D].哈尔滨:黑龙江大学学士学位论文,2014:8-22.

【作者简介】 祝岩石(1989—),男,黑龙江海伦人,硕士研究生,主要从事地下水分析与评价研究。E – mail:hss_zhuyanshi@126.com。

低扬程轴流泵站效率测试分析与运行建议措施

黄 立 江显群 刘 涛 高 丽

(珠江水利委员会珠江水利科学研究院,广州 510610)

摘 要 泵站效率的测试,可摸清泵站的运行效能。结合对中山市福隆低扬程轴流泵站装置效率的测试数据,分析该泵站水泵设备的运行特性,并给出日常运行的建议,在保证安全运行的前提下,为泵站经济运行提供依据。

关键词 泵站;机组;效率

Efficiency analysis and operational recommendations of Axial-Flow pumping stations with low head

Huang Li Jiang Xianqun Liu Tao Gao Li

(Pearl River Water Research Institute,Guangzhou 510610)

Abstract Efficiency test of pumping stations can find out the operation effectiveness. According to the efficiency test data of the Zhongshan Fulong Pumping Stations, analysing the efficiency of the pumps, and showing the operational recommendations, providing the basis of economical operation.

Key words pumping stations;unit;efficiency

1 引言

中山市福隆泵站设计排水流量为 75 m³/s,属Ⅱ等,大(2)型工程,主要功能为防洪、排涝及改善水环境。泵站进水流道采用钟型流道,出水流道采用直涵式出水流道,拍门断流。泵站特征扬程:设计扬程 2.70 m,最高扬程 4.15 m。泵站安装 4 台 2 200ZLQ 轴流泵,配套电机为 TL1000 – 32,总装机容量为 4 000 kW。

2 测试内容及要求

装置效率是衡量泵站机组工作效能高低的一项经济技术指标,本次内容为泵站机组装置效率的现场测试,为泵站经济运行提供依据。各种技术参数的测试严格按照《泵站现场测试与安全检测规程》(SL 548—2012)(以下简称规程)的技术要求,在不同的工况下测试以下参数:①单泵过机流量;②水位、扬程;③电机输入功率;④计算装置效率。

3　测试方法

3.1　流量测定

根据泵站的现场条件,流量测定采用了流速仪法。根据规程的要求,结合现场实际情况,本次测流断面选择于水泵的进水流道处。为实现精准的流量测量,在闸槽处布放测流所需的流速仪阵列,流速仪阵列安装于测流架上。

测线和测点的布置按照流速的分布来确定,可取测线 0.092L—0.367 5 L—0.632 5 L—0.908 L 布置(L 为断面宽度),垂直测点按 0.034H、0.092H、0.25H、0.367 5H、0.5H、0.632 5H、0.75H、0.908H、0.966H 的方法布置(H 为断面高度)。

采用该法布置测点,断面平均流速按式(1)计算,流量按式(2)计算。

$$\bar{v} = \frac{\sum k_i v_i}{k_i} \tag{1}$$

$$Q = \bar{v}A \tag{2}$$

式中:k_i 为加权系数,按规程的规定取值;v_i 为各个测点的流速值,m/s;A 为断面面积,m^2。

3.2　输入功率测定

水泵由交流电动机驱动,通过联轴器把机组耦合在一起。该泵站轴流泵的配套电机为 TL1000 - 32 同步电机,计算电机功率时,同步电机输入总功率包括定子输入功率和转子输入功率两部分,采用双瓦特表法测定其定子输入功率,转子输入功率通过测量转子电压 V 和电流 A 计算求得。电动机的输入功率计算公式为:

$$P_{gr} = \frac{C \times K_i \times K_v (W_1 + W_2)}{1\ 000(1 + \varepsilon_\rho)} + \frac{A \times V}{1\ 000}$$

式中:P_{gr} 为电动机输入的三相有功功率,kW;C 为瓦特表刻度常数;K_i 为电流互感器变比系数;K_v 为电压互感器变比系数;W_1 为瓦特表"1"的读数,格;W_2 为瓦特表"2"的读数,格;ε_ρ 为互感器的修正系数,包括比差和角差的综合修正值,%;A 为转子电流;V 为转子电压。

3.3　扬程(水位)测定

扬程是指被输送的单位重量的液体从泵进口到出口所增加的能量。用水位尺直接测量水位,在以下位置分别安装水位尺:①进水池靠近进水流道(管道)进口处;②出水池靠近进水流道(管道)出口处。装置扬程 H_{sy} 为进水池靠近进水流道进口处水位 H_2 与出水池靠近进水流道出口处水位 H_1 之差,即:

$$H_{sy} = H_2 - H_1$$

水泵在调节工况后,需要持续工作 15 min,流量和水位才能基本稳定,每次开泵或调节后,等水流流态趋于稳定方可记录数据。

3.4　效率计算

装置效率计算公式为:

$$\eta_{sy} = \frac{\rho g Q H_{sy}}{1\,000 P_{gr}} \times 100\%$$

式中：η_{sy} 为单机效率，% ；ρ 为水的密度，$\rho = 1\,000$ kg/m³；g 为自由落体重力加速度，$g = 9.81$ m/s²；Q 为单泵流量，m³/s；H_{sy} 为水泵扬程，m；P_{gr} 为电机输入总功率，kW。

4 测试结果与分析

测试采用可靠的手段，测试方法符合规程的要求，测试结果可靠，汇总水泵测试数据，依据装置效率计算公式，可求得各工况下（叶片角度从 -6° ~ 2° 的调节）的装置效率，测试结果如下：机组性能均衡，实测水泵最大流量为 24.93 m³/s，最高装置扬程为 2.11 m，最大输入功率为 1\,029.1 kW，机组实测最高装置效率为 48.9% ，流量满足设计要求。利用测试结果绘制性能曲线图，并采用二次多项式将曲线拟合，结果如图 1 所示。

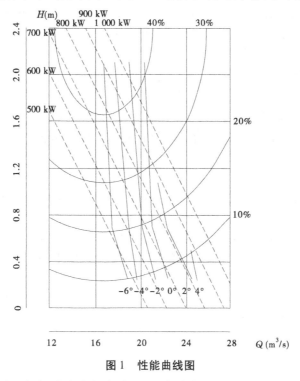

图 1　性能曲线图

从图 1 可以看出，在水泵叶片角度为 -6° 时，在扬程为 2.10 m 处可达到 48.9% 的装置效率，且随着扬程的上升，效率仍有提高的空间（由于此次测试内外江水位相差不大，因此无法测得设计扬程下的实际效率）。与 40% 效率线相交的叶片角度有 -6° ~ 0° 共 4 条角度线，叶片为 2° 时无法达到 30% 的效率，4° 时只有 10% 左右的效率。

本次测试结果显示，当扬程不足 0.50 m 时，4 台机组均可以实现叶片工作角度从 -6° ~ 4° 的全程调节；为使电动机不至于超负荷工作，当扬程接近 1.00 m 时，建议叶片角度不大于 2°；当扬程约为 1.40 m 时，叶片应工作于 0° 以下；当扬程在 2.00 m 左右时，叶片角度以不超过 -2° 为宜。

此次测试，内外江水位差已是多年一遇，但其装置扬程仍然达不到设计要求，虽水泵实测性能及其特性曲线与设计相比基本一致,但实际运行区偏离泵高效区,偏向低扬程侧,无法在设计扬程工况下运行致使实测效率普遍偏低。

5　总结

在工程设计中,排涝泵站总是按最不利情况考虑,水泵的排涝能力是按 10 年一遇的洪水甚至更高水平的需求设计的,而实际运行时最大排涝水量出现的概率往往只占百分之几甚至更低,绝大部分时间,排涝量和实际扬程均明显小于最大工况。因此,泵站内水泵长期在较低效率下工作。

实际运行时,其运行方式有多种选择,泵站管理人员应根据泵站的实际运行情况合理调整叶片角度,在有限的工况区间内尽量提高水泵的工作效率。经过本次测试结果分析,确定其运行基本原则为:在完全满足排涝需求的情况下,叶片角度可尽量调小。该泵站所用的 2200ZLQ 水泵在任何扬程下,其叶片角度越小,效率越高,因此在保证排涝需求的前提下,水泵工作时叶片角度应尽量调小,通过增加开泵数量来加大过流量,以实现机组在高效率的区间运行,节省成本。

此外,进水池流态紊乱,旋涡多,水泵会大量吸进空气,不仅减少流量,还可能引起水泵振动,产生噪声,降低水泵效率。因此,在水泵运行过程中应尽量保持水池流态稳定。具体办法是使水泵进水流道有足够的淹没深度,或在进水池水面上漂浮大块模板进行灭涡,同时必须及时清理清污机上拦截的漂浮物,定期清理水泵叶片上的缠绕物。

参 考 文 献

[1] 唐晓梅. 嘉定区泵站装置效率测试分析与建议措施[J].黑龙江水利科技,2012(7).
[2] 樊旭. 江都二站抽水性能现场测试分析[J]. 水泵技术,2004(3).
[3] 刘曼,胡毓麟. 某泵站的现场测试及结果分析[J]. 排灌机械,2004(4).
[4] SL 548—2012 泵站现场测试与安全检测规程[S].北京:中国水利水电出版社,2012.

【作者简介】　黄立(1982—),男,广东佛山人,工程师,主要从事水工金属结构和水利机械电气的测定、分析及评估研究。E – mial:54036179@ qq. com。

灌浆流量检测精度研究

郭　亮　黄跃文　张　慧　余仁勇

（长江水利委员会长江科学院，武汉　430010）

摘　要　通过分析灌浆工程普遍使用的电磁流量计的误差特性以及用于循环灌浆的小循环和大循环两种不同灌浆流量检测方式对灌浆小流量的检测精度的影响，计算论证了两种流量检测方式的测量误差，得出了无论从提高灌浆流量检测精度还是设备的简单化方面考虑，采用单只流量计的小循环灌浆流量检测方式是适宜的结论。

关键词　灌浆记录仪；电磁流量计；循环；屏浆；误差

Research on the grouting flow measurement accuracy

Guo Liang　Huang Yuewen　Zhang Hui　Yu Renyong

（The Yangtze River Scientific Research Institute，Wuhan　430010）

Abstract　The paper calculated the measurement error of two flow measuring methods, with analyzing the error characteristic of electromagnetic flowmeters, which are widely used in grouting engineering and used to detect the influence precision of small circulation grouting and circulation of two different filling flow detection of grouting and small flow, and obtained that small cycle grouting flow detection method using one flowmeter is suitable, through both the increase of filling flow detection considering the accuracy or equipment.

Key words　grouting recorder; electromagnetic flowmeter; circulation; screen plasma; error

1　引言

水泥灌浆施工是基础处理最有效的方法之一，在水利水电工程领域应用尤为广泛。灌浆记录仪用于地基水泥灌浆处理施工过程中对灌浆流量、密度、压力及抬动位移等参数进行实时自动监测和记录，一般由主机及流量、压力、密度、抬动位移等传感器组成，是监测灌浆施工质量和完善工程计量的重要施工监测设备。

灌浆记录仪检测水泥灌浆工程浆液流量主要有小循环和大循环两种不同的检测方式，研究灌浆小流量的检测精度，关系到灌浆记录设备能否更好地实施《水工建筑物水泥灌浆施工技术规范》（DL/T 5148—2012）[1]中有关屏浆标准的要求，提高灌浆记录数据的可靠性和灌浆工程质量。

2 误差特性分析

2.1 电磁流量计

灌浆记录仪一般采用 K300(经济型)电磁流量计(以下简称流量计)作为流量检测仪表。流量计是利用法拉第电磁感应定律制成的一种测量导电液体体积流量的仪表。流量计的精度在大流量时(如 20 ~ 100 L/min)为 1% ,小于 20 L/min 时为 0.2%[2]。流量计的测量量程比通常为 20:1 ~ 50:1,带有量程自动切换功能的仪表,可超过 50:1 ~ 100:1。

由流量计的测量原理可知,其流量的下限由噪声或偏移的信噪比 S/N 来决定,上限则由测量管内衬里的磨损和配管的经济速度等来决定。流量计满度流量时液体流速可在 1 ~ 10 m/s 范围内选用,其上限流速在原理上不受限制,通常建议不超过 5 m/s,下限流速一般为 1 m/s,某些型号仪表的指标则更低。流量计的精度曲线以及流量、流速及示值误差关系见图 1 和表 1。

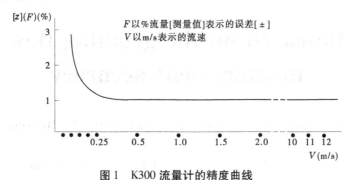

图 1　K300 流量计的精度曲线

表 1　流量、流速及示值误差表

流量 Q(L/min)	流速 V(DN40)(m/s)	示值误差 δ(%)
20 ~ 100	0.265 3 ~ 1.326 3	±1
10	0.132 6	±2
5	0.066 3	±4
2	0.026 5	±10
1	0.013 3	±20

灌浆工程中灌浆量检测范围一般在 0 ~ 100 L/min(泵排量为 6 m³/h 即 100 L/min)。

2.2 检测方式

目前,流量计应用于循环灌浆的流量检测,有所谓"小循环方式"和"大循环方式"两种设备布置和连接方式。小循环方式是采用 1 只流量计测量灌浆系统的净耗浆量(即注入量)的测量方式;大循环方式是采用 2 只流量计分别测量进浆管路和回浆管路流量,然后计算其差值(即注入量)的测量方式。参考文献[3]提出并实施了在进浆管与返浆管上各安装一个 EMF 来检测灌浆时的流量大小的大循环灌浆检测记录方案,很好地解决了循环式灌浆的流量准确检测问题。突破了以往的检测方式不能检测小流量(1 L/min 以下)的局限,使灌浆规范中的灌浆结束标准第一次真正地得到了实行[3]。

3　检测精度

灌浆施工屏浆阶段,小循环方式下每段灌浆流量都有 30 ~ 90 min 需较准确地工作在 1 L/min 或更低流速;而大循环方式则与此相反,两只流量计均工作于近 100 L/min 流量范围。对照图 1 和表 1,此时小循环方式流量计的测量精度已处于迅速下降范围,而大循环方式下流量计则处在较高测量精度和稳定度的工作范围,这一关系似乎表明大循环方式的测量精度要优于小循环方式。而实际上,这一表象完全是个误区,下面将就此进行具体论述。

图 1 和表 1 给出的是 K300 流量计的精度特性及标称误差,该标称误差仅表示流量计本身过流流量的准确度,如果实际灌浆流量与流量计过流流量不是同一流量,则不能以流量计的标称误差代表实际灌浆流量的误差。

在小循环方式下,计量由一只流量计完成,所以流量计检测的流量就是灌浆流量,流量计的测量误差就是灌浆量的误差,两者完全相同;而在大循环方式下,实际灌浆量是两只流量计测量值的差值,相对于两只流量计的流量来说是一个较小的量,由于两只流量计始终工作在较大流量状态,流量计本身在大流量时的相对误差虽很小,但乘以大流量基数后的绝对误差值则较大,将两只流量计的绝对误差叠加后会更大,用该绝对误差值去除以相对较小的实际灌浆量必然得到一个较大的相对误差值。因此,不能简单地依据图 1 和表 1 的规律来判定小循环灌浆方式的检测精度一定劣于大循环灌浆方式。

下面以 1 L/min 流量为例,按两种情况分别加以具体计算和说明。

(1)小循环方式:

(由表 1: $Q = 1$ L/min,$\delta = \pm 20\%$)

1. 绝对误差:$\Delta = Q \cdot \delta = \pm (1 \times 20\%) = \pm 0.2$(L/min)

2. 相对误差:$\delta = \pm 20\%$

3. 按偏差值表示:$Q = (1 \pm 0.2)$ L/min

(2)大循环方式:

(由表 1:$Q_1 = 100$ L/min,$\delta_1 = \pm 1\%$;$Q_2 = 99$ L/min,$\delta_2 = \pm 1\%$)

1. 绝对误差:$\Delta = \Delta_1 + \Delta_2 = Q_1 \cdot \delta_1 + Q_2 \cdot \delta_2 = \pm (100 + 99) \times 1\% \approx \pm 2$(L/min)

2. 相对误差:$\delta = \Delta / Q = \Delta / (Q_1 - Q_2) = \pm (2/1) \times 100\% = \pm 200\%$

3. 按偏差值表示:$Q = (1 \pm 2)$ L/min

以上计算结果表明:大循环灌浆方式流量测量误差已远超出可以接受的程度。究其原因乃是两只流量计均采取大进大出、工作在远远大于待测值的流量范围,属于设备的不合理运用,难以达到预期效果。此外,要想将大循环方式测量精度提高到以上小循环方式同等精度,必须选用更高等级精度的流量计($\pm 0.1\%$),这无论在技术上、经济上,还是从工程实际来说都是不现实的。

反观小循环灌浆方式,虽然流量计本身精度在小流量范围有大幅降低,但只要流量计属合格产品、通过校验和检定后能满足其标称的技术性能和指标,则 $Q = (1 \pm 0.2)$ L/min

是流量计产品出厂精度,完全可以满足工程实际需要。

由 EMP 的测量原理得知:当 EMF 管道测量介质处于不流动(静止)状态时,EMP 的零点示值与浆液中水泥颗粒的含量大小无关,所以小循环单只流量计的零点就是实际灌浆流量的测量零点;由于双只 EMF 的大循环流量测量零点是两只 EMF 的大流量的差值,此时高流速浆液内有较大水泥颗粒擦过电极表面,在频率较低的矩形激磁的 EMF 中会产生尖峰状浆液噪声,加上灌浆柱塞泵的压力波动,使得流量计输出信号不稳定,显然在测量灌浆流量零点值的稳定性和准确性方面小循环方式优于大循环方式。

4　结论

大循环方式不能很好解决测量精度问题,采用一只流量计检测灌浆流量的小循环方案,既充分发挥了流量计(K300 经济型)的小流量检测精度高的特点,同时也能降低整套灌浆设备成本,满足工程实际需要,因而,其是一种符合实际的方案。

小循环方案中的不足可以通过改进施工工艺方法予以消除或弥补。例如二滩水电站工程引进的法国 Lutz 灌浆记录仪能够记录灌浆作业 $P \sim T$、$Q \sim T$ 过程曲线,仅在屏浆结束前 30 秒记录注入率,达到结束标准即可结束灌浆作业。据此,三峡工程帷幕灌浆采用单只流量计测量灌浆流量,当灌浆平均注入率达到屏浆标准($Q < 0.4$ L/min)后,随即转换为大循环灌浆,此时不检测灌浆流量,1 小时屏浆结束后,达到结束标准随即结束灌浆作业。较好地解决了在屏浆阶段浆液温升快、流量计易堵塞问题。

2012 年修订出版的《水工建筑物水泥灌浆施工技术规范》(DL/T 5148—2012)说明条文 3.2.7 指出:目前市场上的灌浆记录仪型号较多、功能不一,对于一般灌浆工程的基本需求而言,灌浆记录仪能测记灌浆压力、注入率两个参数,并使用单支流量计即可。仪器复杂化无助于灌浆施工过程质量的监测和保障[1]。无论从提高灌浆流量检测精度还是设备的简单化方面考虑,采用单只流量计的小循环灌浆流量检测方式是适宜的。

参　考　文　献

[1] DL/T 5148—2012　水工建筑物水泥灌浆施工技术规范[S].

[2] 夏可风,龙达云,肖恩尚,等.使用灌浆自动记录仪几个问题的讨论[J].水利水电工程设计,1995(02).

[3] 徐力生,,陈伟,等.三参数、大循环灌浆自动记录仪的技术特点及发展趋势[J].水利规划与设计.2004(03).

【作者简介】　郭亮(1984—),男,湖北武汉人,工程师,从事电子仪器设备研发工作。E - mail:wind8lele@ 126. com。

基于 CFD 的氧化沟推流器优化

姜　镐　郑　源　宋晨光　杨春霞

（河海大学水利水电学院，南京　210098）

摘　要　针对目前污水处理厂氧化沟推流器设计不合理的情况,根据银塘污水处理厂提供的推流器木模图,建立三维推流器模型,并进行非结构化四面体网格划分,基于 Navier-Stokes 方程和标准 $k-\varepsilon$ 湍流流模型,采用 SIMPLE 算法对氧化沟进行数值模拟。计算了推流器优化前后氧化沟各个截面的速度大小及分布,同时对液流在不同推流器作用下的流动情况进行了研究。模拟结果表明:优化后的推流器使氧化沟内液流平均循环流动速度提高了 0.14 m/s,改善了因推动力衰减过多导致在导流墙内侧速度降低而产生沉积的问题,推流距离也得到增长。该研究为以后结合试验做进一步的研究提供了理论依据。

关键词　推流器;数值模拟;断面流速

The optimization on submerged propellers in oxidation ditch by CFD

Jiang Hao　Zheng Yuan　Song Chenguang　Yang Chunxia

（College of Water Conservancy and Hydroelectric Power,
Hohai University, Nanjing　210098）

Abstract　The problems of unreasonable designed propellers exist in the sewage treatment plants currently, thus the flow in an oxidation ditch was simulated based on the Navier-Stokes equations, standard-turbulence model and SIMPLE algorithm. The three dimensional submerged propellers model was built by the existing blade pattern drawing, and the fluid domains were meshed with unstructured tetrahedral cells. The velocity distribution before and after the optimization of the oxidation ditch were estimated under different working conditions; meanwhile, the flow field driven by the propeller was investigated as well. The results indicate that, after optimization, the velocity in oxidation ditch was increased by 0.14 m/s, which means the sludge deposition problem, which is caused from too low flow velocity resulted by too much attenuation of the driving power in the bends can be solved. The study can provide a theoretical guidance for further field experiment.

Key words　submerged propellers; numerical simulation; cross-section velocity distribution

1　引言

氧化沟,又名连续循环曝气池,是一种循环曝气系统,这种污水处理工艺是在 20 世纪

50 年代由荷兰卫生工程研究所(TNO)研制成功的。它的处理能力高于其他生物处理系统,是因为它具有独特的混合性能,但只有当沟内的混合液体以一定的流速在沟内循环流动的时候,混合性能才得以保证。推流器是氧化沟中的重要动力来源,它的能量消耗在污水处理能耗中所占比重较大。推流器为氧化沟提供动力,当液流速度不低于 0.3 m/s 时,可以达到污水处理的标准要求。推流器强化了混合功能,使水流呈螺旋形推流流动,有效地减少了断流现象的发生,从而处理效果更好。赵星明等模拟了设置导流墙后其对水流流速的影响,许丹宇等利用数值模拟技术研究了氧化沟工艺的水力特性,周大庆等对氧化沟的能量配置进行了计算,但是结合实际工程例子的研究相对较少。因此,结合工程实例对推流器的叶片进行优化计算,具有实际意义。

本文利用 fluent 软件对推流器进行数值模拟,通过对推流器叶片形状的优化,对不同叶片形状下推流器的推流距离等方面做出比较,为设计及制造推流器提供参考依据。

2　数值计算

2.1　模型基本参数

计算区域是基本型氧化沟。氧化沟容积为 2 467.3 m³,单池直线长 34.25 m,单池沟宽分别为 5.05 m 和 5.85 m,转弯半径为 6 m,导流墙半径为 3 m,有效水深为 5 m,中间挡墙宽度为 0.25 m。介质为常温常压下的水。氧化沟平面布置及推流器安装位置见图 1。

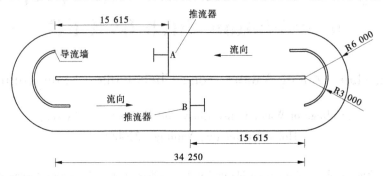

图 1　氧化沟平面布置图

图中推流器 A 和 B 同时工作,两台推流器与液面的距离都是 3 m,距离中间挡墙侧壁 2.925 m,氧化沟的平面布置见图 1,竖直布置见图 2。在氧化沟内截取 6 个截面,断面尺寸分别为 5 m×5.05 m 和 5 m×5.85 m,每个断面有 9 个监测点,水平截面位置及竖直截面测点布置分别见图 3、图 4。

作为氧化沟内的唯一动力来源,推流器除了产生轴向的速度,叶轮本身也会产生涡流影响推流器附近的流场分布,但考虑到氧化沟的容积,涡流对整个氧化沟内的流场分布影响是非常小的,所以在数值模拟时涡流的影响可以不考虑。推流器叶轮的主要功能是将能量传递给流体并使流体获得轴向流速。

根据提供的推流器木模图,建立三维推流器模型。推流器由轮毂和叶片组成,轮毂半径为 0.168 m,高度为 0.5 m,叶片半径为 1.25 m,叶片厚度为 0.25 m,从叶片根部到顶部光滑过渡。本文模拟的是不同叶片在安装角度为 0°、旋转速度为 6.28 rad/s 下的流场分

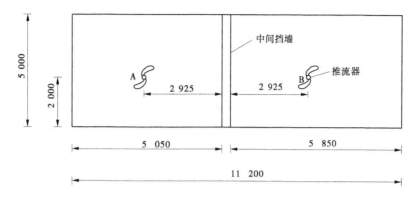

图 2　竖直断面布置图

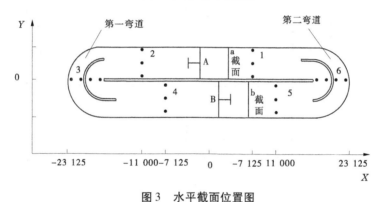

图 3　水平截面位置图

布。为每一个叶轮创建一个高 0.54 m,半径为 1.25 m 的旋转区域,流体在旋转区域获得能量并按照能量方程将能量传递给其余液体。优化前后推流器叶片对比见图 5。

2.2　控制方程

经过综合考虑,针对氧化沟内存在的旋流以及弯道的二次流现象,选用 RNG 湍流模型进行此次数值模拟。RNG $k-\varepsilon$ 湍流控制方程组如下:

质量守恒方程:

$$\frac{\partial U_i}{\partial X_i}=0,\ 即\frac{\partial u}{\partial x}+\frac{\partial v}{\partial y}+\frac{\partial \omega}{\partial z}=0 \tag{1}$$

动量方程:

$$\frac{\partial}{\partial X_i}(U_iU_j)=-\frac{1}{\rho}\frac{\partial P}{\partial X_i}+\frac{\partial}{\partial X_j}\left[\mu_{eff}\left(\frac{\partial U_i}{\partial X_j}+\frac{\partial U_j}{\partial X_i}\right)\right] \tag{2}$$

紊动动能 k 方程:

$$\rho\frac{\partial ku_i}{\partial x_i}=\frac{\partial}{\partial x_j}\left[\alpha_k\mu_{eff}\frac{\partial k}{\partial x_j}\right]+G_k+\rho\varepsilon \tag{3}$$

$$G_k=\mu_t\left(\frac{\partial u_i}{\partial x_j}+\frac{\partial u_j}{\partial x_i}\right)\frac{\partial u_i}{\partial x_j} \tag{4}$$

湍动耗散率 ε 方程:

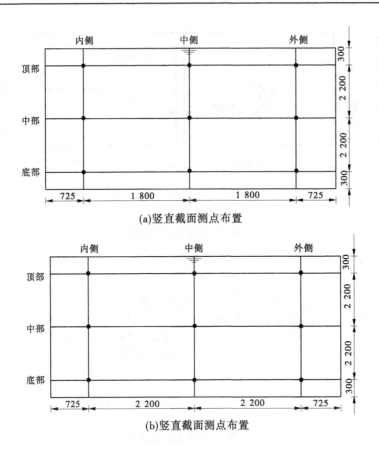

(a)竖直截面测点布置

(b)竖直截面测点布置

图4　竖直截面测点布置

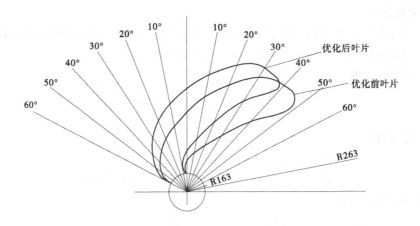

图5　优化前后推流器叶片对比

$$\rho \frac{\partial \varepsilon u_i}{\partial x_i} = \frac{\partial}{\partial x_j} \left[\alpha_\varepsilon \mu_{eff} \frac{\partial \varepsilon}{\partial x_j} \right] + \frac{C_{1\varepsilon}^*}{k} G_k - C_{2\varepsilon} \rho \frac{\varepsilon^2}{k} \tag{5}$$

其中,

$$C_{1\varepsilon}^* = C_{1\varepsilon} - \frac{\eta(1 - \eta/\eta_0)}{1 + \beta\eta^3} \tag{6}$$

$$\eta = (2E_{ij} \cdot E_{ij})^{1/2} \frac{k}{\varepsilon} \tag{7}$$

$$E_{ij} = \frac{1}{2} \left(\frac{\partial u_i}{\partial x_j} + \frac{\partial u_j}{\partial x_i} \right) \tag{8}$$

2.3 网格技术

由于四面体网格可以很好地控制流向型分布以及边界层方向的正交性,故采用四面体网格对计算区域进行离散。计算区域由旋转区域和固定区域组成,旋转区域的网格尺寸是 0.02 m,固定区域由于比较规则,网格尺寸选为 0.275 m。

2.4 边界条件

假定氧化沟中水流为恒定流,计算采用多重参考模型方法,自由液面采用对称边界条件。氧化沟的粗糙系数设置为 0.013。底墙、侧墙、中间挡墙和导流墙看作无滑移壁面边界条件。固定区域与旋转区域之间的交界面设置为内部面。由于氧化沟的设计流速(0.3 m/s)与整个池容相比要小的多,为了简化计算,没有考虑氧化沟的入流及出流,仅对氧化沟内的流体进行了数值模拟。

2.5 求解算法

选择 Fluent 软件来模拟此流场。采用有限体积法对控制方程组进行离散,方程组中扩散项采用二阶中心差分格式,对流项采用二阶迎风格式,应用 SIMPLE 方法进行速度压力耦合求解。设所有变量的残差绝对值小于 10^{-5} 时收敛。

3 数值模拟结果和分析

分别测量两种叶片形状下不同断面不同测点的流动速度,选择三个高度不同的断面观测其速度分布。顶部距离液面 0.3 m,中部距离液面 2.5 m,底部距离氧化沟沟底 0.3 m,同高度断面速度分布等值图见图 6(a)、图 6(b);不同测量断面的速度分布图见图 7(a)、图 7(b)。

从两种不同断面的模拟数据来看,上部液流刚进入直道时,内侧流速相比外侧都较小,这是弯道出流导致的。之后液流继续前进,速度便在前进方向上得到均布。同时,又由于推流器是布置在整个氧化沟的偏下方,所以液流经过推流器加速以后,上部的流速并不会马上提高。需要经过一段时间,被推流器加速过的液流才逐渐到达上部。所以在直段的中后段,上部液流速度会有一个比较明显的提升。

当直道结束的时候,由于导流墙的存在,速度比较高的水流分成两部分,一部分沿着导流墙转弯,另一部分则继续前进,直道碰到池壁。由于导流墙和池壁的阻挡,转弯后的液流速度会出现一个比较明显的下降,同时,又由于受到墙壁横向压力的作用导致了二次流现象的产生,在断面上下形成环形流动,断面环流与水流纵向运动的叠加导致了螺旋流

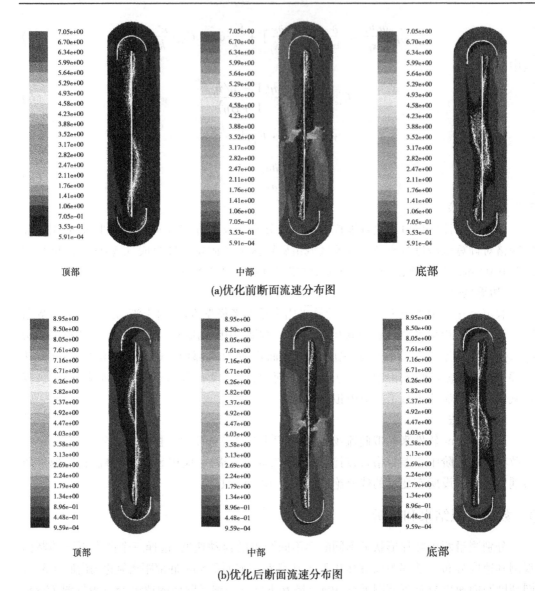

(a)优化前断面流速分布图

(b)优化后断面流速分布图

图6　断面流速分布图

的产生,会使弯道外侧出现淘刷现象,而在弯道内侧产生沉积。在弯道中,由于受到离心力、惯性力的作用,弯道处呈现出内侧流速小、外侧流速大的流速分布。

4　结论

本文模拟了推流器在氧化沟内的运行情况,应用数值模拟方法对叶轮的形状做了优化,得到的结果如下:

(1)对于基本型氧化沟,根据两种不同叶轮形状的推流器,可以发现,优化后的推流器,氧化沟内的液流循环速度得到了提升,能够使氧化沟内的流体得到更加充分的混合,强化污水处理的效果。污水处理厂要求距离底部30 cm的断面流速高于0.3 m/s,经过优

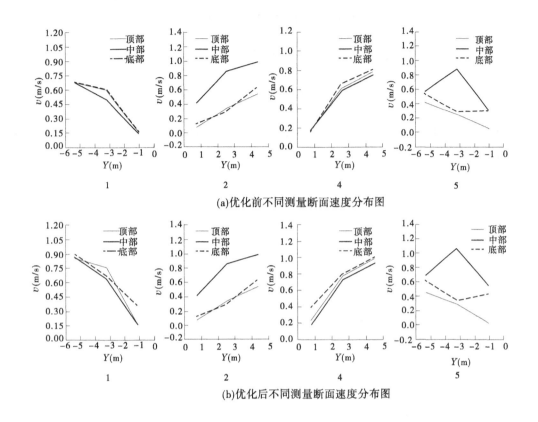

(a)优化前不同测量断面速度分布图

(b)优化后不同测量断面速度分布图

图7　不同测量断面速度分布图

化,该断面各测点的最低流速为 0.33 m/s,优化前最低流速为 0.12 m/s,提高了 0.21 m/s。

(2)氧化沟内要求不出现污泥沉积区。最容易出现污泥沉积的地方就是导流墙的内侧,因为受到导流墙壁的阻挡,流速会出现显著的下降,同时又由于离心力等的作用,导致内侧速度最低。优化后经过测算,导流墙内侧的速度最低为 0.4 m/s,不会出现沉积区,优化前是 0.18 m/s。

(3)优化后的推流器工作时,断面 5 的平均流速为 0.53 m/s,而优化前断面 5 的平均流速为 0.41 m/s,可以看出优化后推流器的推流距离变长,推流效果增强。

参 考 文 献

[1] 张羽,黄卫东,勾全增,等.计算流体力学在氧化沟设计中的应用[J].工业用水与废水,2009,40 (1):49-53.

[2] 曹瑞钰,付见中.改善氧化沟流速分布的措施[J].中国给水排水,2001,17(2):16-18.

[3] 赵星明,王宣,王爱军.氧化沟弯道水流特性研究[J].环境科学与技术,2008,31(4):104-106.

[4] 许丹宇,张代钧,陈园,等.卡鲁塞尔氧化沟液－固两相流动混合模型与两相水力特性模拟[J].环境科学学报,2008,28(12):2622-2627.

[5] 周大庆,吴思源,郑源.基于 CFD 的氧化沟能量配置计算[J].排灌机械工程学报,2013,31(5): 422-427.

[6] 吴昊,刘庆臣,李强利,等.氧化沟工艺运行中常见问题与解决方法[J].给水排水,2002,28(5):26-29.

[7] 李伟民,邓荣森,王涛,等.水下推动器对氧化沟混合液的循环作用[J].中国给水排水,2003,19(9):45-47.

[8] 邓荣森.氧化沟污水处理理论技术[M].北京:化学工业出版社,2006.

【作者简介】　姜镐(1990—),男,江苏苏州人,硕士研究生,从事水利机械的优化研究。E – mail:734978068@ qq. com。

湖泊水库中水华藻类的去除方法概述 *

李聂贵　徐国龙　郭丽丽　储华平

（水利部南京水利水文自动化研究所,南京　210012）

摘　要　本文概括总结了湖泊、水库水华藻类的去除方法。目前,藻类的去除方法包括物理法、化学法和生物法三种,单独使用一种方法来治理湖泊水库这种复杂的生态系统存在局限性,因此未来治理水华的方向是综合除藻法。

关键词　水华;除藻;物理;化学;生物;超声波

Summary of removal methods of algae in lakes and reservoirs

Li Niegui　Xu Guolong　Guo Lili　Chu Huaping

（ Nanjing Automation Institute of Water Conservancy and Hydrology, Nanjing　210012）

Abstract　Some algae removal methods in lakes and reservoirs are summarized. Algae removal methods includes physical, chemical and biological methods. Using separate method to deal with a complex ecosystem has its limitations. Therefore, the future treatment method of blooms is a comprehensive method.

Key words　Bloom; Algae removal; Physics; Chemistry; Biological; Ultrasound

1　引言

2007 年 5 月中国太湖无锡流域(梅梁湾)大面积暴发蓝藻水华,导致无锡市近百万市民的饮用水安全受到严重威胁,成为国内外关注的焦点[1]。近年来有关巢湖、太湖、滇池等大型浅水湖泊,以及一些中小型湖泊、供水型水库和景观性的观赏湖泊水华发生的新闻也屡见报端[2,3],由水体富营养化带来的水华暴发问题已经成为一个亟待解决的环境问题。一般认为,水华是指水中某些浮游植物藻类大量生长繁殖后浮在水体表面,聚集起来形成肉眼可见的漂浮物和聚集体。引起水华发生的主要种类有蓝藻(如微囊藻、鱼腥藻、水华束丝藻、颤藻等)、硅藻、绿藻和隐藻等。其中蓝藻水华在我国出现的频次最多、范围最广。

* 基金项目:水利部"948"项目复频超声波除藻技术及设备(201305)。

水华暴发时积聚在水面的藻类使得水体浊度增加,透明度下降,同时还会消耗水体内的氧气,使水体处于缺氧或厌氧状态,进一步引起鱼类及其他生物的大量死亡,散发恶臭,破坏生态平衡。同时,藻类还会堵塞自来水厂的过滤装置。此外,鱼腥藻、微囊藻和颤藻等藻类在其生长、繁殖、死亡过程中会释放一种高致癌物质——藻毒素,对人体及其他生物都会产生严重的危害[1]。由于藻毒素自身的稳定特性,如抗 pH 变化、不易挥发、煮沸后不失去活性、在自然环境中不易被微生物降解、易富集在生物体内,使得常规处理工艺难以达到效果。作为水源地的水域一旦发生水华,引发的饮水安全问题必然成为严重的社会问题。因此,必须对形成优势种类的浮游藻类予以去除,以保证饮用水安全和生态平衡。本文对国内外常用的各种藻类治理技术进行了概括总结。目前,治理藻类水华的方法一般分为三种:物理法、化学法和生物法。

2　物理法

常用的物理除藻方法主要有打捞除藻、曝气除藻、超声波除藻、过滤和吸附除藻、气浮除藻、混凝沉淀、底泥疏浚除藻和引水稀释、遮光除藻等[4]。物理法不产生二次污染,但物理法除藻通常需要耗费较多的人力物力,因此该方法多局限于小范围水体的藻类去除[5]。

2.1　打捞除藻

在水华暴发密集的水域,采取机械或人工打捞的方法除藻。藻类打捞设备主要是岸边固定收藻设施和水上移动收藻设施(如藻水分离站、机械抽藻平台、移动式打捞船、自航式除藻船等)对湖面藻类水华进行机械清除[5],局部不宜使用机械的水域采用人工打捞的方法。通过打捞,去除水体表面的藻类,使水体中溶解氧增加。同时直接减少了取水口附近藻类的大量堆积和死亡,改善了水源地水质,确保了水源地的供水安全。收获的如螺旋藻等具有商业价值的藻类,还可以综合利用、变废为宝。此方法处理效果良好,但除藻的面积有限,是一种被动的处理措施,不能从根源上解决水华暴发的问题,只能作为突发事件或特定敏感水域应急处理,有时也作为其他处理方式的预处理措施。

2.2　曝气除藻

曝气除藻是在湖泊、河道内的适当位置设置固定式充氧站或移动式充氧平台向水中补氧,改善湖泊水库中下层水体由于流动性小而引起的底泥的厌氧状态,减少底泥中有机质、氮、磷、铁、锰等营养盐向水体的释放,控制藻类繁殖[6]。

目前国内外曝气除藻主要有三种技术:同温层曝气、空气管混合以及扬水筒混合[7]。同温层曝气是直接向下层水体充氧而不破坏水体分层的充氧技术,水体循环范围小,不利于溶解氧向四周扩散,只能解决底泥污染物释放问题,不能直接抑制藻类生长。空气管混合是在水底水平敷设开孔的气管,压缩空气从孔眼释放到水中,气泡上升时将上下层水体混合,使表层藻类迁移到下层,因得不到光照而死亡。空气管混合的强度较小,影响范围小。扬水筒是一种利用压缩空气间歇性混合上下水层、促进水体循环的装置,将上层水中的藻类循环到下层,抑制藻类生长。丛海兵等[8]在扬水筒基础上对结构进行了改进,开发出了扬水曝气器,使其同时具有提水和充氧的功能。

2.3 超声波除藻

超声波是一种频率大于 20 kHz 的声波,超声波除藻的原理是以藻细胞内的伪空胞结构作为空化核,外加超声使之发生空化效应,空化效应所产生的瞬时高温高压、冲击波、声流和剪切力足以破坏藻细胞结构,抑制叶绿素的合成,降低蓝藻细胞类囊体膜上藻胆蛋白和某些酶的活性。具体表现为细胞壁和细胞膜的破坏、伪空胞的破裂与坍塌[9]、中断光合作用、抑制细胞分裂[10]和细胞周期[11]。还有研究表明,超声波作用能产生自由基,可有效地降解藻毒素[12]。

超声波除藻是近年来发展起来的一种新型的环境技术,被称为环境友好技术。操作和控制容易,便于自动化操作,在处理中不引入其他化学物质,反应条件温和,反应速度快。将其与藻类在线监测结合,实现水华监测、预警和治理一体化,将会在湖泊尤其是水库以及小型观赏性水体的水华治理方面产生非常显著的经济效益和社会效益。

目前,国内外的学者对超声波的研究主要集中在超声波参数的优化以及超声波对藻毒素的去除方面。超声波对水生生物的影响如何,研究尚少。储昭升等[13]研究了低强度(发射功率 20 W)定向发射超声波对浮游动物草履虫、大型蚤、鱼类稀有鮈鲫以及沉水植物蜈蚣草的影响,研究表明低强度的超声波对水生动植物的生长没有产生明显的影响。但在实际应用时,较少选用低强度的超声波,因此超声波除藻在水生生态安全性方面的研究仍有待加强。

2.4 过滤与吸附除藻

过滤除藻包括直接过滤除藻、微滤机除藻等,可针对不同水质采用不同处理方法。直接过滤除藻是利用滤池对含藻水进行处理。微滤机是依靠孔眼 10～45 μm(多数 35 μm)的滤网截留藻类的筛网过滤装置,它对藻类的去除率可达 40%～70%[14]。过滤除藻适用于浊度较低的含藻水处理。

活性炭是以优质煤、果壳、椰壳、木屑等多种原料经炭化、活化一系列过程加工而成的,其主要特性就是比表面积大和具有发达的孔隙结构,由于这两大特性,所以具有强大的吸附力。活性炭吸附除藻就是利用了活性炭强大的吸附力,对藻类、藻毒素的去除效果很好,但活性炭再生困难,处理成本较高。

2.5 气浮除藻

气浮除藻是在待处理水中通入大量高度分散的微气泡,使之作为载体与藻颗粒相互黏附,形成整体比重小于水的浮体而上浮到水面,以完成藻类去除的方法。由于活藻具有浮力调节机制,不易被微气泡和微絮体捕获,因此通常和预氧化措施相结合,通过预氧化杀死藻细胞。气浮除藻工艺主要应用于自来水厂,对藻类和微囊藻毒素具有很好的去除效果,易操作和维护,可实现全自动控制。存在的主要问题是藻渣难以处理、气浮池附近有臭味、操作环境差[15]。

2.6 混凝沉淀

混凝沉淀法是通过向水中加入混凝剂而使藻类这种胶体物质脱稳凝聚成大颗粒,通过自然沉降达到除藻的目的。混凝除藻的主要机制包括压缩双电层、吸附电中和、吸附架桥、沉降网捕四种。目前,常用的混凝剂有铝盐、铁盐、聚丙烯酰胺类、改性黏土、改性明矾浆以及微生物絮凝剂等。其中改性黏土和微生物絮凝剂是目前研究的热点[16,17]。混凝沉淀法效果好且不破坏藻细胞、具有高的安全性,但难以在大水域中应用,多用于自来水厂藻类的去除或者景观水等小型水体。

2.7　底泥疏浚除藻

底泥疏浚是通过清除底泥降低营养盐水平,从而控制藻类生长的方法,在降低内源污染同时带走数量可观的藻类种源。恰当的底泥疏浚能从根本上解决湖库的内源污染问题,但工程成本较高,还会产生大量底泥需要处置。因此,疏浚的重点应该是自来水取水水源地、藻类大量堆积死亡区及河道入湖口。在减少内源污染的同时,控制外源污染、改善生态结构,才是未来控制湖泊富营养化的关键方向[18-20]。

2.8　引水稀释

引水稀释是采用换水和调水、稀释和冲刷等方法消除藻类水华暴发。调水种类包括调进好水、调出差水,原位净化调水,调水除营养盐稀释作用外,还有带走蓝藻的功能[21]。适用于水量小的水体,但对于大水域,补水量太小起不到净化效果,而提高补水量又造成水资源的大量浪费,费用高昂,而且引水释污后往往会呈现藻类生长加剧的趋势,因此对于富营养化严重的湖泊,还需谨慎使用。

2.9　遮光控藻

遮光控藻是在水体表面覆盖部分遮光板,通过控制光照度来减弱藻类的光合作用,从而抑制藻类增殖。此法多用于保护水源地水质安全,尤其在水华暴发严重的夏季。这种方法控藻效果显著,但遮光材料和工程实施成本过高,限制了该项技术的发展。未来研究的重点在于新型经济的遮光材料的开发以及如何针对不同水源地的环境条件设计低成本的大水面遮光结构[22,23]。

2.10　其他方法

目前还有一些新型除藻方法如高强磁灭藻,即应用高强度磁场杀藻[24],该方法缺陷是成本高,不能对大范围藻类进行处理;还有紫外光照射除藻[25],即用特定波长的紫外光对含藻水进行照射,杀死藻细胞,或抑制藻细胞的生长,从而达到控藻的目的。对于藻含量很高而浊度比较低的湖泊水效果较好。

3　化学法

化学法除藻主要是化学杀藻剂除藻。化学杀藻剂除藻是使用最多,也是较成熟的杀藻技术。除藻效果显著,但向水体中引入了新的物质,容易造成二次污染。

3.1　化学杀藻剂

化学杀藻剂一般分为氧化型和非氧化型两大类[26]。氧化型杀藻剂主要为卤素及其化合物、臭氧、过氧化氢、高锰酸钾、高铁酸盐等。非氧化型杀藻剂主要有无机金属化合物及重金属制剂、有机金属化合物及有机硫系、有机卤系等。化学杀藻剂是利用化学药剂来控制藻类生长,操作简便,一次性使用成本低,在投药后能立即见到成效,但有些化学物质也会对其他的水生生物产生毒害,这将不可避免地造成环境污染甚至破坏生态平衡。对大型水体来说,使用杀藻剂的工作量大,费用较高,效果难以保证,一旦杀藻剂失去作用,藻类还会大量繁殖,因此化学杀藻剂不适合长期使用[27]。

3.2 微电解杀藻

微电解杀藻是利用有贵金属氧化物涂层的钛阳极板经电解产生的杀菌性活性物质（H_2O_2、O_3 等）对藻细胞进行灭杀。破坏了藻类细胞中叶绿体的结构，使藻类完全丧失光合作用的能力，达到了杀藻效果，可用于水厂含藻水藻类的去除[28-30]。

4 生物法

生物法除藻是利用培育的生物或培养、接种的生物的生命活动，对水中污染物进行转化、降解及转移作用，从而使水体环境健康得到恢复的一种方法。用来除藻的生物主要有水生植物、水生动物和微生物。生物法具有无污染、成本低、处理效果明显等优点，但见效慢，而且引入新的物种可能导致生态系统的变化[31]。

4.1 水生植物

常用的水生植物有香根草、水葫芦、荷花、菖蒲和芦苇等。水生植物对有藻类生长的抑制作用，主要利用水生植物与藻类对营养的竞争、遮光作用、水生植物释放的化感物质以及水生植物根际微生物的作用。引进时要控制水生植物的种植密度，否则会过度繁殖，适得其反。近年来，研究的重点偏向于从水生植物中分离得到具有抑藻活性的化感物质进行控藻。研究发现，从芦苇、菖蒲、凤眼莲等活体或其干粉中提取化感物质，均具有较强的抑藻作用。这种方法生态安全性好且抑制效果明显，但不同种藻对化感物质的敏感程度各异，不同化感物质能有效抑制的藻类也不尽相同。

4.2 水生动物

通过放养鲢鱼、鳙鱼等滤食性鱼类，吞食大量藻类和浮游生物，达到控制藻类水华的目的。同时，通过鱼产量的途径可以削减水体中氮、磷等营养物质。放养时需要根据水体特点制定合理的放养时间和放养量。近几年，该方法控制水华的效果显著，武汉东湖[32]、滇池试验水域控藻成功的案例均为直接的证据。

另外，通过向水体中投加食藻原生动物也是一种方法，但目前的研究多处于尝试阶段，在自然水体中控藻成功的报道并不多，仍有很多实际应用问题需要解决。

4.3 微生物

微生物种类包括藻类、病毒、细菌，利用生物间存在的相生相克的现象，达到抑制某种藻类生长的目的。藻类通常选择水网藻，由于其生长繁殖快、吸收营养能力强等特点而与藻类水华生长竞争营养盐。细菌主要为光合细菌（PSB）、硝化细菌以及复合细菌等。微生物一方面与水华藻类竞争营养盐，另一方面对缺乏营养而死亡藻类进一步降解，达到除藻的目的[33]。

5 结论

各种治理水华藻类的方法各有所长，但就大规模推广应用而言均存在一定的局限性。物理方法人力物力成本高，治标不治本。化学方法容易造成二次污染，直接威胁鱼类和浮游动物的生存，而且使用量大，大水面施工有一定难度，难以达到标本兼治的目的。生物方法虽然效果很好也最持久，但见效较慢，而且使用不当有可能引起湖泊生态系统的变化。因此，在实际应用中，综合除藻法是未来发展的方向，多种技术有机结合，充分发挥各自的优势,取长补短。同时藻类本身也是一种极具开发潜力的资源,应综合考虑治理和利用。

参 考 文 献

[1] 秦伯强,王小冬,汤祥明,等. 太湖富营养化与蓝藻水华引起的饮用水危机——原因与对策[J]. 地球科学进展, 2007, 22(9):896-906.

[2] Chen Y, Qin B, Teubner K, et al. Long-term dynamics of phytoplankton assemblages: Microcystis-domination in Lake Taihu, a large shallow lake in China[J]. Journal of Plankton Research, 2003, 25(4):445-453.

[3] 虞功亮,宋立荣,李仁辉. 中国淡水微囊藻属常见种类的分类学讨论——以滇池为例[J]. 2007, 45(5):727-741.

[4] 黄维,裴毅,陈飞勇. 水体蓝藻清除的研究及其新型机械除藻初探[J]. 企业技术开发, 2008, 27(4):29-31.

[5] 沈银武,刘永定,吴国樵,等. 富营养湖泊滇池水华蓝藻的机械清除[J]. 2004, 28(2):131-136.

[6] 朱广一,冯煜荣,詹根祥,等. 人工曝气复氧整治污染河流[J]. 城市环境与城市生态, 2004, 17(3):30-32.

[7] 丛海兵,黄廷林,缪晶广,等. 扬水曝气器的水质改善功能及提水、充氧性能研究[J]. 环境工程学报, 2007, 1(1):7-13.

[8] 丛海兵,黄廷林,赵建伟,等. 扬水曝气技术在水源水质改善中的应用[J]. 环境污染与防治, 2006, 28(3):215-218.

[9] Hao H, Wu M, Chen Y, et al. Cyanobacterial bloom control by ultrasonic irradiation at 20 kHz and 1.7 MHz[J]. Journal of Environmental Science and Health, Part A, 2004, 39(6):1435-1446.

[10] Ahn C Y, Park M H, Joung S H, et al. Growth inhibition of cyanobacteria by ultrasonic radiation: laboratory and enclosure studies[J]. Environmental science & technology, 2003, 37(13):3031-3037.

[11] Rajasekhar P, Fan L, Nguyen T, et al. A review of the use of sonication to control cyanobacterial blooms [J]. Water research, 2012, 46(14):4319-4329.

[12] Song W, Teshiba T, Rein K, et al. Ultrasonically induced degradation and detoxification of microcystin-LR (cyanobacterial toxin)[J]. Environmental science & technology, 2005, 39(16):6300-6305.

[13] 储昭升,庞燕,郑朔芳,等. 超声波控藻及对水生生态安全的影响[J]. 环境科学学报, 2008, (07):1335-1339.

[14] 聂发辉,李田,吴晓芙,等. 藻型富营养化水体的治理方法[J]. 中国给水排水, 2006, 22(18):11-15.

[15] 袁俊,朱光灿,吕锡武. 气浮除藻工艺的比较及影响因素[J]. 净水技术, 2013, 31(6):25-28.

[16] 邹华,潘纲,阮文权. 壳聚糖改性黏土絮凝除藻的机理探讨[J]. 环境科学与技术, 2007, 30(5):8-9.

[17] 周云,刘英,张志强,等. 微生物絮凝剂制备的研究新进展[J]. 环境污染与防治, 2014, 36(4):80-85.

[18] 濮培民,王国祥. 底泥疏浚能控制湖泊富营养化吗?[J]. 湖泊科学, 2000, 12(3):269-279.

[19] 郑金秀,胡春华,彭祺,等. 底泥生态疏浚研究概况[J]. 环境科学与技术, 2007, 30(4):111-114.

[20] 颜昌宙,范成新,杨建华,等. 湖泊底泥环保疏浚技术研究展望[J]. 环境污染与防治, 2004, 26(3):189-192.

[21] 盛志刚, 朱喜. 借鉴太湖蓝藻爆发治理思路, 探讨治理巢湖若干建议[C]. 健康湖泊与美丽中国——第三届中国湖泊论坛暨第七届湖北科技论坛. 中国湖北武汉, 2013, 10.

[22] 陈雪初, 孔海南, 李春杰. 富营养化湖库水源地原位控藻技术研究进展[J]. 水资源保护, 2008, 24(2):10-13.

[23] 孙扬才. 富营养化饮用水源地遮光控藻技术研究[D]. 上海交通大学, 2008.

[24] 赵旭, 王茹静, 曹瑞钰, 等. 高强磁技术在景观水体中灭藻的应用研究[J]. 净水技术, 2006, 25(1):55-57.

[25] 樊杰, 陶涛, 张顺, 等. 紫外线对给水除藻作用的研究[J]. 工业用水与废水, 2006, 36(6):17-20.

[26] 周霖, 陈劲. 用杀藻剂抑制湖泊蓝藻水华的尝试[J]. 环境工程, 1999, 17(4):75-77.

[27] 和丽萍. 利用化学杀藻剂控制滇池蓝藻水华研究[J]. 云南环境科学, 2001, 20(2):43-44.

[28] 周群英, 王士芬. 微电解杀藻研究[J]. 上海环境科学, 1998, 17(1):28-29.

[29] 吴星五, 唐秀华, 朱爱莲, 等. 电化学杀藻水处理实验[J]. 工业水处理, 2002, 22(8):16-18.

[30] 吴星五, 高廷耀, 李国建. 电化学法水处理新技术——杀菌灭藻[J]. 环境科学学报, 2000, 20(9):75-79.

[31] 王建华, 潘伟斌. 城区富营养化景观水体的生物修复技术[J]. 四川环境, 2005(5):34-36.

[32] 刘建康, 谢平. 揭开武汉东湖蓝藻水华消失之谜[J]. 长江流域资源与环境, 1999, 8(3):312-319.

[33] 孙秀敏, 万旗东, 郑培忠, 等. 生物杀藻剂——溶藻微生物的研究进展[J]. 现代农药, 2011, (03):1-6.

【作者简介】 李聂贵(1983—), 男, 湖北沙市人, 工程师, 从事流速流量测验技术研究、水环境监测治理研究、水利水文自动化技术开发与研究。E-mail:liniegui@nsy.com.cn。